歴史を変えた100の大発見

PONDERABLES
100
BREAKTHROUGHS
THAT CHANGED HISTORY
WHO DID WHAT WHEN

丸善出版

PONDERABLES

100 Breakthroughs That Changed History

MATHEMATICS

An Illustrated History of Numbers

Edited by

Tom Jackson

Originally published in English under the title: Mathematics in the series called Ponderables: 100 Breakthroughs that Changed History by Tom Jackson.

Copyright © 2012 by Worth Press Ltd., Cambridge, England
Copyright © 2012 by Shelter Harbor Press Ltd., New York, USA

All rights reserved. No part of this publication may be reproduced, stored in a retrieval system, or transmitted, in any form or by any means, electronic, mechanical, photocopying, recording, or otherwise, without prior written permission from the publisher.

Japanese language edition published by Maruzen Publishing Co., Ltd., Tokyo.
Japanese copyright © 2014 by Maruzen Publishing Co., Ltd.
Japanese translation rights arranged with Worth Press Limited through Japan UNI Agency, Inc., Tokyo.

Printed in Japan

数学

新たな数と理論の発見史

リチャード・ビーティー，ジェームス・ボウ，マイク・ゴールドスミス，ダン・グリーン，
トム・ジャクソン，ロバート・スネドン，スーザン・ワット 著

トム・ジャクソン 編　　冨永　星 訳

丸善出版

目　次

はじめに　　2

有史以前から中世まで

1　数える　　6
2　位取り記数法　　7
3　計算に使う道具，アバカス　　7
4　ピタゴラスの定理　　8
5　リンド・パピルス　　10
6　ゼロ　　10
7　音楽の数学　　11
8　黄金比　　12
9　プラトンの立体　　14
10　論理　　15
11　幾何学　　16
12　魔方陣　　18
13　素数　　18
14　パイ　　20
15　地球を測る　　22
16　10のべき，10の力　　23
17　今日に通じる暦　　24
18　ディオファントスの方程式　　26
19　インド・アラビア記数法　　27
20　アルゴリズム　　28
21　暗号学　　29
22　代数　　30
23　フィボナッチ数列　　31

ルネサンスと啓蒙の時代

24　遠近法の幾何学　　32
25　非線形方程式　　34
26　振り子の法則　　34
27　xとy　　36
28　楕円　　36
29　対数　　38
30　「ネイピアの骨」　　40
31　計算尺　　40
32　複素数　　41
33　デカルト座標（直交座標）　　42
34　落体の法則　　43
35　計算機　　44
36　パスカルの三角形　　45
37　偶然と確率　　46
38　帰納法　　48
39　微分積分学　　48
40　重力の数学　　50
41　2進数　　52

新しい数，新しい理論

42	e	54
43	グラフ理論	56
44	三体問題	57
45	オイラーの等式	58
46	ベイズの定理	59
47	マスケリンと個人誤差	60
48	マルサスの学説	60
49	代数の基本定理	62
50	摂動理論	63
51	中心極限定理	64
52	フーリエ解析	64
53	機械式のコンピュータ	65
54	ベッセル関数	66
55	群論	66
56	非ユークリッド幾何学	68
57	平均人	70
58	ポアソン分布	70
59	四元数	71
60	超越数	72
61	海王星の発見	73
62	ヴェーバー－フェヒナーの法則	74
63	ブール代数	75
64	マクスウェル－ボルツマン	76
65	無理数の定義	77
66	無限	78
67	集合論	80
68	ペアノの公理	82
69	単純リー群	82
70	統計的手法	83

現代数学

71	トポロジー	84
72	新しい幾何学	86
73	ヒルベルトの 23 の問題	86
74	質量エネルギー	88
75	マルコフ連鎖	89
76	集団遺伝学	89
77	数学の基礎	90
78	一般相対性理論	90
79	量子力学の数学	92
80	ゲーデルの不完全性定理	94
81	チューリング・マシン	95
82	フィールズ賞	96
83	ツーゼと電気式コンピュータ	96
84	ゲームの理論	98
85	情報理論	99
86	測地線	100
87	カオス理論	101
88	ひも理論	102
89	カタストロフ理論	103
90	四色定理	104
91	公開鍵暗号法	105
92	フラクタル	106
93	4 次元以上	108
94	全有限単純群の分類	109
95	自己組織化臨界現象	110
96	フェルマーの最終定理	110
97	コンピュータによる証明	111
98	ミレニアム問題	112
99	ポアンカレ予想	112
100	メルセンヌ素数捜し	113

101	数学用語集	114
	数学の謎	120
	まだ答えが見つかっていない問題	124
	偉大なる数学者たち	128
	訳者あとがき	138
	索引	139
	数学の歴史年表	149
	図の出典	150

はじめに

数学は科学なのか。それとも芸術なのか。ひょっとすると両方かもしれず，どちらでもないのかもしれない。数学は，それ以外のどの人間の活動分野とも違う。そこでは知性と想像力が重なりあい，ことの真偽を厳密に定めることができるのだ。

数学は初めのうち，富を記録したり，土地を分けるための手段だった。たとえばこの4,000年前の粘土板のように，古代の数学の記録は，ほとんどが取引を記録した表だったのだ。

アラブ人によるこのピタゴラスの定理の証明では，三角形の3辺の長さの関係を，図形を使って示している。

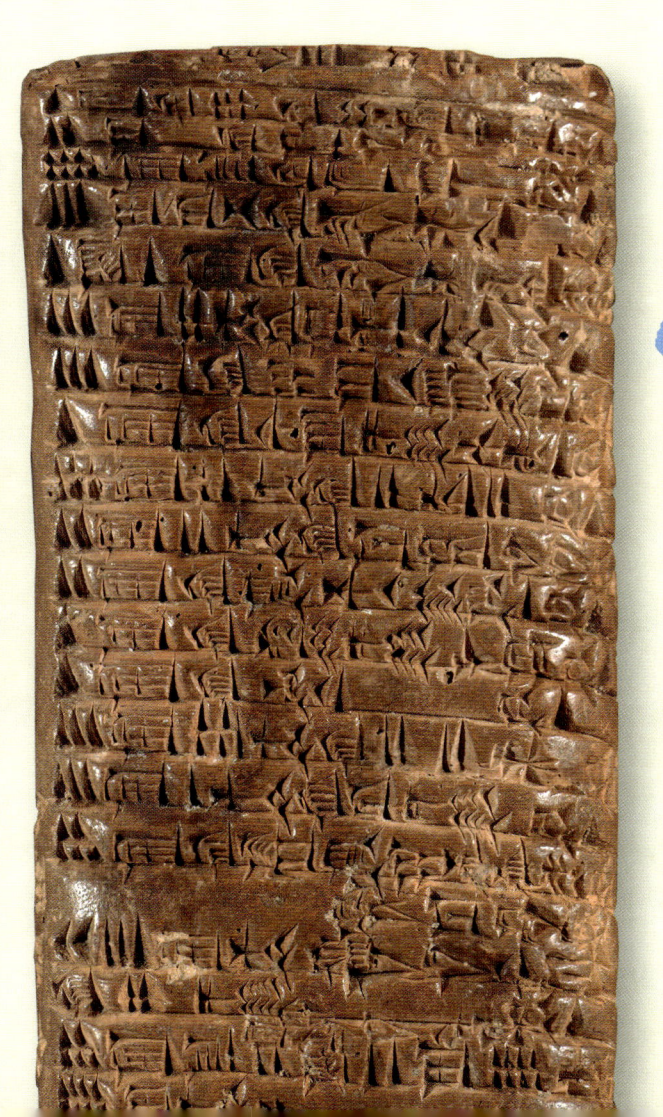

　偉大な思索家たちの行いや考えをめぐる物語は，どれをとってもすばらしい。ここではそのような物語を全部で100紹介しよう。どれも，じっくり考えるに値する重要な問題——この世界やそこでの人間の位置を理解する際のわたしたちの立脚点をがらりと変える発見の元になった問題をめぐる物語だ。

　歴史といえば，ふつうは，いくつもの考えが生まれては消え，さまざまな文化が他に抜きんでては没落し，じっくり考えるべきだとされてきた問題が別の問題に取って代わられるといった活発な変化の物語を指す。ところが数学は例外で，数学者がいったん正しいと証明した内容をくつがえすことは不可能だ。たとえば古代ギリシアの天文学者プトレマイオスが提唱し（ゆうに1,500年のあいだ真実とされてき）た地球中心の宇宙観と，宇宙での天体の動きをまとめるために展開した幾何学の技法でいえば，その宇宙観は今や誤った考え方

の代名詞になっているが，幾何学の技法は当時も今も正しく，三角法の基礎になっている。

よく考えてみるべき最初の事柄

数学の歴史は，新しい勇猛な考えが登場して古い考えを征服し，記録から消し去るという形で進んできたわけではない。むしろ，古来の尊い真実にじっくり考えるべき新しい問題が付け加わってやがて一つになり，じょじょに数学の本体が形作られてきたのである。

コンピュータのコードは大規模な数学だ。1と0を使った2進数表記の数が長くなりすぎて，コンピュータでも扱いづらくなると，0～1とA～Fを使った16進数に変換される。

外から見ただけでは，数学の奥の深さはわからない。この表には，線の幾何学を代数に変える方法が記されているが，これを使うと，植物の成長や株式市場の下落などの自然な変化を記述することができる。

この物語は「1」から始まるが，「無限」で終わるわけではない。マセマティクスという英単語は，「知るべきこと」を意味するギリシア語からきている。わたしたちが何かを（信じるのではなく）知るには，（ほぼ確実に）まずその対象を量で表す（つまり数で表す）ことから始める。となると，このような量は初めから存在していたのか，あるいはわざわざそのために発明しなければならなかったのか，という問いが生まれる。これはよく考えるに値する問題で，たとえ数学が人間の脳の産物だとしても，同じ記数法が時も場所も違う文明でまったくべつべつに登場している点から見て，数学はもともと人間に備わっていたといえそうだ。マヤ文明では，バビロニアやインドの文明とは独立にゼロの概念が生まれたが，これらの文化がアイデア（や物品）をやりとりしたという形跡はどこにもない。さらにいえば，中国の易経に見られる二つの記号を使った表記法と西アフリカのニジェール川流域で見つかったヨルバ族の宗教イファの託宣の数学にも，どこか通じるものがある。

もしかして数学は，目に見え（たり見えなかったりす）る現実のパターンを反映しているのだろうか。直角三角形に関する定理で有名なピタゴラスは，数学を自然現象と結びつけた最初の人物とされている。実際，糸の長さとその糸を弾いたときに生じる音の関係を明らかにしたのはピタゴラスだった。これから見ていくように，天体の軌道や富の増加，物質の内側の仕組みやコンピュータや政治戦略（そして美の本質まで）が，数に縁取られた道をたどっているのだ。

というわけで，さっそく，数学の歴史の旅を始めるとしよう。

数学のさまざまな分野

　数学は，（成功の度合いは別にして）その気になれば何にでも応用できる。だから，応用される分野から数学を定義しようとすると――電話番号簿を読み上げて電話の正体を説明するのと同じで――混乱が生じる。また，理論に基づいて数学を分類しようとすると，分野同士が重なっていることがあまりに多く，かなりの妥協を強いられる。そこでごく単純にいうと，数学とは，本質的に異なるさまざまな数え方や量を研究する学問である。つまり，数の構造やパターン，パターン同士の関連や，空間や図形や表面の特徴などを理解して，ついには動的なシステムの一瞬一瞬の様子を追跡することで，変化そのものを理解しようとするのだ。では，実際の数学の分野にどのようなものがあるかというと……

代　数
変わりうる具体的な数を一般化された項（xやyを使うことが多い）で置き換えて，数のあいだの関係を調べる。

群　論
集合の要素を同一の作用によって一連の結果に変換したときにできる数の「群」の特徴を調べる。これらの群も数と同じように，単純な群の合成であることが多い。

順序理論
数や量などの数学の構成要素はすべて，「～より少ない」「～より多い」，「～の前」「～の後」という観点から見ることができるが，この観点で見たときの全般的な原則を研究する。

数　論

算　術
足したり，引いたり，かけたりといった操作を行って量を処理する。

数

応用数学

確　率
最初の条件と起こりうる結果が与えられたときに，ある出来事がどれくらい起こりそうかを計算する偶然の数学。

統　計
現実世界から抽出した数学上の実例に基づいて重要な見通しを得る。

流体力学
速度や粘性や圧力などの量で表せる特徴に基づいて，流体や気体の動きをモデル化する。

暗号学
コンピュータの制御に使われる2進数や，コンピュータ間を行き来する暗号メッセージなどの符号（コード）を研究する。

ゲーム理論
数学を使い，相手の行動や協調するパートナーのふるまいや確率に基づいて，損失を最小にし利益を最大にする戦略を研究する。

幾何学

トポロジー
対象のつながり具合だけを問題にする幾何学。図形の基本的な特徴を変えさえしなければ、長さや角度は好きなように変えてよい。

三角法
平面や凸な表面や凹な表面の上にある三角形の、辺の長さと内角の関係を研究する。

フラクタル
幾何学やトポロジーを現実世界に応用して、「ざらざらした」表面や分数次元で表される自己同型な図形を研究する。

微分幾何学
幾何学の技法を使って力学系を調べたり、微分積分学を複素幾何学に応用したりする。

代数幾何学
式などの代数的な表現を用いて、幾何学的な対象物の縁や表面を記述する。

数理哲学

論理学
たとえばなぜ1+1=2なのかといった、数学の基礎となっている疑問に取り組む。

集合論
二つの集合を比べたり、集合同士の関係や重なり具合を調べたり、数の集合が有限か無限かといったことを研究する。

関数解析

グラフ理論
線や図形などを対象として、その結合を研究する。

情報理論
コンピュータに蓄積されたりコンピュータのあいだでやりとりされたりするような、データや情報の量、単位を研究する。

微分積分学
無限に小さな瞬間的段階に着目して、現実世界での動きや、きわめて抽象的な代数曲線の急激な変化といった連続的変化を記述する。

カオス理論
力学系において、初期条件のわずかな違いによってきわめて大きな結果の違いが引き起こされる様子（ちょっとした変化がなぜ大きな違いに結びつくのか）を解明する。

微分方程式
関数とその微分を含む数学的表現を研究する。関数とは、さまざまな入力に決まった形で施される操作のことで、微分とは、その関数がもたらす瞬間の影響のことである。

有史以前から中世まで

1 数える

　数学は，数えることから始まる。抽象的な数の世界に分け入る衝撃的な旅も，1，2，3…という数なしにはあり得ない。ところが，人は数を発明したのか，それとも発見したのか，という一見単純な問題は，いまだに解明されていない。

　19世紀ドイツの数学者レオポルド・クロネッカーは冗談まじりに，「神が作ったのはインテジャー（整数）だけで，その他の数は人が作った」と述べている。クロネッカーのいう整数とは，0から9までの半端のない自然な数で，これらを繰り返し使えば，10より大きな数を作ることができる。（インテジャーという英語は，「触れられていない」という意味のラテン語から来ている。）

　だったら数も原子や力と同じように自然の一部だ，といってよいのだろうか。人間が数を数え始めたのは有史以前のことで，最初にどのようなことが起きたのかは定かでない。おそらく人類がヒトになる前の祖先たちも，2や3のような小さな量は認識できたのだろう。しかし，きちんと形式の整った勘定方法が登場したのは，もっと大きな数を数える必要が生じてからだとされている。石器時代の人々は，道具袋にさまざまな品を入れて持ち運んでいたが，それらの数が正確にわかったほうが便利だ。こうして，正確な数を単純な目印で記録するようになり，そのとき岩や骨に刻まれた目印が，消えずに残ったのだ。（西ロシアに住んでいる少数民族モクシャの伝統的な数詞は，有史以前に使われ始めたとされる目印とほぼ同じである。）

　ヒトがさすらいの狩猟採集生活をやめて一所に住みつき，農耕生活を始めると，せっせと物の数を勘定するようになり，その記録も爆発的に増えていった。ヒトは，ここに来てようやく，家畜や文明の利器といった数えるに値する貴重なものを手にするようになったのだった。そして，数えて得られた量を別の量と比べたり組み合わせたり，交換したり増やしたりするなかから――数学が生まれた。

一目で数える

　正確な数値は必要なかったり，数える時間や方法がない場合は，「いくつか」，「二，三」，「何十億」などのおおざっぱな数を使うことが多い。実際，ヒトの脳みそはある程度の量しか正確に把握できないらしい。下の写真の石は全部で六つだが，あなたの脳はおそらく三つ1組の石が2組と認識している。そこで石を一つおおい隠して見直してみる。どうやら，ヒトの脳が一度に認識できるのは五つまでで，それより大きな数は，小さな集まりを寄せ集めているらしいのだ。

2 位取り記数法

手の指を使ってもかまわないのなら，10までは楽に数えられる。しかしもっとたくさんの数を数えるとなると，別の戦略が必要だ。わたしたちは今，10を一束にして数える位取り記数法を使っている。だが5,000年前にバビロニアで作られた最古の位取り記数法では，60を一束にしていた。

バビロニア人は，湿った粘土に先をくさび形に尖らせた葦（あし）を押し当ててさまざまな事柄を記録し，乾いた粘土板を保管するようにしていた。このため数も，くさびを組み合わせた数字で表された。60をもとにした60進法を作りだしたのはもっと前の文明で，これを引き継いだのがバビロニア人だった。60は1，2，3，4，5で割り切れて10より約数が多いから，60を使うのはじつに理屈に合っている。今でも1時間が60分で全円が360（6×60）度なのは，バビロニアの数学の名残なのだ。わたしたちが使っている0から9までの数字と同じように，バビロニアの数字も，数字の列のどこの位置にあるかによって，1単位の数，10の束の数，60の束の数というふうに，表すものが違っていた。いっぽうローマ数字の記数法では，数字が表す値は位置とは無関係に決まっていて，たとえばLXIは50+10+1で61を表す。

バビロニアの最初の10個の数字。40や50を表す記号もある。

3 計算に使う道具，アバカス

数を勘定するのに使うアバカスという道具のほうが，数字より前に登場した，と考える人は多い。バビロニアの数字も，玉を動かして計算した結果を記録するためのものだったとされている。

最近はどこに行っても，レーザーを使ったコードスキャナやセルフサービスのレジが幅を利かせているが，少し前までは，商店主たちはアバカスを使って商品の在庫を勘定していた。アジアの多くの場所では，今でも商人たちが棒で作った枠に玉を付けた道具を使って，あっという間に複雑な計算をしてみせる。このようなそろばん型の計算道具が登場したのは，実はそれほど古くはないらしい。なぜならこの道具は，極東の算木と中近東の算盤机（計算に使う専用のテーブル）が合わさったものと考えられるからだ。アラビア語で「砂」を意味する単語からアバカスという言葉ができたのは，たぶん砂を入れた枠に小石などの駒を並べて勘定をしていたからなのだろう。中国の計算器具は，駒が棒に串刺しになった形をしている。（紀元前3世紀頃に作られた中国の数字も，直立した棒に円盤が通っている様子を思わせる。）これらの計算道具を組み合わせて持ち運べる道具が作られたのは，16世紀以降のことだった。

中国のそろばんは2層に分かれていて，（上の玉一つ（5）を使って）10を束にするか，（上の玉二つ（10）を使って）16を束にする。16進法は，1単位が16に分かれた伝統的な中国の重量単位を計算するためのものである。

4 ピタゴラスの定理

世界一有名な数学者は誰かと質問すると，よく挙げられるのが，ピタゴラスの名前だ。この人物が，実は存在しなかった可能性があり，殺人の容疑者で，しかも自分の名前がついた定理を考案したわけでもないことを思えば，これはもう，お見事というほかない。

九九の表や足し算や引き算といった算術の基本操作はさておき，数学の授業でもっとも広く教えられているものの一つにピタゴラスの定理がある。$a^2+b^2=h^2$ という式で表されるこの定理はきわめて明快で，覚えるのも簡単だ。手元に教科書がなかったり，何かヒントがほしいという人のために解説しておくと，この式は，直角三角形の2本の短い辺の長さを2乗して足したものが，三角形のいちばん長い辺である斜辺の2乗と等しくなる（面積でいうと，2本の短い辺の上に立てた正方形の面積を足すと，斜辺の上に立てた正方形の面積になる）ことを示している。つまり，二つの辺の長さがわかると，三つ目の辺の長さがわかるのだ。

古代ギリシアでは，ピタゴラスは神聖な人物とされていた。だがその伝記のほとんどは，（プラトンをはじめとする）ピタゴラスに熱心に帰依した人々が残した神話だった。

証明の前に実践あり

この定理は，今から2,500年ほど前に南イタリアに住んでいたとされるサモスのピタゴラスにちなんで，ピタゴラスの定理と呼ばれている。この定理が主張する事実そのものは，少なくともその数百年前には知られていたが，現在わかっている限りでは，この定理が正しいことを数学者として初めて証明したのはピタゴラスだった。ピタゴラスは若い頃に広く旅をしてエジプトやバビロニアを訪れ，どうやらインドにも行ったらしい。たぶんこれらの文明の測量や建築の現場で，「自分の定理」が道具として使われているのを見たのだろう。エジプトでは測量士たちが常に，長さが3対4対5のところに結び目を作ったロープを使っていた。なぜならこの三つの長さで三角形を作ると，常に完ぺきな直角ができるからだ。3，4，5という数は，この定理に当てはまる三つの整数の組（実は無数にある），つまり「ピタゴラスの3数」の最初の1組なのだ。

2002年にはこの定理が，ニューヨークの法廷のごく今風な事件に登場したことがあった。

紀元前1400年の墓に描かれたこの絵では，古代エジプトの測量士が収穫前の小麦畑の測量をしている。ピタゴラスの3数を使ったロープのおかげで，どの畑の角も完ぺきな直角になっていた。

学校の門から1,000歩以内で取引をした薬の売人には，特に重い量刑が科されることになっていたのだが，この裁判では，その距離を「マンハッタン距離」，つまり碁盤の目のような通り沿いの距離で測るのか，それともピタゴラスの定理で算出した直線距離で測るのかが問題になった。そして，単純なピタゴラスに軍配が上がったのだった。

無理の哲学

ピタゴラスは，数は神聖なもので，自然界のすべてのものは整数で表せる，と考えていた。そして，やがてたくさんの支持者が集まると，数の絶対的な真理の解明にその身をささげる数学者集団を率いるようになった。ところが，数学者ピタゴラスの貴重な遺産となったピタゴラスの定理自体が，ピタゴラス自身の哲学の息の根を止めることになった。ピタゴラスの教団に属していたヒッパソスが，三角形の2辺の長さが1のときに斜辺の長さが$\sqrt{2}$になることを指摘したのだ。$\sqrt{2}$の値を小数で表すと，どこまでいっても終わりがなく，そのうえ繰り返しがないので正確に表すことができない。（$\sqrt{2}$は無理数なのだ。）ピタゴラスは己の権威を脅かすこの強烈な一撃を目の前にして，問題児ヒッパソスを釣りに誘い，一人で浜に戻ってきた，といわれている。

ピタゴラス学派

ピタゴラスは，サモス島（現在はトルコ領）の西岸で生まれ，その生涯のほとんどを南イタリアにあるギリシアの植民地，クロトンで過ごした。ピタゴラスを信奉する人々は，ピタゴラス学派と呼ばれる一種のカルト集団を形成していた。ごく少数の選ばれた人々（おそらく数学的な厳密さに十分なじんだ人々）だけが，秘密の儀式を経て入会することができた。この教団は，「黄金の詩」と呼ばれる教義（たとえば，「"適度"を守れ，"適度"とは，のちにそのために苦しむことのない程度である」「行為においても言葉においても正義を守るよう修練せよ」といった警句）に従って暮らしていた。さらにピタゴラス学派は，それぞれの数に意味をもたせた。1は理性を表し，2はぼんやりした女性の精神を，3は1と2を足したものだから男性を表し，5は（2+3）でいちばん強力な数とされた。そのいっぽうでピタゴラス学派は，白い雄鶏を恐れ，豆には決して手を触れないなど，風変わりな実践でも知られていた。しかしこの集団もけっきょくはクロトンの住人たちの支持を失い，敵がピタゴラスを殺しにやってきた。このとき敵がピタゴラスに追いついたのは，この偉大な師が豆畑を通ってまで逃げようとしなかったからだといわれている。ピタゴラスにとっては，豆に触れるくらいなら，死んだほうがましだったのだ。

左の単純な図には，三角形の三つの辺の上の正方形の関係が見事に表されている。これと同じ図が，右のアラビア時代の教科書にも載っている。19世紀には数学サークルで，AとBの面積をCに移す賢い方法を見つけるという室内遊戯がはやった。

5 リンド・パピルス

リンド・パピルスのリンドとは，1858年にルクソールを訪れてこのパピルスを購入したヘンリ・リンドのことである。このパピルスからは，古代エジプトの数学の世界を垣間見ることができる。さらにこの文書は，紀元前1650〜1500年に，200年ほど前の文書を書き写してこの文書を作った書記のアーメスにちなんで，アーメス・パピルスとも呼ばれている。

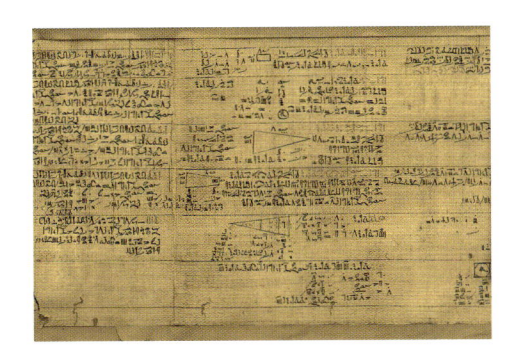

アーメスによると，この長さ2メートルほどのパピルスには，「物事を探求するための正確な計算とあらゆる事柄の知識，謎……秘密」が盛り込まれている。

この古文書には，計算するときに使う参照表とともに，当時の行政官が直面しそうな，たとえば穀倉の容積を求めるといった数学の問題が80以上収められている。さらに，このパピルスを見ると，エジプト人が円の面積を計算するときに，パイ（π）の近似値を3.1605とする式を使っていたことがわかる。エジプトの人々も，当時のほかの文明と同じように，直径と周を直接測ってパイの値を求めていたのだろう。

6 ゼ　ロ

何事にも思い込みは禁物で，ゼロも初めからあったわけではない。バビロニア人は3,000年以上前に，実際の文字や記号の代わりに場所を確保するプレースホルダーとして，ゼロを使っていた。そして結局は，インド人がそのゼロを数の仲間に入れたのだった。

ゼロを円や点で表すやり方は，ギリシアやインドや中国の文書に見られる。

わたしたちが現在ゼロと理解しているものは，まずバビロニアで，一組の傾いたくさび形の記号として登場した。このゼロは，大きな数を表すときに，その位に何もないことを表すためのものだった。（たとえば404のゼロは，この数の10の位に何もないことを示している。）このようなゼロはマヤ文明にもまったく独立に登場したが，バビロニアのすぐ近くのギリシアでは，数学が幾何学に基づいて発展したために，長いあいだゼロは必要なかった。ヒッパルコスがようやく天文学にゼロを持ち込んだのは，紀元前2世紀のことだったのである。その1,000年後にインドの数学者が，ある種の式の答えがゼロになることを示して，初めてゼロをほかの数と同じ数の仲間に入れた。これによってゼロ以下の数（＝負の数）への道が大きく開かれたのだった。

7 音楽の数学

古代ギリシアの数学者はたしかに，どこにでも数のパターンを見て取った。実際，調和の取れた特別な音の集まり——つまり音楽までが，数学にしっかりと根ざしていることを突きとめたのだった。

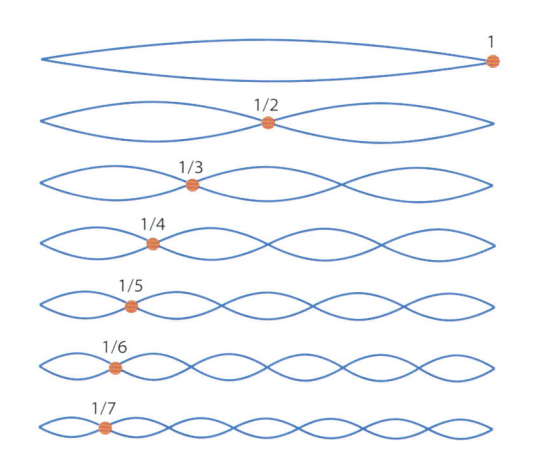

ある逸話によると，ギリシアの数学者ピタゴラスは，ふと立ち止まって鍛冶屋の槌の音に耳を傾け，槌の重さが半分だと金属を打ったときの音が 1 オクターブ高くなることを発見した。

ひょっとするとこれは，単なる逸話であって実際の出来事ではなかったのかもしれない。だがピタゴラスが実験を行って，ものの大きさとそのものが出す音の高さとの関係を探ったことはたしかだ。実際に長さの異なる糸をつま弾いたり，なかに入れる液体の量をさまざまに変えた壺をたたくなどして，音がどのように変わるのかを調べたのだ。こうしてピタゴラスは，音と物体との数学的な関係を探り当てた。

振動する糸の波が空気を動かし，人間にも聞こえるアナログの音波を作りだす。波を整数で割ると一連の倍音ができて，それらを組み合わせると，和音ができる。

倍音

材質が同じで片方の長さがもう片方の倍であるような 2 本の糸を用意し，両方をぴんと張って，つま弾いてみる。すると，短い糸の振動数（＝周波数）は長い糸の 2 倍になり，生じる音の差は 1 オクターブ（8 度，度は音の差，つまり音程の単位）になる。ここからオクターブの比は，ピタゴラスが発見したように，2：1 だとわかる。次に，長い方の糸の長さを $\frac{1}{3}$ にすると，その比は結果として 3：2 になる。そして，このときに生じる音の差（つまり音程）は 5 度になる。次に短かった方の糸の長さをさらに半分にすると，長い糸の $\frac{1}{4}$ になり，比は 4：3 になって音程は 4 度になる。ちなみに，音程がオクターブや 5 度や 4 度の音を同時に鳴らすと調和が取れて，耳に心地よく響く。これが和音だ。

ここに初めて，音という自然現象が数を使って説明されたわけで，これはまさに前代未聞のことだった。ピタゴラスは，音の調和が宇宙全体の調和にも反映されていると信じていた。したがって，数や数同士の関係を使えばすべてのものが説明できるはずだ，というのがピタゴラスの主張だった。

天球の音楽

古代ギリシアの人々は，月や太陽や惑星や星はすべて透明な球に埋め込まれ，その球が地球のまわりを回りながら音楽を奏でていると考えていた。ピタゴラス学派によると，惑星間の距離は，糸をつま弾いたときに生まれる心地よい音と同じ比になっているという。透明な球が地球に近いほど音は低くなり，遠いものは速く動くので高い音を出すとされた。これらの音は混じり合って天球の音楽となり，その音楽が天に満ちていると信じられていた。

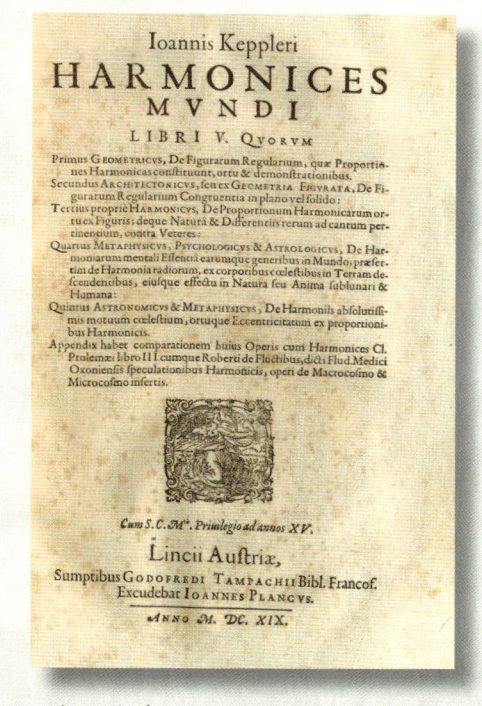

ヨハネス・ケプラーは 1619 年の著書『世界の調和』で，惑星の相対的な音の高さを示した。

8 黄金比

　数学は美しい，とはよくいわれることだが，紀元前5世紀の半ばには（あるいはもっと前から）逆に，美しいものにたくさんの数学が詰まっていることが明らかになっていた。

オウムガイの貝殻の一連の小室の比は，ほぼ黄金比になっている。

　黄金比は，おそらく別名がいちばん多い数で，黄金分割とか「神聖な比」とか「ファイ（φ）」とも呼ばれている。この数を使って，何かを数学的に均等でない二つの部分に分割すると，かなり心地よい結果を得ることができる。黄金比は，今も昔も芸術や遺跡にちょくちょく登場してきた。「ファイ（φ）」とは，ギリシアの建築家ペイディアス（Φειδιας）にちなむ呼び名で，ペイディアスは，紀元前440年代にかの有名なアテネのパンテオンを設計するにあたって，建物の比にこの値を取り入れたといわれている。黄金比に関する現存する最古の記録は，紀元前300年ごろにユークリッドがまとめた『原論』の記述である。だがこの値が不思議なのは，一見して（あるいは本当に）人間が作ったクレジットカードやレオナルド・ダ・ヴィンチの「ウィトルウィウス的人体図」などと関係があるからではない。むしろ，花や貝の成長や数自体のパターンなどの自然現象にこの値が登場する点が驚異なのだ。

黄金比にその名が刻まれたペイディアスは，実はパンテオンを設計するときに，ファイにこだわったわけではなかった。この建物は，黄金比にしては高さがありすぎるが，これが測量のミスのせいなのか，設計者の好みによるものなのかは不明である。

比を見つける

　どんな名前で呼ぶにしても，黄金比はある意味単純で，正しい感じがして，とても魅力的だ。ユークリッドはこの比をとることを，「極端に切りこんで中庸とする」と述べている。（日本語では外中比と呼ばれる。）これをもっと数学的に表現すると，xが黄金比なら，$x^2-x-1=0$が成り立つ。つまり$x=\frac{1}{x}+1$なのだ。さらにこれを普通の言葉でいうと，黄金比とは，「線を二つに分けたときに，線全体と大きい部分の比が大きい部分と小さい部分の比と等しくなるような比」なのである。

黄金長方形から短いほうの辺の長さを1辺とする正方形を取り去ると，さらに小さな黄金長方形ができて，この手順を無限に続けることができる。つまり黄金長方形は，成長（ないし縮小）してもその形が崩れない図形，古代ギリシアの幾何学用語でいうグノーモーンなのだ。

有史以前から中世まで * 13

黄金比の身近な例としては，たとえば全世界共通の標準サイズのクレジットカードがある。この場合，黄金比がどこにあるかというと，短い辺と長い辺の比が，長い辺と短い辺の和と長い辺の比に等しいのだ。このためクレジットカードは，幅が広すぎず狭すぎず，バランスの取れた黄金長方形のように感じられる。長方形が黄金長方形になっているかどうかを調べるには，まず，二つの長方形を隣り合わせに並べる。一枚は短辺を，もう一枚は長辺を底にして並べ，横長の長方形の対角を結ぶ線を縦長の長方形の側に伸ばしたときに，その線が長方形のてっぺんの角を通れば，二つの長方形は黄金長方形である。黄金長方形がいちばんよく見られるのは建築の世界で，たとえばニューヨーク市にある国連ビルは黄金長方形になっている。

数学が芸術や自然と出会う

黄金比という輝かしい名前はさておき，数学になじみのない人にすれば，この比がなんだか無味乾燥に感じられたとしても無理はない。しょせん数値でしかないのだから，それだけではおもしろくも何ともない。黄金比 x は $x^2-x-1=0$ という代数方程式の解で，1.6180339887……という無限に続く値である。

ところが，この比は西洋美術と強く結びついていて，その絆をさかのぼると，16世紀初頭のルカ・パチョーリの業績に行き着く。パチョーリはレオナルド・ダ・ヴィンチと同時代の人で，1509年に『神聖比例論』という著作を発表した。この著者にはかの有名なダ・ヴィンチの「ウィルトウィウス的人体図」をはじめとする巨匠たちの作品が収められ，「ファイ」という数に触発されるかたちで，美のための幾何学的基礎が確立されている。たとえば，理想的な人体の比では，へそまでの高さと身長の比は黄金比になっているというのだが，残念ながら実際に測定してみると，わたしたちの体が「理想的」であることはめったにない。

20世紀になると，人々は自然な形のなかに隠れた黄金比を捜し始めた。そして懸命な努力の結果，葉の比率やつぼみや茎の配置，獲物を襲う鷹の軌跡に黄金比が潜んでいるのがわかった。これらの事実を，自然の構造を計画した「誰か」が存在する証拠だとする人もいれば，人間は，成長の数学に裏づけられた対象を美しいと感じ，心地よい比だと感じるようにできているのだと考える人もいる。ちなみに成長の数学とは，構造物が全体の形を崩さないで大きくなっていけるような原理のことである。

黄金らせん

一連の黄金長方形を使うと，黄金比に従って延びる黄金らせんに近いらせんを作ることができる。黄金らせんは，一連の対数らせん（一定の比で延びるらせん）で構成されている。このような曲線を考えたのはヤコブ・ベルヌーイで，ヤコブはこのらせんがとても気に入っていた。そして，自分の墓碑銘にもこのらせんを刻んでくれと頼んだのだが，学のない石工はこれよりも円に近くあまり広がっていないアルキメデスのらせんを刻んだ。

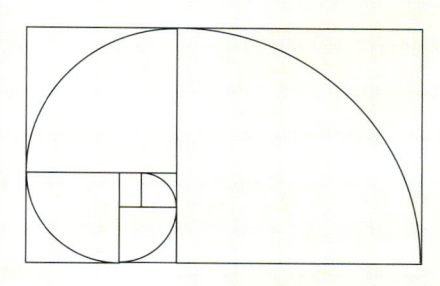

黄金らせんを正確に描くのは難しい。もっともよい近似を得るには，分割した黄金長方形のそれぞれの正方形部分で，その対角を結ぶ4分の1の円弧を描くとよい。（図は五つの部分の近似）

9 プラトンの立体

　古代ギリシアの数学者たちは，数は聖なるもので，ひとつひとつが霊的な資質をもっていると考えていた。なかでも 5 は，豊穣と人間の情熱と理性の組み合わせを象徴した特別な数だった。この信念の裏付けとなったのは，正多面体が最大でも五つしかない，という事実だった。

　近代数学の考え方とは正反対に思えるが，紀元前 4 世紀には，数には個性があり，簡単な計算にも深い意味があった。このような考え方は紀元前 5 世紀に偉大なるピタゴラス学派が残したもので，この遺産を受け継いだのが，抜きんでた才能をもつアテネの哲学者プラトンをはじめとする次世代の数学者だった。

　プラトンは紀元前 360 年の著作『ティマイオス』で，五つの正多面体について述べている。「正」という字がつくのは，どの辺の長さも等しく，どの面も同じ角度で交わっているからで，このためすべての面がまったく同じ正多角形になっている。実際にどのような正多面体があるかというと，4 枚の正三角形からなる四面体，6 枚の正方形からなる立方体，8 枚の正三角形からなる八面体，12 枚の正五角形からなる十二面体，20 枚の正三角形からなる二十面体の計 5 種類である。プラトンは，これらの立体を発見したのは前の時代のピタゴラス学派の人々だとしているが，どうやら八面体や二十面体は同時代のテアイテトスが発見したらしい。

　プラトンは次に，すでに広く知られていた，正多面体はこの五つで尽くされるという事実を紹介している。そしてそのうえで，これらの図形の不思議な性質と物質的な役割を重ね合わせて，この五つこそが自然の構成要素であるとした。その結果これらの立体は，「プラトンの立体」と呼ばれるようになった。

1635 年にウィリアム・デービソンが発表した自然界の物質についての著作『フィロソフィア・ピロテクニア（華々しい哲学）』にあるプラトンの立体の図。昔は自然を構成しているとされていたプラトンの立体（別名，宇宙物体）も，今では数学史に登場するちょっと変わった品でしかない。

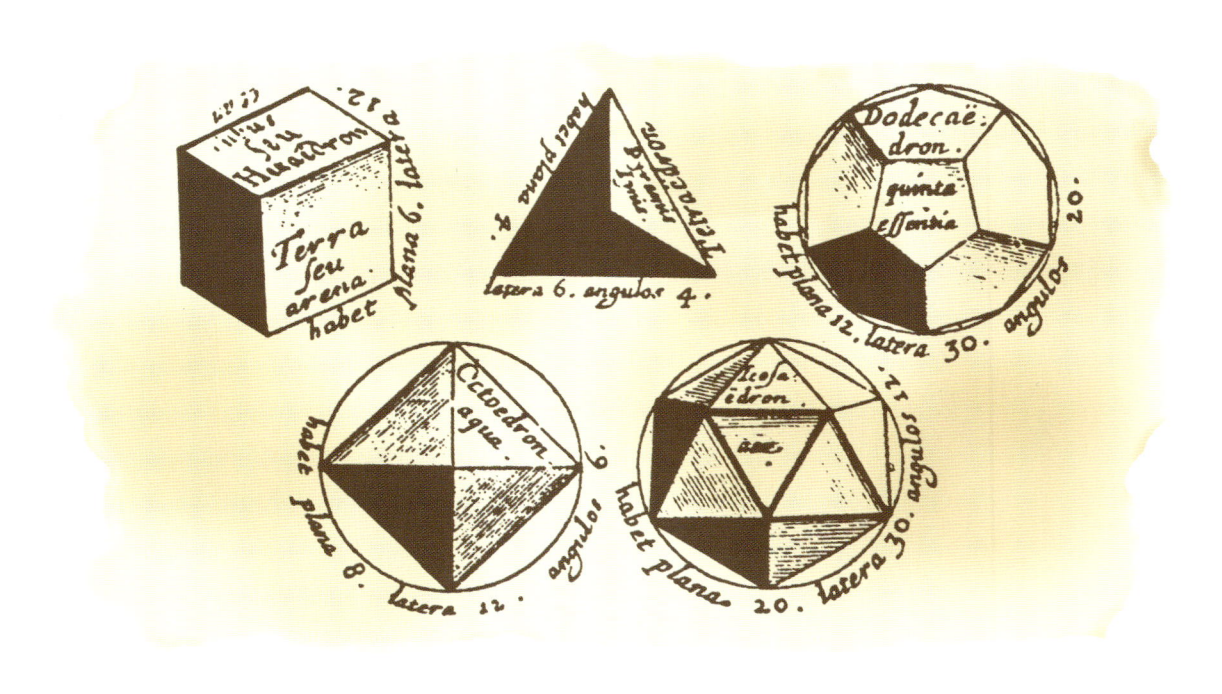

10 論理

問いから答えを導く方法についての基本的な前提がなければ，数学は成立しない。この前提となったのが，紀元前4世紀にアリストテレスが形式化した論理だった。今日の数学のほとんどが，今なおこの思考法に頼っている。

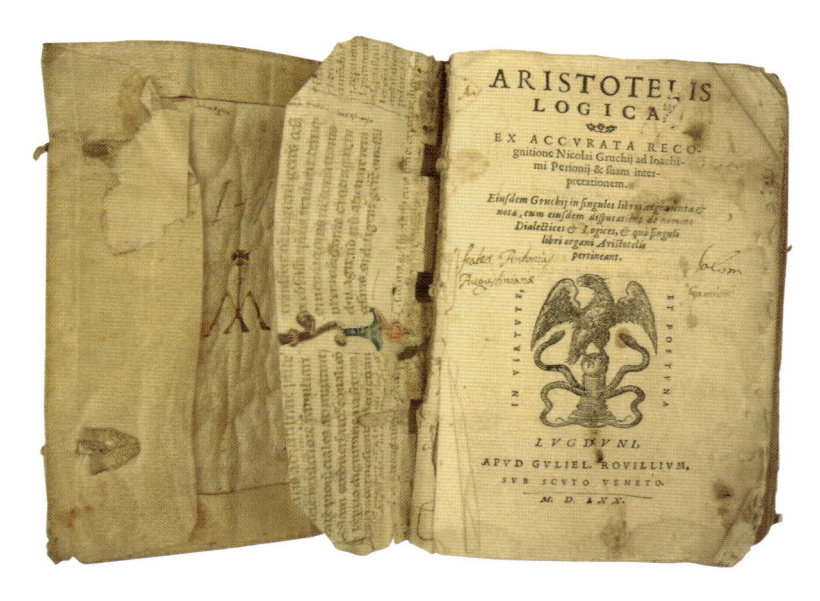

アリストテレスの論理に関する著作の，1570年に発表されたラテン語訳。アリストテレスは二つの前提から結論を導くことができる三段論法の八つの正しい形を提示した。19世紀に入るとジョージ・ブールが，これらのうちの二つが実は謬見であることを示した。

数式を作る場合には，その各部分があらかじめ定められた明確なやり方で相互に作用することが前提になる。この前提があるからこそ，得られた結果は再現可能になる。いいかえれば，その計算を何回繰り返しても同じ結果が得られ，やはり正しいと考えられる一連の同じような前提に立つ別の問題でも，同じことが成り立つのだ。つまり数学の中心には，特定の原因や関係からある結果が得られた場合，同じ条件であればどの瞬間にも同じ結果が得られる，という前提がある。

論理は，2,400年ほど前にアリストテレスによって定義された。アリストテレスは，「道具」を意味する『オルガノン』と呼ばれる一連の著作で，自分のまわりの世界を見ようとする哲学で用いる補助手段を定めた。アリストテレスが論理の中心に据えたのは演繹法だった。本人いわく，「演繹法とは，そこでなにかが措定された場合に，これらの措定されたこととは別の何かが，これらがこうだというまさにそのことに伴う結果として必然的に生じる論理方式である」。ここでいう「措定されたもの」は議論の前提で，「必然的な結果」が結論である。この過程は，「推測」を意味する「シロギスモス（συλλογισμος）」というギリシア語から，シラジズム（日本語では三段論法）と呼ばれている。誤った結論に達する三段論法は謬見と呼ばれる。アリストテレスは，考えうる256の三段論法のほとんどが謬見であることを示した。

ヨーロッパが暗黒時代に入ると，アリストテレスのこの業績も行方知れずとなった。しかし，オリジナルのギリシア語の文書がビザンチン帝国に保存されていて，それらの文書が西暦750年頃に，まずムスリムの学者によってアラビア語に翻訳され，11世紀にはヨーロッパでも，再びアリストテレスの概念がよみがえることとなった。19世紀に入って数学の論理が進展すると，三段論法はずたずたになり，その限界が見えてきた。それでも三段論法は今なお集合論の中心であり，しかもその集合論は，統計から無限の概念にいたるすべてのことに関係している。

三段論法の構造

三段論法は大きくいって，大前提，小前提，結論の三つの部分からなっている。たとえば，
- すべてのほ乳類には毛がある（大前提）
- すべての人はほ乳類である（小前提）
- すべての人に毛がある（結論）

大前提と小前提には，何かしら結論と共通なものが含まれている。大前提の毛は断定された属性で，小前提の人は主題である。そしてこの場合のほ乳類は，主題と属性をつなぐ，いわゆる中名辞なのだ。また，三段論法には量記号が使われ，上の例では「すべて」が量記号になるが，このほかに「いっさい〜ない」「いくらかの」といった量記号が使われる。前提の量記号の組み合わせを変えると，常に成り立つ普遍的な結論が得られたり，特定の場合に限って正しい「個別の」結論が得られたりする。ほかの演繹法と同じように，三段論法も謬見にいたる可能性がある。なぜなら，前提が正確であるかどうかによって，結論の真偽が違ってくるからで，たった一つまちがえただけで，誤った前提の連鎖が生じる可能性がある。

ND# 11 幾何学

　古代ギリシア人が幾何学という分野を生み出したわけではないのかもしれない。事実，ほぼ同じ頃に中国の学者が，まったく独自に図形などの研究していた。しかし，幾何学の基本的前提や証明を確立したのは，まちがいなく古代ギリシア人だった。

　幾何学を意味する英語のジオメトリーという単語は，元をたどると，ギリシア語の地面を表す言葉（ジオ，γεω）と測量を表す言葉（メトリア，μετρια）から来ている。この呼び名からもわかるように，古代ギリシア人は，自然のなかに見られる基本的な形を測ることに興味があった。事実，数学を使って実際の長さや面積や体積を求める測量技術は，幾何学の現実世界への応用例といってよい。ところが古代ギリシアの学者たちはすぐに，これらの図形にある種のパターンや法則が潜んでいることに気づいた。
　紀元前300年頃には，ギリシアの数学者アレキサンドリアのユークリッドが幾何学の原理を集め，さらにそれらを展開して，『原論』と呼ばれる13巻の書物にまとめた。そしてこの書物に収録された定義や公理や定理や数学を使った証明は，やがて幾何

ユークリッドの『原論』は，聖書をのぞけば，史上もっとも多くの言語に翻訳され，写され，出版された本である。これらのページはルネサンス期のもの。

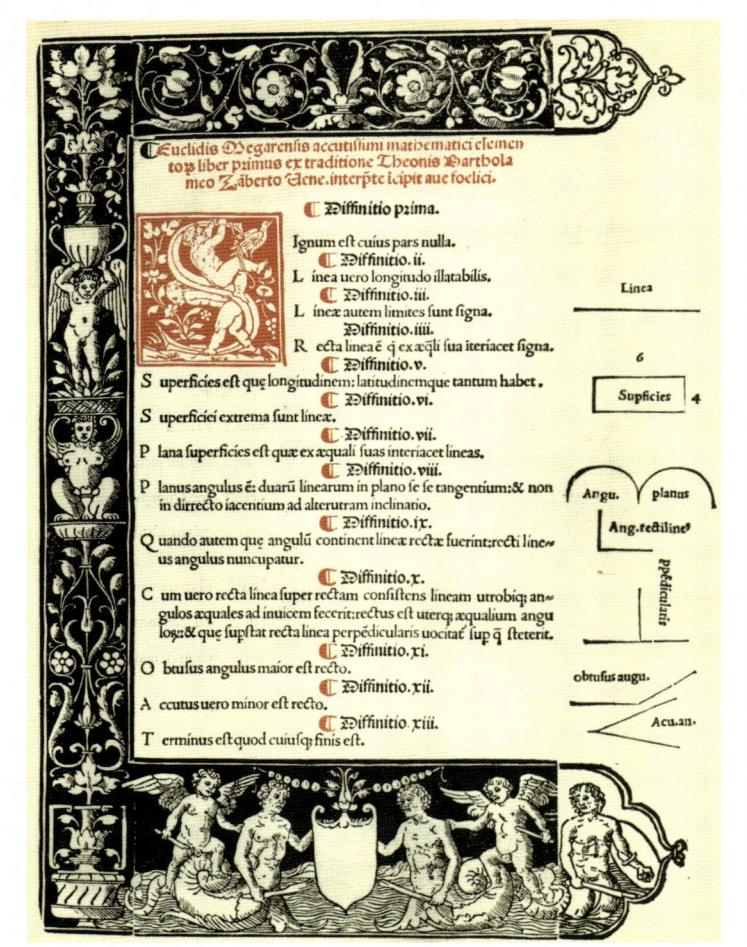

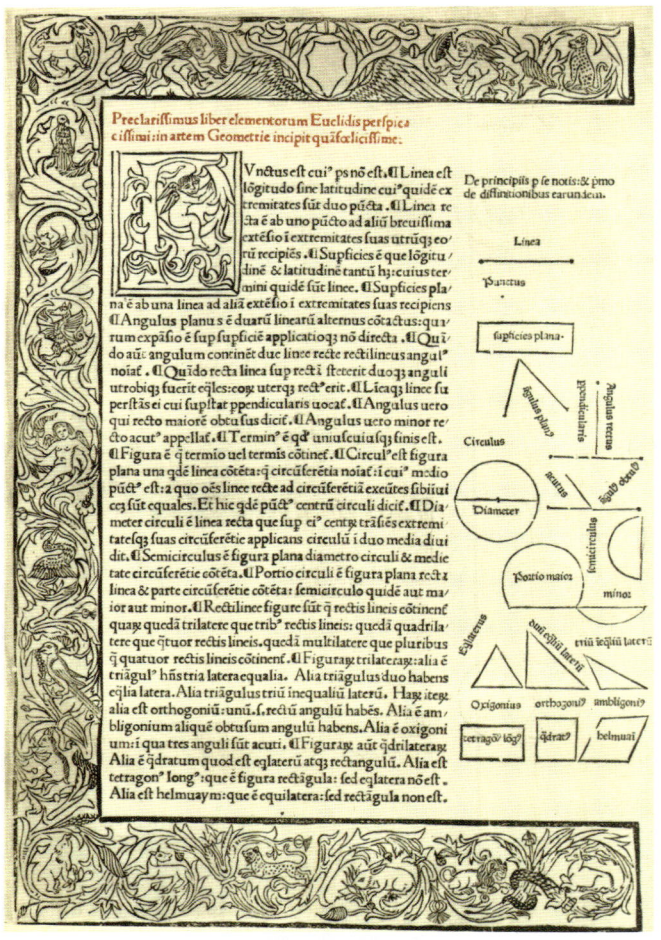

（と，そこから生まれたあらゆる数学の分野）の最初の原理となった。ユークリッドの数学への貢献はきわめて大きく，ユークリッドは「幾何学の父」と呼ばれている。

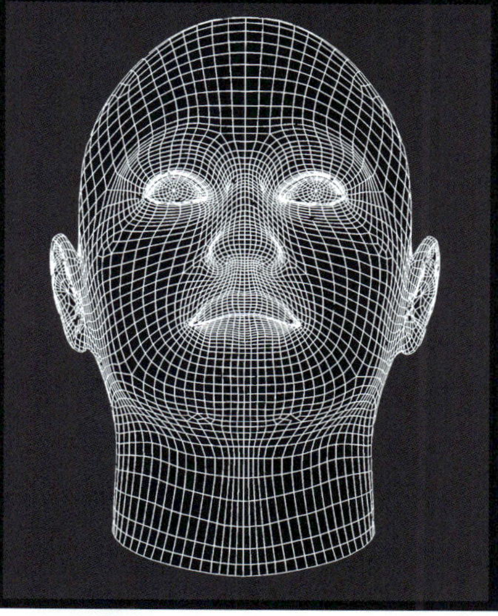

公準と概念

　ユークリッドがまとめた定理の多くは，ユークリッドのオリジナルではなかった。ユークリッドの優れた点は，それらの定理を公理と呼ばれる一連の同じ前提から導いたところにあった。それらの前提のなかに，次のような五つの共通概念がある。1) 同じものと等しいものは，互いに等しい。2) 等しいものに等しいものを加えれば，全体も等しくなる。3) 等しいものから等しいものを引くと，残りも等しくなる。4) 互いに重なり合うものは，互いに等しい。5) 全体は部分より大きい。

　これに対して五つの公準は，もう少し幾何学的だ。1) どのような2点を取っても，それらを結ぶまっすぐな線分を引くことができる。2) どのような線分も，無限に伸ばすことができる。3) どのような線分も，その線分のどちらかの端点を中心として，その線分を半径とする円を描くことができる。4) すべての直角は合同である。（つまり，互いに重ね合わせられる。）5) 2本の直線が第3の直線に，片側の内角の和が2直角（＝180度）より小さいような形で交わっているとき，その2本の線をそちら側に十分に伸ばせば，どこかで必ず交わる。（最後の公準は平行線の公準と呼ばれ，のちに証明できないことが明らかになった。そしてそこから，また別の公理に基づく新たな幾何学が生まれた。）

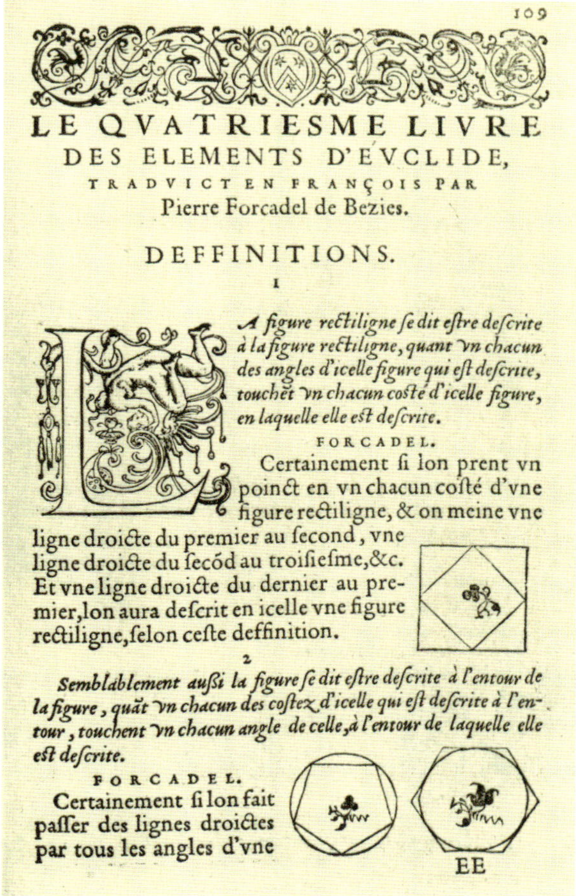

人と作品

　『原論』は，今までに書かれた教科書のなかではもっとも影響力があり，2,300年を経た今でも出版されている。この著作が今に伝わったのは，4世紀にアレキサンドリアのテオンが版を作ったからだった。コペルニクスやガリレオやニュートンといった偉大な思索家たちが『原論』に触発されていたことはたしかだが，実はユークリッド自身のことは，何もわかっていない。そもそもこの教科書の著者の名前がユークリッドであることでさえ，同時代の人々があちこちで短く述べたり，プロクルスが『原論の注釈』という著書で述べたりしていなければ，わからなかったはずだ。

コンピュータ・グラフィックス

　もっとも単純なタイプのコンピュータ生成画像（CGI）では，自然に作られた複雑な形（たとえば顔）を一連の単純な形に変換する。そのうえで，全体の形をさらに小さなユニットで定義して，それらの形状にあわせて修正できるようにする。これは，ポーランド生まれのアメリカ人数学者ベノア・マンデルブローなどの業績から生まれた考え方で，マンデルブローは1974年に，自然な形はフラクタル次元に従っており，従来のユークリッド幾何学では測定不可能で，近似しかできないことを明らかにした。

12 魔方陣

数学では，よくパズルが発端となって大きな前進が起きるが，これは驚くようなことではないのかもしれない。世界最古のパズルである魔方陣は，まず，中国の独創的な書物に登場した。そのうえこのパズルを作ったのは，川に棲む数学的思考が得意な亀だったという。

4	9	2
3	5	7
8	1	6

紀元前3世紀の中国の書『九章算術』によると，世界初の魔方陣は，亀が人間に与えたものだった。「洛書の魔方陣」と呼ばれるその魔方陣では，3×3の格子のなかに1から9までの数が入っている。魔方陣の常として，各数字は1回しか登場せず，数字を縦横斜め，どの方向に足しても1列分の和が「魔法の定数」と呼ばれる決まった数になる。洛書の魔方陣は次数（縦横の大きさ）が3で，3^2個の数字が使われている。数字が一つだけの次数1の魔方陣はまるでおもしろくないし，次数2の魔方陣は作れない。しかし次数nがそれより大きくなると，1からn^2までの数を使って，さまざまな魔方陣を作ることができる。魔法の定数は，$\frac{n(n^2+1)}{2}$という式で計算できる。

1514年にアルブレヒト・デューラーが発表した銅版画「メランコリアI」では，右上に次数4の魔方陣が描かれている。画家は自分の数学の力を示すためにこの魔方陣を描いた。

13 素　数

数学者にとって，素数は整数の無数の砂に紛れてきらめく宝石だ。素数とは，1かそれ自身でしか割れない数のことで，素数でない整数は素数を合成したもの，つまり二つ以上の素数をかけ合わせたものでしかない。

素数は無数にあるが，のべ何百万人・時もの努力の甲斐もなく，次の素数がいつ登場するのかを予測する方法は見つかっていない。仮に素数に何らかのパターンがあったとしても，わたしたちにはそれが見えない。だから，一つずつ捜すしかないのだ。素数の概念はとても単純だが，ある数が素数であることを証明しようとすると，それより小さな数で次々に割っていって，常にあまりが出ることを確認するしかない。問題の数がわりと小さければ，片っ端から計算していくのもよいだろう。だが問題の数が大きくなると，何十，何百，ときには何億回もの割り算をして初めて，素数かどうかがわかることになる。

単純な素数検出装置を考案したエラトステネスは，アレキサンドリアの大図書館の館長だった。

大昔のアルゴリズム

素数捜しの作業は今や高速のスーパーコンピュータに託されているが，問題の素数候補がほんとうに素数か否かを確認する手順自体は，昔も今も変わらない。今日では，素

数は電気通信のセキュリティを保証する暗号アルゴリズムの核になっているが，どうやら古代人にとっても，素数には何か意味があったらしい。実際，コンゴで発見された2万年前の計算ツール，刻みが入った「イシャンゴの骨」にも素数が使われているようなのだ。

ユークリッドが『原論』で素数が無数にあることを示したからといって，素数捜しが終わったわけではなかった。紀元前3世紀のあるギリシアの数学者兼天文学者は，初期の素数捜しの手法「エラトステネスのふるい」を考案した。これは与えられた有限個の数に含まれるすべての素数をあぶり出すためのアルゴリズム（＝一連の指示の集まり）である。まず問題の集まりから最初の素数である2（現在1は素数から除外されている）の倍数をすべてはじく。すると偶数はすべて消えて，残る素数はすべて奇数になる。次に3の倍数，そして次に（4はすでに消えているから）5の倍数，7の倍数と同じ作業を繰り返す。100以下の数の集まりなら，素数が25個出たところで作業が終わる。もっと大きな素数が出てきたときは，さらにこの手順を繰り返せばよい。2,300年以上の歴史をもつこの手法は，今でも10,000,000以下の素数を洗い出すもっともよい方法である。

小さな定理，大きな問題

17世紀の驚くべき数学者ピエール・ド・フェルマーは，これとは別の素数捜しのツールを作った。フェルマーといえば「最終定理」でみんなを煙に巻いたことで有名だが，素数に関しては，そこまで有名ではない「小定理」を発見している。

この小定理の存在は，ベルナール・ド・ベッシ宛の1640年の手紙で，最初に明らかにされた。フェルマーはその手紙に，pを素数とするとaをどんな数にしても，$a^p - a$は常にpの倍数になることがわかったと記していた。だがフェルマーは，例によってこの結果をどうやって見つけたのかを書かなかった。本当ならベッシがこの定理にいたる推論を明らかにするはずだったが，ベッシは（そしてほかの人々も）謎を解けず，フェルマーは答えを（知っていたとしても）墓のなかに持っていってしまった。そしてけっきょく約百年後にスイスの数学者レオンハルト・オイラーがこの定理を証明したのだった。（ちなみにオイラーにとって，この証明は数あるすばらしい業績の一つでしかなかった。）

この小定理は今も，素数捜しの第1段階に組み込まれている。この定理は，$a^{p-1} = b$という形に書き換えることができて，ここから，bをpで割ったときにあまりが1になることがわかる。そこでaの値をランダムに選んでいって，それでも正しい答えが出続ければpは「素数候補」となる。これに対してこの定理に当てはまらないbが一つでも出れば，pは合成数だということになる。

素数対捕食者

周期ゼミ（素数ゼミとも）と呼ばれる蝉は，生涯のほとんどを幼虫として木の根の樹液を吸って地中で暮らす。だが子孫を作るには，地上に出て脱皮し，羽のある成虫にならなくてはならない。こうして一度に姿を現した何千匹もの幼虫は，捕食者にとって最高のごちそうになる。だがこれらの周期ゼミは13年か17年ごとにしか地上に出てこない。このように各世代の間隔が素数になっているために，捕食者は自分たちのライフサイクルをこの蝉のライフサイクルに合わせることができない。

この色づけしたふるいには100以下の素数が示されている。2以上の素数の倍数にはすべて同じ色がつけてある。

- 🟢 2の倍数
- 🔵 3の倍数
- 🔴 5の倍数
- 🟠 7の倍数
- ⚫ 素　数

1	2	3	4	5	6	7	8	9	10
11	12	13	14	15	16	17	18	19	20
21	22	23	24	25	26	27	28	29	30
31	32	33	34	35	36	37	38	39	40
41	42	43	44	45	46	47	48	49	50
51	52	53	54	55	56	57	58	59	60
61	62	63	64	65	66	67	68	69	70
71	72	73	74	75	76	77	78	79	80
81	82	83	84	85	86	87	88	89	90
91	92	93	94	95	96	97	98	99	100

14 パイ

円の直径と周の比を，パイと呼ぶ。パイとはギリシア文字のπ（パイ）のことで，比の値そのものをこの文字で表す。ちなみにπが世界一有名な数とされているのには，ちゃんとわけがある。

基本的な計算では，πの値を 3.14 とすることが多い。だがこのたった 3 桁の近似でさえ，自信をもって正しいといえるようになるまでには長い苦労があった。やっかいなことに，この値を小数で表すと，どこまでいっても果てがない。いくら懸命に目をこらしてみても，πの完全な姿を見ることは不可能なのだ。

たぶんπは幾度か，それぞれまったく独立に発見されたのだろう。バビロニア人がπを知っていたのはたしかで，その値は 3.125 とされていた。これはかなり正確な値だが，どうやって見つけたのかははっきりしていない。一方エジプトのアーメスはリンド・パピルスで，「直径の $\frac{1}{9}$ を取り去って，残った直径の上に正方形を作ると，その面積が円と等しくなる」と述べている。実際にこの通りにしてみると，これまたかなり正確な 3.1605 という近似値が得られる。

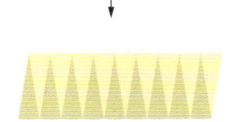

円の半径（r：直径は $2r$）の長さとは関係なく，円周は常に r の 2π 倍になる。円の面積は πr^2 である。

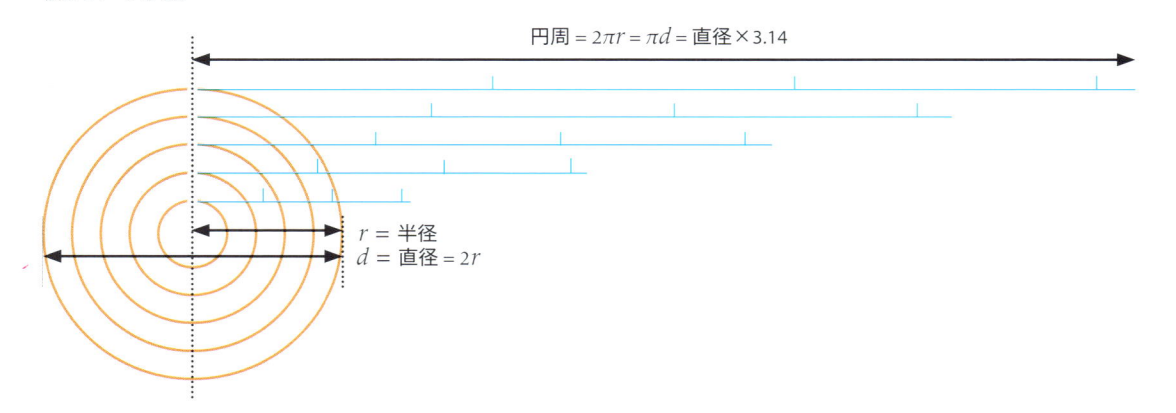

円周 $= 2\pi r = \pi d =$ 直径×3.14

$r =$ 半径
$d =$ 直径 $= 2r$

アルキメデスはπの値を求めるために，円をいくつもの均一な断片に分けては並べ直して，縁がぎざぎざで横に長い図形を作った。この図形の横の長さは幾何学を使って計算することができ，円周のほぼ $\frac{1}{2}$ になる。しかも断片の数を増やしていくと，縁が曲がっているせいで生じる誤差はどんどん減って，この長さが円周の $\frac{1}{2}$ にどんどん近づく。

パイの詩（PIEMS）

英語では，「パイの詩（ピエムス）」という奇妙な一節を使ってπの値を覚える。この一節の各単語の文字数が，πのその桁の値になっている。

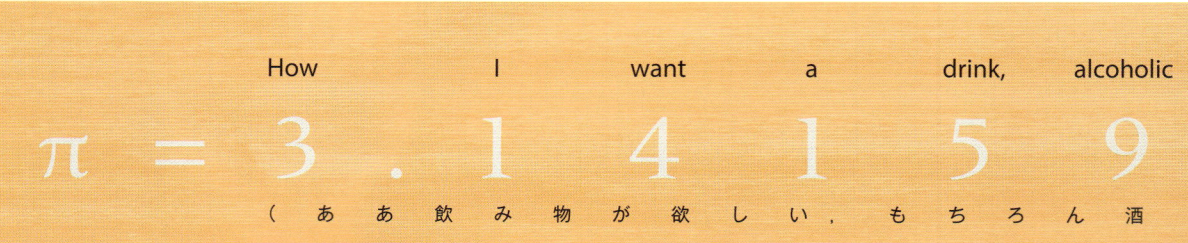

How I want a drink, alcoholic

π = 3. 1 4 1 5 9

（ああ 飲み 物 が 欲しい，もちろん 酒

古典的な計算

　紀元前5世紀のギリシアでは，アンティポンとブリュソンの二人の数学者が，円のすぐ内側とすぐ外側に多角形を描いてπの値を計算した。こうすると，円の面積は二つの多角形の面積で挟まれるから，そのうえで多角形の辺の数を増やしていくと，円の面積をいくらでも細かく近似できる。

　アンティポンとブリュソンは，実はともに古典幾何学の大問題の一つである「円の正方化」の問題に取り組んでいた。これは，定規とコンパスだけを使って円と面積の等しい正方形を作ることはできるか，という問題だ。数学者たちは何百年ものあいだ，この難問に悪戦苦闘していたが，1882年にリンデマンが，πが超越数であることを証明した。つまり，πを小数で表すと無限に続き，現れる数字の列にも予測可能なパターンはいっさい現れず，そのうえπは決して代数方程式の根にならないのだ。よって，円の正方化は数学の規則に反する。

　紀元前3世紀には，偉大なる科学者にして工学者でもあるシラクサのアルキメデスが，また別の方面からπの問題に迫った。正多角形の周をうまく使って円周を計算しようというのだ。アルキメデスは六角形から始めて，辺の数を倍々と4回増やし，ついに円の内側と外側に96角形を作った。そのうえでこれらの正多角形の周を計算してみると，πの値が3.140845と3.142857の間にあることがわかった。

　この手法にはその後もさらに磨きがかけられて，3世紀中国の数学者，劉徽（りゅうき）は，3,072角形で計算を行って約3.141592104という値を得た。さらにその250年後にはインドでアリヤバータが386角形を使って，3.1416という値を得ている。

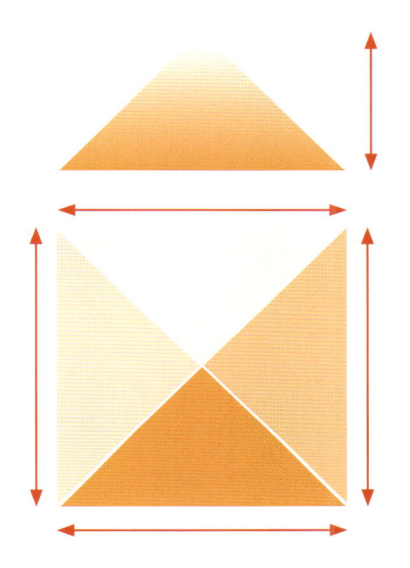

近代の値

　今日では膨大な計算力が使えることから，πの値もとほうもない桁まで計算されている。2011年には近藤茂とアレクサンダー・イーが特注のコンピュータを191日間走らせて，πを10兆桁まで計算した。これまでに確認済みの宇宙全体の直径を水素原子の半径以下の誤差で計算する場合でも，πの値は39桁の近似値で十分だということを考えれば，この桁数のすさまじさがよくわかる。

ギザのピラミッドは，1辺と高さの比がπの値にかなり近い。設計者がπの値を計算してそれを使ったのか，それとも別の理由でこの比を好んだのかははっきりしない。

ギザの大ピラミッドの高さと辺の比は22：7，つまり3.142になっている。

of	course,	after	the	heavy	lectures	involving	quantum	mechanics!
2	6	5	3	5	8	9	7	9
を，	量子	力学	の絡ん	だ重	たい	講義	の後な	んだから）

15 地球を測る

　今日，惑星や恒星の形を調べたり大きさを測るとなったら，強力な望遠鏡を使うか，衛星からレーダー・マッピングを行うはずだ。しかし古代の数学者たちは，柱の影と三角法だけを頼りにして，地球の大きさを測っていた。

　紀元前3世紀の終わりに，あるギリシア人の数学者が地球の大きさを計算するきわめて単純な方法を思いつき，たった一度測定をしただけで結論を出した。アレキサンドリアの図書館長エラトステネスが，演繹的な論理とユークリッド幾何学を使って，約99パーセントの精度で地球の大きさを測ったのだ。古代ギリシア時代が始まった紀元前7世紀頃には，地球は丸くひしゃげた円盤のような形をしていると考えられていた。

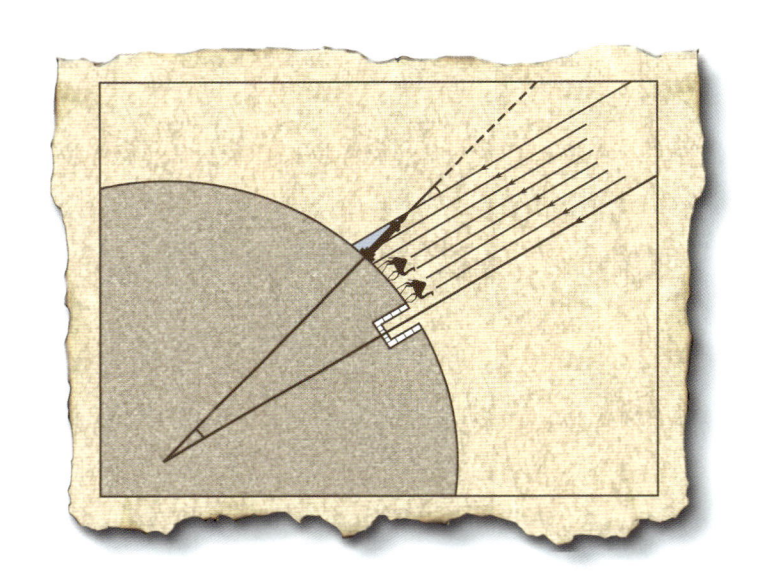

このときにエラトステネスが用いたシエネの井戸では，今も夏至の正午になると日光が底まで届く。エラトステネスは，正午にアレキサンドリアでできる影が，地球の中心とシエネおよびアレキサンドリアをそれぞれ結んだ2本の線がなす角と等しいことに気がついた。

　紀元前580年にはミトレスのアナクシマンドロスが，地球は円柱形で，てっぺんに平らな陸の塊があって，そのまわりを泡立つ海が囲んでいると主張した。めざとい船乗りたちは，地球が曲がっていることを実感していた。なぜなら船が水平線から姿を現すときには，まずマストが見え始め，最後に船体が現れるからだ。そして紀元前5世紀には哲学者たちも，地球は実は球なのだろうと考えるようになっていた。

光り輝くアイデア
　場所によって太陽が達する高さ（地平線からの角度）が異なることは，古代の人々にも広く知られていた。アレキサンドリアでは夏至に太陽が影を作るのに，南のシエネの町（現在のアスワン）では真上から照りつけるという話を聞いたエラトステネスは，地球の周を計算する方法を思いついた。彼はまず，太陽の光は平行に射しているはずだと考えた。それなのに，シエネでは光が垂直に射し，一方アレキサンドリアでは光が傾いているために影ができる。そこでエラトステネスは，アレキサンドリアでの太陽の光の傾き具合を調べるために，立てた柱の影が夏至の正午にどれくらいの長さになるかを測った。あとは幾何学にまかせればよい。太陽光が垂直となす角は，地球の中心と二つ

の都市を結んだ線がなす角と等しくなるが，実際に測ってみると，その値は7度12秒で，地球の中心角360度の50分の1だった。いっぽう二つの都市の距離は5,000スタディア（古代ギリシアの長さの尺度）だったから，エラトステネスは計算で得た値を最後に丸めて，地球の周は252,000スタディアだとした。この値の正確さは，スタディアという尺度の大きさによって変わってくる。ギリシアの標準的な1スタディアは185メートルで，その場合の誤差は16パーセントになるが，当時のエジプト地方では1スタディアが157.5メートルだったことを考えると，この値は39,690キロメートルとなって，誤差は2パーセント以内になる。

この100年後にヒッパルコスが，三角形の内角の大きさと辺の長さの関係を示す世界初の三角法の数値表を発表した。そして，これを使って月と太陽の距離を測った。三角法はムスリムの学者によってさらに展開され，ヒッパルコスの1,100年後には中央アジアのウズベク族の学者アル・ビルーニーが三角法を用いて，地球の半径は6,339.9キロメートル（現在の値よりたった16.8キロメートル短いだけ！）である，という結論を導いた。

16　10のべき，10の力

当たり前かもしれないが，文明が進んで国がふくれあがり帝国ができると，記録に登場する数もどんどん大きくなる。中国人たちは，何百年ものあいだ扱いにくい数字を使い続けていたが，ついに単純な解決法を思いついた。

わたしたちの会話によく登場するメガ，ギガ，ナノという単語も，きわめて大きなものや非常に小さなものを表す現代版「10のべきの利用法」と関係がある。

古代ギリシアでは，もっとも大きな数を表す単語（数詞）はミリアード（μυριαδ）（＝10,000）だった。ミリアード・ミリアードは1万かける1万で1億になるが，この数は書くだけでもたいへんで，とうてい計算できたものではなかった。中国の数学者たちは紀元前190年に，10の威力を利用して数の扱いを楽にする方法を考え出した。どんな値でも，桁をいくつか並べてから，そこに10を何回かかければかなり正確に表すことができるというのだ。たとえば 72×10^5 は7,200,000で，72に10を5回かけたものになる。10を5回かけたものは10の5乗と呼ばれ，大きなべきを使えば，とほうもない数でも簡単に表すことができる。さらに，10で割るたびに，元の数は10分の1（10^{-1}），100分の1（10^{-2}）というふうに小さくなるから，これと同じやり方で小さい数を表すこともできる。こうして小数が誕生したのだが，この表記が一人前になるには，さらに1,500年の時が必要だった。

接頭辞	記号	何倍するか	べき
ヨタ	Y	1,000,000,000,000,000,000,000,000	10^{24}
ゼタ	Z	1,000,000,000,000,000,000,000	10^{21}
エクサ	E	1,000,000,000,000,000,000	10^{18}
ペタ	P	1,000,000,000,000,000	10^{15}
テラ	T	1,000,000,000,000	10^{12}
ギガ	G	1,000,000,000	10^{9}
メガ	M	1,000,000	10^{6}
キロ	k	1,000	10^{3}
ヘクト	h	100	10^{2}
デカ	da	10	10^{1}
デシ	d	0.1	10^{-1}
センチ	c	0.01	10^{-2}
ミリ	m	0.001	10^{-3}
マイクロ	μ	0.000,001	10^{-6}
ナノ	n	0.000,000,001	10^{-9}
ピコ	p	0.000,000,000,001	10^{-12}
フェムト	f	0.000,000,000,000,001	10^{-15}
アト	a	0.000,000,000,000,000,001	10^{-18}
ゼプト	z	0.000,000,000,000,000,000,001	10^{-21}
ヨクト	y	0.000,000,000,000,000,000,000,001	10^{-24}

17 今日に通じる暦

　自然界には，時を測るのに便利な周期が三つある。日，年，そして月の満ち欠け（月齢）だ。ところがやっかいなことに，この三つはあまりうまく連動していない。このため暦を作ろうとすると，数学の面では決まって妥協が必要になり，議論が起きることになる。

　昔は，暦に基づいて農作業を計画したり，徴税したり，宗教的な催しを行ったりしていた。しかも古代エジプトでは，同時に2種類の暦を使っていた。片方は国を治めるための暦で，1年はちょうど365日になっていた。だが実際には1年は365と4分の1日だから，この暦はじょじょに遅れていった。さらにもう一つ，これとは別に月の満ち欠けに基づいた宗教のための暦があった。エジプトの天文学者たちは，星を細かく観察して「本当の」季節を追い，その結果に基づいて暦を調節していた。

カエサルの登場

　古代ローマ人は，すべてをきちんと組織立てて行うのを好んだ。ところが紀元1世紀には，自前の暦はいささか混乱していた。当時の暦には，1年が12カ月で，英語のジャニュアリー（1月）にあたるイアヌアリウス（Ianuarius）から始まって2月がいちばん短いというふうに，わたしたちにもおなじみの特徴があった。だがこれは月齢に基づく暦で，実際の季節の変化に合わせるために，かなりでたらめに余分な月が加えられていた。

　紀元前46年に全会一致でローマの指導者に選出されたユリウス・カエサルは，暦の問題を解決することにした。おそらく，その前年にエジプトに遠征したときに思いついたのだろう。当時のエジプトを治めていたのはアレキサンダー大王の後継者のギリシア人で，ギリシアの人々は，かなり前から1年が実は365日と4分の1日であることを知っていた。（そしてエジプトを治めていたギリシア人たちは，紀元前238年に初めて，この差を取り込もうと試みた。4年ごとに1年が366日の閏年を挟んだのだ。しかし地元の人々は，カエサルが訪れたころもあいかわらずこの改革に抵抗していた。）

　カエサルは，アレキサンドリアのソシゲネスという天文学者の助言を得て，改めて閏年というアイデアを実行させるとともに，月の長さに手を加えた。その時点で古いローマの暦は実際の季節の3カ月近く先を行っていたが，カエサルは1月を冬至の後に戻したかった。そこで，現在紀元前46年とされている年に2カ月よけいに付け加えて445日として，すべてを元の軌道に戻すことにした。カエサルはこの決定の2年後の紀元前44年に暗殺されたが，暦の改革は生き残った。とはいえカエサ

ユリウス・カエサルは紀元前44年の「ローマ暦3月15日（イードゥース・マールティイ）」に暗殺された。昔から各月のイードゥース（3，5，7，10月の15日とその他の月の13日）は戦いの神マールスと関係があり，攻撃にふさわしい日とされていたのだ。暦を見直さなければ，カエサルも6月の初めまで生きられたかもしれない。

ルは最初の閏年の前に死んだので、役人たちはまちがえて4年ごとではなく3年ごとに閏年を加えた。しかしカエサルの後継者のアウグストゥスがこれを正し、新たな「ユリウス暦」はその後1,600年間ヨーロッパでなんの問題もなく使われることとなった。

グレゴリオ暦

ひょっとするとカエサルは、新しい暦も長いあいだにけっきょくは季節と合わなくなることを知っていたのかもしれない。古代の天文学者たちはすでに、1年に一度、春分点と呼ばれる太陽の位置を観察することで、1年の長さをきわめて正確に測ることができた。これらの観察結果によると、1年は平均で365.25日に11分足りなかった。だからユリウス暦は、128年につき約1日遅れることになる。

ヨーロッパでは、中世後期の時点ですでにユリウス暦が1週間遅れていた。これに特に頭を悩ませたのが、イースターの日付を決めなければならない教会関係者だった。こうしてさまざまな方面から、教皇に暦の変更を促す動きが起きた。そしてけっきょく1578年に、教皇グレゴリウス13世が自ら行動を起こすことを決めた。教皇は専門家に助言を仰ぎ、ユリウス暦の閏年の入れ方にちょっとした効果的なひねりを加えることにした。つまり、世紀の終わり（1600年、1700年など）が400で割り切れない場合は例外として閏年にせずに平年のままにしておくのだ。

グレゴリウス13世もカエサル同様、日にちをうまく巻き戻して、イースターが毎年春になるようにしたかった。そのためこのお触れが出された1582年には、10月を10日短くして4日の次の日が15日になるように決めた。（後になって、さらにもう1日削った。）この変更をもっとも重く受け止めたのが、庶民だった。（もっとも、時間が減るのは嫌だといって暴動が起きたという話は眉唾だ。）教皇グレゴリウスのちょっとした調整によって、暦はきわめて正確になった。実際、この暦が丸1日遅れるのは、3719年のことなのだ。

グレゴリオ暦の設計を中心となって行ったのは、ドイツの数学者クリストファー・クラヴィウスだった。ただし本人は頑固な天動説の信奉者で、太陽が地球のまわりを回るのであってその逆ではない、と主張していた。

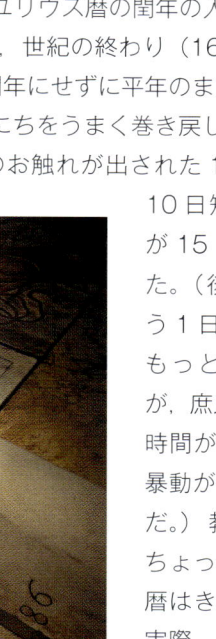

ローマのサンタ・マリア・デリ・アンジェリ教会に1702年に据えられた長さ44メートルの真ちゅうの子午線に太陽の光が射し込み、春分の日付を指し示している。この日付の次の満月のあとの最初の日曜日がイースターになる。

暦を受け入れる

カトリック教会の頂点に立つ教皇グレゴリウスの改革は、まずスペインやポーランドのようなカトリックの国で実施された。プロテスタントの国々では改革が遅れ、たとえばスウェーデンでは、40年かけてじょじょに11日削ることになった。つまりそのあいだは、独自の日付システムを使っていたのだ。大英帝国（植民地だった米国を含む）がこの変更を行ったのは1752年のことだった。だがこのときに財政年度は調整されなかったので、今でも英国の会社は4月6日始まりの年度で税金を払っている。一方トルコでは、1929年までユリウス暦が使われていた。

ウィリアム・ホガースは「選挙のお楽しみ」と題したこの風刺画で、1750年代のイギリスの政治家をからかっている。右下の杖を持って座りこんでいる男が踏みつけているのは「我らの11日を返せ」というプラカード。これはホイッグ党とトーリー党が日付のことまで議論の種にしていたことを示している。

18 ディオファントスの方程式

アレクサンドリアのディオファントスは，西暦3世紀に『アリトメチカ』を発表した。「数の科学」を意味する『アリトメチカ』の発表は，整数を研究する数論の分野における画期的な出来事だった。

『アリトメチカ』に載っている130の方程式は，のちにディオファントス方程式と呼ばれるようになった。現代の言葉でいうと，これらは多項式とか代数方程式と呼ばれる式の大きな集合のなかの小さなグループである。（多項式とは二つ以上の代数的な項で構成された式で，xのような未知の変数が少なくとも一つ含まれている。）ディオファントスは「代数学の父」とされるが，「代数」という言葉そのものや，文字に基づく近代的表記や，代数に関係がある概念の多くが登場したのは，数百年後のことだった。

ディオファントス方程式では，たとえば次のような問題の答えを求める。「父は息子の年齢の2倍より1歳若い。また父の年齢をABとすると，これをひっくり返したものが息子の年齢になる。さて，父と息子の年はいくつ。」この場合，ありうる答えはただ一つ，父が73歳で息子は37歳。このような方程式の答えは試行錯誤で見つけることが多いが，いったん見つかってしまえば，後から数学的に証明することができる。ディオファントスは気をつけて，答えが一つしかなさそうな問いだけを扱うようにしていた。さらに，負の数は正しい数だと思われていなかったので，常に正の解を求めた。このためディオファントスの方程式は単なるパズル扱いされることもあったが，多くの問題が，何百年ものあいだ未解決のまま残っていた。そして1637年に，今やすっかり有名な「最終定理」を提示したピエール・ド・フェルマーがこれらのパズルを調べるなかで，解のないディオファントス方程式を思いついたのだった。フェルマーはその式を自分が持っていた一冊の『アリトメチカ』の85ページの余白に記した。「整数nが2より大きければ，$x^n+y^n=z^n$となるような三つの整数x, y, zは存在しない。」しかしフェルマーはその証明を残しておらず，最終的にきちんとした証明が見つかったのは1994年のことだった。

ディオファントスがまとめた『アリトメチカ』はもともと13巻あったが，うち6巻しか残っていない。これは1621年に刊行されたラテン語版である。

ディオファントスの謎

ディオファントスは，墓石にもディオファントス方程式を刻ませた。それは，本人の年齢を未知数とする式だった。おおざっぱな内容は以下の通り。

「これは亡きディオファントスの墓である。この驚くべき銘文から彼の享年がわかるはずだ。ディオファントスの青年時代は全生涯の6分の1，さらに12分の1が過ぎたところでひげを生やした。さらに7分の1が過ぎたところで結婚した。5年後，夫婦には息子が生まれた。不幸なことに，息子は父の享年の半分の年に達したところで死んだ。父は息子より長生きすることになり，4年間泣き続けた。はたしてディオファントスの享年はいくつ？」

（答えは84）

19 インド・アラビア記数法

今日世界中で使われている10進記数法のもとをたどると，6世紀のインドに行き着く。0から9までの数字を使った表記は，現代のわたしたちにはすっかりおなじみだが，このような表記が世界中で受け入れられるには，1,000年という月日が必要だった。

ブラーフミー数字		ー	=	≡	+	ʮ	ҩ	7	5	7
インド数字	०	१	२	३	४	५	६	७	८	९
アラビア数字	٠	١	٢	٣	٤	٥	٦	٧	٨	٩
中世の数字	O	I	2	3	৪	୨	6	ʌ	8	9
現在の数字	0	1	2	3	4	5	6	7	8	9

現在の数字への展開を逆にさかのぼると，紀元前3世紀のブラーフミー数字に行き着く。ほぼ同じ頃に，バビロニアの60進法にゼロがプレースホルダーとして登場し，やがてすんなりとインド・アラビア数字に加えられることとなった。

西洋の人々が，読むにも書くにも計算するのにもやっかいなローマ数字を相手に悪戦苦闘している頃，インドと中国ではすでに現代の記数法とよく似た表記が採用されていた。今とは違って，10, 20, といった束にそれぞれ別の記号が当てられていたが，6世紀に大変革が起きてゼロという数字が加わると，9より大きな数字はお払い箱になった。7世紀にイスラム帝国が周辺地域を征服すると，この記数法も急速に広まり，すぐに（現スペインの）コルドバからカリカット（現インドのコジコーデ）までの地域で使われ始めた。このため，今でもインド・アラビア記数法と呼ばれているのだ。

ヨーロッパでは何百年ものあいだインド・アラビア記数法を巡って，この記数法を使うアルゴリストやその支持者たちと算盤（アバカス）を使う人々とのあいだで論争が続いた。算盤派はローマ数字にこだわり，アルゴリストが行う筆算より数え板のほうが優れていると主張した。16世紀にはこの議論も立ち消えとなり，ローマ数字は過去のものとなった。

『算板の書』

いっぽうヨーロッパの人々は，12世紀になってもあいかわらずローマ数字で数えたり計算したりしていた。地中海をわたってアフリカで貿易を行っていた商人たちは，アラビアの商人たちが猛烈なスピードで計算を行って最新の値段を出すのを見て，びっくり仰天した。このような旅人のなかに，今ではフィボナッチと呼ばれている若きイタリア人，ピサのレオナルドがいた。父にくっついてアラブの土地を旅したレオナルドは，彼の地の記数法の虜となり，現地の学者にその記数法を使った数学の計算法を習った。そして自分が知り得たことを1202年に『算板の書』という本にまとめた。題名には算板とあるが，内容は計算道具の話ではない。レオナルドはこの本で商人たちのために，新たな記数法とその記数法を用いた実用的で迅速な計算法を紹介した。こうしてヨーロッパの数学は暗黒時代を抜けだし，商業活動に火がついた。そしてこの火のおかげで，ヨーロッパはその後何百年ものあいだ世界の力の中心となったのだった。

20 アルゴリズム

アルゴリズムとは，問いの答えを求めるための段階を踏んだ手順のことで，この手順に従えば試行錯誤をしなくてすむ。アルゴリズムという言葉は，偉大な業績を残した9世紀イスラムの学者にちなむアラビア語からきている。しかしこのような発想に基づく操作そのものは，この言葉ができる1,000年以上前から行われていた。

アルゴリズムという言葉は，アクション映画の設定で「ハイテクなコンピュータのアルゴリズムによって世界秩序が転覆する」，というふうにコンピュータに絡んで登場する場合が多い。このため，実はアルゴリズムというのは，決められた順番で行えば常に望む結果が得られる一連の指示の集まりのことなのだと聞かされると，なんだか拍子抜けする。極端な話，コンピュータのプログラムはすべてアルゴリズムなのだ。ユークリッドも，画期的な著書『原論』のために2,300年前にあるアルゴリズムを作ったが，本人はそれをアルゴリズムと呼んでいない。これは，9世紀ペルシアの数学者ムハンマド・ブン・ムーサー・アル＝フワーリズミーの名前をラテン読みにした「アルゴリスミ」からきた言葉なのである。

アル＝フワーリズミーの優れた業績を並べると，長いリストができる。この人物は，10進法をヨーロッパの数学に紹介する後押しをして，三角法の先駆者となり，当時としてはもっとも正確な地図を何枚も作った。

形式的な手順

アル＝フワーリズミーとアルゴリズムをつなぐのは，『完成と平衡による計算についての概論』という著書である。アル＝フワーリズミーはその著書で，1次と2次の方程式を解く標準的な手順を示した。（そして同時に，さまざまな代数の概念を導入した。）つまり，どんな問題でも使える形式的手順を開発したのだ。そこには，たとえば問題を六つの標準的な形に還元したり，負の単位や平方根や平方を取り去る手順が示されていた。

アルゴリズムに従えば試行錯誤せずに数学の問題を解けるのだから，アルゴリズムを使えば推論を自動化できるはずだ。実際1840年代には，エイダ・ラブレイスがチャールズ・バベッジの原始的なコンピュータ（になるはずだったもの）のためにアルゴリズムのような手順を展開した。そしてアル＝フワーリズミーの1,100年後には，アルゴリズムを核とした，デジタル計算の前触れともいうべき思考実験――「チューリング・マシン」が登場した。

ユークリッドのアルゴリズム

現在ユークリッドのアルゴリズムと呼ばれているのは，二つの数の最大公約数を見つけるための手順である。つまり，二つの数をともに割りきるもっとも大きな第三の数を探すのだ。問題の二つの数は合成数（＝非素数。なぜなら素数は約数をもたないから）でなくてはならない。この手順は，小さい数で大きい数を割るところから始まる。次にその結果を商とあまりに分けて書く。そして得られたあまりで小さい数を割り，さらに新たに得られたあまりで前のあまりを割っていく。この作業を，あまりがゼロになるまで繰り返すのだ。

4,433 と 1,122 の最大公約数

4,433 ÷ 1,122	商 3	あまり 1,067
1,122 ÷ 1,067	商 1	あまり 55
1,067 ÷ 55	商 19	あまり 22
55 ÷ 22	商 2	あまり 11
22 ÷ 11	商 2	あまり 0

よって，4,433 と 1,122 の最大公約数は 11 である。

21 暗号学

　暗号には秘密と同じくらい古い歴史があり，すぐその後を追うように，暗号解読の技術が生まれた。初めのうち，暗号に数学はいらなかった。ところが9世紀にアラビアの哲学者が，隠れた意味を明らかにする数学的手法を開発した。

　コード（暗号）とは，厳密には，単語や文全体を変えることで意味を隠す方法のことである。したがってまるまる一つのメッセージをたった一つの「暗語（コードワード）」だけで送れる場合も多い。たとえば，今では誰もが「Dデイ」（第二次世界大戦で英米連合軍が北フランス侵攻を開始した日。1944年6月6日）の意味を知っているが，幸いなことにこの日が来るまでは，このコードの意味を知る者はほとんどいなかった。よくコードとまちがえられるものの一つに，文字や数字や記号の無意味な列があるが，実はこれらは鍵を使って暗号化されたシファー（符丁）なのだ。この場合は，元のメッセージ（暗号学の専門用語でいう平文）を無意味な列に変換するためのシステムが鍵になる。

　メッセージの秘密を守ろうとすると，鍵が弱点になる。鍵がなければ，暗号解読者はとにかく力づくで片っ端から文字の置き換え候補をあたるしかない。9世紀に新たな工夫が登場するまで，暗号解読はひどく時間のかかる作業だった。そのため，平文の文字をあらかじめ決められたシステムで置き換える「置き換え暗号」を使えば十分秘密を守ることができた。

　ところがバグダッドの博識家アル＝キンディーが頻度分析を展開したために，この状況に終止符が打たれた。頻度分析では，文字ごとに，文章に登場する頻度が違う，という事実を利用する。たとえば，暗号化された英語の語句にいちばん多く登場している文字は，暗号化される前はeだった可能性が高い。そこで仮にeだとしておいて，可能性のある鍵を探っていく。そうやって行き詰まったら，今度は次によく登場する文字tについて調べる。この場合，暗号が長ければ長いほど，文字の登場頻度は平均に近づく。この手法を使うと，どんなに巧妙な置き換え暗号でも解読できる。この分析法の有名な犠牲者のひとりに，スコットランドのメアリー女王がいる。メアリーは独特な文字を使って手紙を暗号化したのだが，頻度分析によって裏切りの証拠が露見し，1587年にエリザベス1世の命令で斬首されたのだった。

世界の主なアルファベットで用いられる文字をまとめた17世紀の言語表。1679年にアタナシウス・キルヒャーがまとめた『トゥリス・バベル（バベルの塔）』には，これらの文字が暗号学でどのように使われるかといった詳細が載っている。

IGKYGX IUJK
シーザー暗号（CAESAR CODE）

　この単純な暗号には，ユリウス・カエサルの名前がついている。カエサルは，この暗号を使って命令を暗号化した。暗号化されたタイトルの意味は，下の鍵を見ればわかる。この暗号の鍵は7で，アルファベットを7文字ずつずらしている。カエサルの高級将校たちがいくら頻繁に鍵を変えたとしても，この暗号はとうてい安全とはいえなかった。それでもこの暗号を使えば，ローマ人の敵の裏をかくことができた。なぜなら彼らはラテン語をしゃべれず，読み書きができない場合が多かったからだ。

A	B	C	D	E	F	G	H	I	J	K	L	M	N	O	P	Q	R	S	T	U	V	W	X	Y	Z
G	H	I	J	K	L	M	N	O	P	Q	R	S	T	U	V	W	X	Y	Z	A	B	C	D	E	F

22 代　数

科学漫画には，黒板いっぱいに書き殴られた複雑な方程式がつきものだ。しかし代数は，抽象への近道というよりも，むしろ基礎的な原理——数学の言語を支える文法なのである。

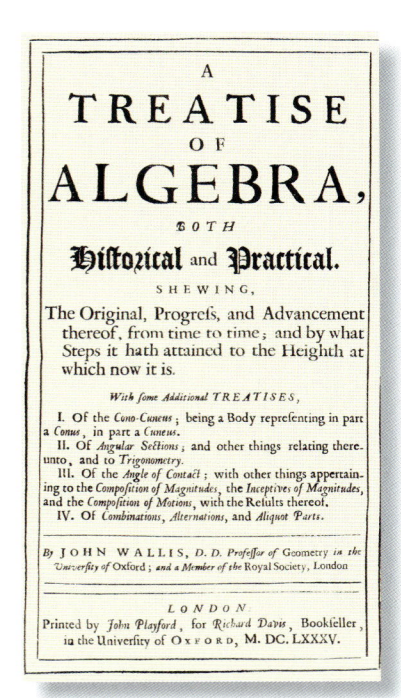

代数を意味する英語のアルジェブラという言葉もまた，ムハンマド・ブン・ムーサ・アル＝フワーリズミーの形見である。アル＝フワーリズミーはムスリムの学者で，バグダードにある「知恵の館（バイト・アル＝ヒクマ）」という壮大な名前の研究所で所長をしていた。この抜きんでた知の温室には，数学や天文学，錬金術，医術，占星術，動物学，地理に長けた人々が集まり，インドの記数法や10進法を世に広めていた。アル＝フワーリズミーは820年にまとめた画期的な教科書で，「復旧」とか「完成」を意味するアル・ジャブルという言葉を紹介しており，この言葉からアルジェブラという単語が生まれた。未知の量を数以外で表したのはアル＝フワーリズミーが最初ではなかったが，アル＝フワーリズミーは，方程式の均衡を取り戻す方法を定式化することで，数学に貢献した。そしてその400年後の13世紀初頭には，イタリアの数学者であるピサのレオナルド（別名フィボナッチ）が，あいかわらずローマ数字と格闘していたヨーロッパに代数を紹介したのだった。

1685年にジョン・ウォリスがまとめた『代数学に関する論文』は，当時の代数手法の実用的な便覧であり，代数の歴史の入門書でもあった。

なんのための代数か

代数を使うと，「文章題」を数学の言語で表すことができる。アル＝フワーリズミーは代数を使って，（変数が2乗されている）2次方程式を解いた。恒等式（$2+2=4$）や関係式（$F=ma$）に対して，$2x-3=5$ のような代数的表現を方程式と呼ぶ。そうはいっても，今日わたしたちが使っている x や y などの記号が登場したのはかなり後のことで，アル＝フワーリズミーは実際には言葉を使って問題を出していた。ただしそのときに，片側に何か操作を加えたら必ずもう片方にも同じ操作を加えるといった工夫をして，式のバランスをとるようにしていたのだ。

代数の力は，未知の量を突きとめる場合に限らず，はるかに広い範囲に及ぶ。数を記号で置き換えると，具体的だった数学的な表現が一気に一般化される。方程式は普遍的で，そこにどのような数を当てはめても成り立つ。なぜなら方程式は，その値が必ず解になる理由を説明しているからだ。

1600年代になると，フランスの数学者ルネ・デカルトが，代数と幾何学を結びつけた。これによって，方程式を平面上の図形として表すことができるようになった。さらにまた，x の関数（さまざまな値を一定の規則に従って処理する操作）を軸に写して分析することが可能になり，さらに次元の高い幾何学を扱うことができるようになった。

イギリスの量子力学者ポール・ディラックは，代数を使って電子の性質を説明し，そのなかで反物質の存在を明らかにした。しかも，それらすべてを一本の代数式から導いたのだ。

23 フィボナッチ数列

ピサのレオナルドという名前が有名になったのはわりと最近のことだが，フィボナッチという愛称のほうははるかになじみが深い。この13世紀のイタリア人が及ぼした影響は，まさに計り知れない。フィボナッチは，ヨーロッパの人々の計算方法を変えただけでなく，数学史上もっとも驚くべき数列の存在を明らかにした。

フィボナッチは『算板の書』(リブリ・アバチ)という著書で，畜産家が家畜の数を予測する方法をめぐる一見ごく平凡な問題を紹介した。ところがこのいわゆる「ウサギ問題」から，成長や比や美と関係する数学に繰り返し登場するある数のパターンが明らかになった。それは次のような問題だった。「最初に1番(つがい)のウサギから始めると，1年後に何番のウサギを飼っていることになるか。ただしウサギは毎月1番のウサギを生み，それぞれのウサギは2カ月後に子どもを産めるようになるとする。」一見，高校の試験にでも出てきそうなこの問題の答えはというと……1番から始めて，1カ月後はまだ1番だが，この時点で雌は妊娠している。そして2カ月後には2番となり，3カ月後には3番(新しく生まれたウサギはまだ子どもを生めない!)，4カ月後には5番となり，5カ月後には8番になる。こうして1年が終わる頃には，ウサギは144番になる。この数列をよく見ると，それぞれの数は，その前の二つの数の和になっている。これは，現在フィボナッチ数列と呼ばれているもので，自然界の花の形や芸術などのさまざまパターンに顔を出していることがわかっている。

ヒマワリの種は，時計回りと反時計回りに外側に広がっている。それぞれのらせんの数は常にフィボナッチ数列の数になっていて，そのうえ時計回りのらせんの数は，常に反時計回りのらせんの数の前か後の数になっている。

黄金の絆

フィボナッチ数列とφという記号で表される黄金比には，驚くべきつながりがある。黄金比そのものはまったく別のところから生まれた値なのだが，隣り合う二つのフィボナッチ数の後ろの数を前の数で割ると，得られる商がφに近づくのだ。φと完全には一致しないものの，10番目の値とφの差はすでに1,000分の1以下になっていて，先にいくほど値はφに近づく。

順番	数	フィボナッチ数を前の数で割った答え	φとの差
1	1		
2	1	1.000000000000000	-0.618033988749895
3	2	2.000000000000000	+0.381966011250105
4	3	1.500000000000000	-0.118033988749895
5	5	1.666666666666667	+0.048632677916772
6	8	1.600000000000000	-0.018033988749895
7	13	1.625000000000000	+0.006966011250105
8	21	1.615384615384615	-0.002649373365279
9	34	1.619047619047619	+0.001013630297724
10	55	1.617647058823529	-0.000386929926365
11	89	1.618181818181818	+0.000147829431923
12	144	1.617977528089888	-0.000056460660007
13	233	1.618055555555556	+0.000021566805661
14	377	1.618025751072961	-0.000008237676933
15	610	1.618037135278515	+0.000003146528620
16	987	1.618032786885246	-0.000001201864649
17	1597	1.618034447821682	+0.000000459071787
18	2584	1.618033813400125	-0.000000175349770
19	4181	1.618034055727554	+0.000000066977659
20	6765	1.618033963166707	-0.000000025583188

ルネサンスと啓蒙の時代

24 遠近法の幾何学

幾何学的遠近法（別名「線遠近法」「透視図法」）を使うと，絵のなかに奥行きの錯覚を作りだすことができる。3次元の物体を2次元平面にリアルに表現するためのこの手法は，まず15世紀のイタリアで編み出された。

線遠近法では，遠くにある物体のほうが小さく見えるという事実と，平行線や平面を観察者からずっと延長していくとやがて消失点と呼ばれる点に集まるという事実を利用する。13世紀の画家ジョットはよく，線を傾けて奥行きを感じさせていた。見る人から遠くなればなるほど，その目線より上の線は下がり，下の線は上がり，横向きの線は中央寄りになる。遠近法を最初に数学的に理解したのは，イタリアのフィリッポ・ブルネレスキだったといわれている。フィレンツェの大聖堂などの作品を残した建築家ブルネレスキは，対象物のみかけの長さが観察者から離れるにつれてどう変化するかを突きとめた。

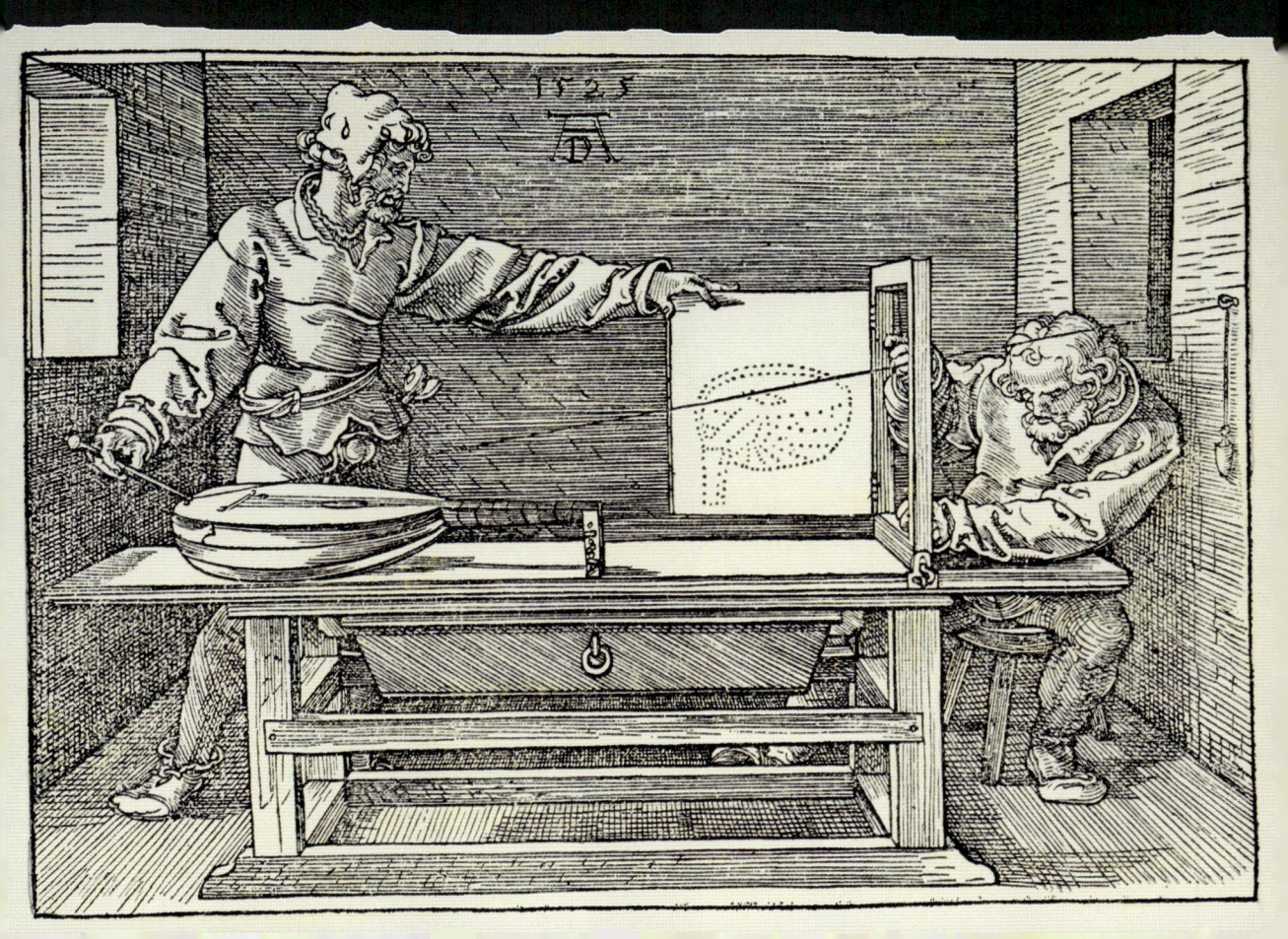

アルブレヒト・デューラーの『測定法教則』には，絵に遠近法を取り入れるための幾何学的な手法がまとめられている。1525年に発表されたこの木版画は，線を正確に引くための方法を示している。

17世紀フランスの聖職者で，画家で数学者でもあったジャン＝フランソワ・ニスロンのこの図を見れば，遠近法で描いたときに，平行線がどのように消失点（E）に集まるのかがわかる。

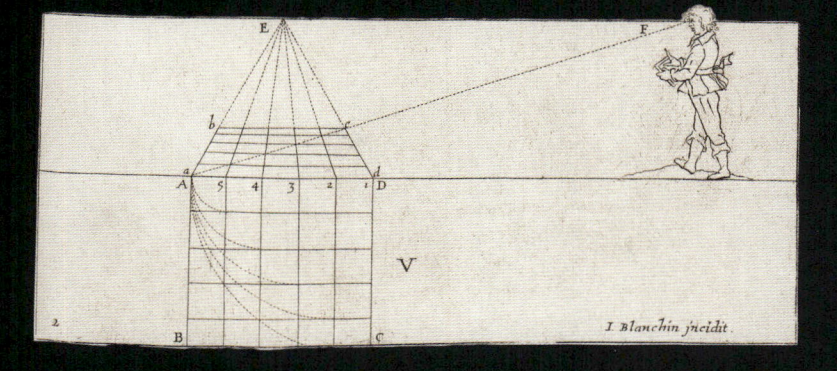

優れた業績

　同時代のイタリア人レオン・バッティスタ・アルベルティは，1435年に発表した『絵画について』（デッラ・ピットゥーラ）のなかで，初めて線遠近法についての考察を書き留め，さらに視覚のピラミッドという概念を展開した。このピラミッドの原点（ないし頂点）は観察者の目のなかにあって，ピラミッドの稜は，頂点から視野の縁を通って外に広がっている。このとき，絵画をこの視覚のピラミッドと交わる平面と見ることができて，そのピラミッドの頂点が，その絵を見るための理想の点になる。絵のなかの線が集まる消失点は，絵の平面の向こう側に，平面から頂点までの距離と同じだけいったところにある。画家は絵画を，観察者が情景を眺める窓と見なすべきなのだ。このとき，1本の水平線が目の高さでキャンバスを横切り，消失点はその線の中央あたりにある。この技法を，一点透視法という。

　15世紀ルネサンスで，透視法に関するもっとも数学的な記述を残したのは，当代一の画家で一流の数学者でもあったピエロ・デラ・フランチェスカだった。フランチェスカは，観察者からの距離をもとにして画面に描くべき物の大きさを割り出す数学的な公式を作った。しかもそれだけでなく，2本の定規を使ってより複雑な対象物を描く技法を編み出した。この技法では，2本の定規のうちの1本で幅を測り，もう1本で高さを測るのだが，実はこうやって，対象物の表面上の各点を画面の正確な位置にプロットするための座標系を作るのである。

視野の変化

　ハンス・ホルバインは遠近法の達人だった。かの有名な「大使たち」（1533）という作品には，二人の男とともに芸術や学習にちなむさまざまな品が描かれている。この作品は，物体や人々をリアルに表現するホルバインの能力を余すところなく示している。ところが，絵の前のほうに一つだけ，何かゆがんだ物体がある。この絵をはるか右側から見たときにだけ，ここに描かれているのがガイコツだとわかる。ホルバインは歪像描法（わいぞうびょうほう）を用いて画像をねじり，特定の視点から見たときにだけ，その正体がわかるようにしたのである。

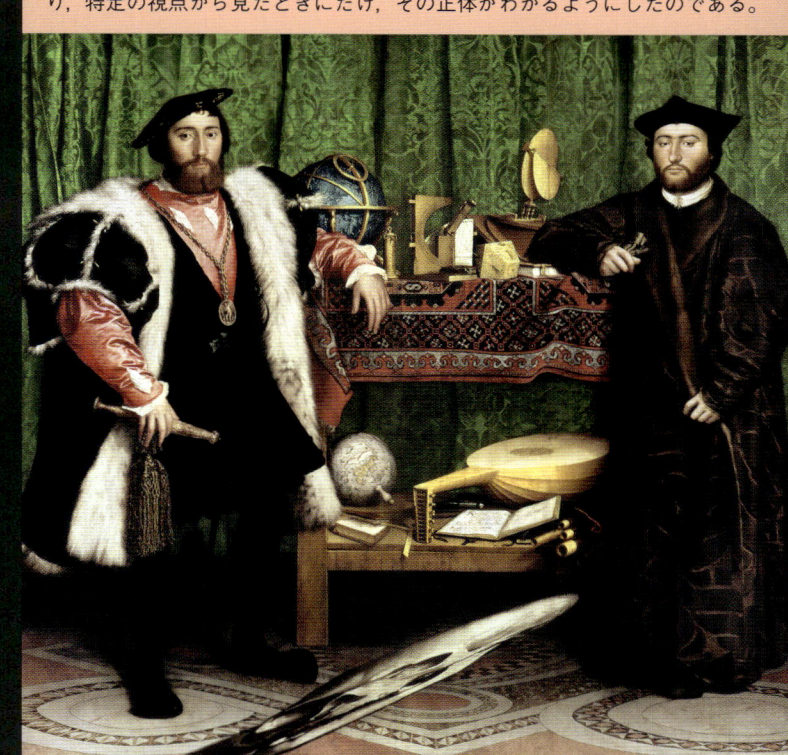

25 非線形方程式

　線形方程式（＝1次方程式）をグラフにすると直線になる。1580年代に最初に非線形な関係を発見したのは，音楽師をしていたガリレオの父だったとされている。

　ピタゴラスは，弦をつま弾いたときに出る音と弦の長さの関係が線形，つまり片方が2倍になればもう片方も2倍になるような関係であることに気がついた。それ以来何百年にもわたって，弦を強く張ったときに音が高くなる現象でも，弦の張り具合と音の高さの関係は線形だと考えられていた。ところがヴィンチェンツォ・ガリレイは，二つの音の高さの隔たり（つまり音程）が弦の長さには比例するが，弦の張り具合とは2乗比例の関係にあることを明らかにした。これに対してフルートのような管楽器の音程は，内部で振動する空気の体積の3乗に比例する。したがって完全5度の音程を得るには，同質の弦なら長さを3：2の比に，同質の弦の張り具合でいえば9：4の比に，管楽器の振動する空気の体積でいえば27：8の比にすればよい。

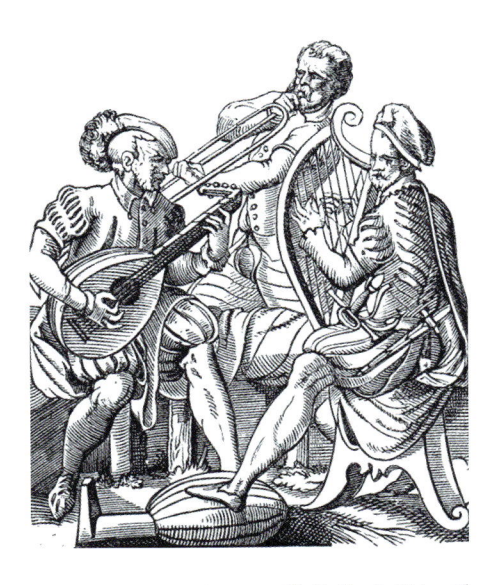

ヴィンチェンツォ・ガリレイは作曲家でリュート奏者でもあった。長男は科学者になったが，下の息子ミケラニョーロは優れた音楽家になった。

26 振り子の法則

ピサの大聖堂の天井からぶら下がっているランプは，今も「ガリレオのランプ」と呼ばれているが，ガリレオが実際に見たのはもっと小さい先代のランプだともいわれている。

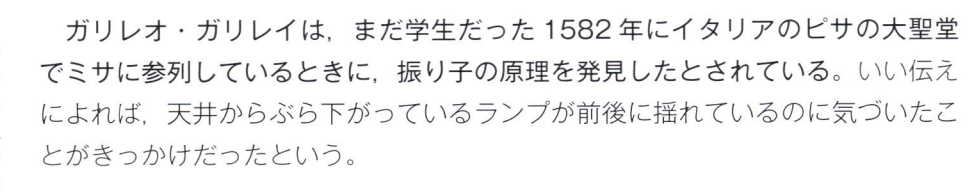

　ガリレオ・ガリレイは，まだ学生だった1582年にイタリアのピサの大聖堂でミサに参列しているときに，振り子の原理を発見したとされている。いい伝えによれば，天井からぶら下がっているランプが前後に揺れているのに気づいたことがきっかけだったという。

　そのランプは，堂守りがろうそくに火をつけたときに揺れ始めた。ガリレオは自分の脈を時計代わりにして，ランプの揺れを測った。そして，ランプの揺れ幅はじょじょに小さくなっているのに，ランプが前後にまるまる1往復するのに必要な時間は常に同じであることに気がついた。

　この話が本当かどうかはさておき，ガリレオはそれから20年ほど経った1602年ごろに，振り子のさまざまな性質を研究し始めた。そして，単独の振り子の振動周期が振り子の長さの2乗に比例していることを突きとめた。振り子のおもりの質量が変わっても周期は変わらず，重いおもりも軽いおもりも振動数は同じになる。時間が等しいという意味で等時性と呼ばれるこの性質が発見されたことから，やがて世界初の正確な機械式時計が発明されることとなった。ガリレオ自身も振り子時計を設計したが，実際には作らなかった。

時計の祖父

オランダの科学者クリスティアーン・ホイヘンスは，1656年に世界初の振り子時計を作った。機械式時計そのものは14世紀初頭から作られていて，今のところ，1335年にミラノで作られたものが最古とされている。これらの時計は，おもりが落ちる速度をコントロールして時を刻むようになっていたが，このやり方では1日のうちに15分以上も進んだり遅れたりした。いっぽうホイヘンスが設計した時計は，針を回す仕組みこそ古い時計と同じだったが，振り子の揺れを動力にしていた。この仕組みなら，おもりを上下に調整して，振り子の揺れの周期をぴったり1秒に合わせられる。

ホイヘンスは，こうして1日に数秒しか狂わない見事な計時装置を作ったが，それだけでは満足せずに，さらに改良を加えようとした。そして，振り子の動きを数学的に分析した結果，振り子の揺れが出発点とは無関係に等時的であるとすると，おもりが描くカーブはサイクロイドと呼ばれる特殊なアーチ形でなくてはならない，ということを突きとめた。しかし振り子は実際には円を描いて揺れるから，揺れの角度によって1回の揺れに要する時間が少し変わる。ホイヘンスの時計では，周期の変動を引き起こすわずかな揺れの角度は無視することができたものの，ゼンマイ仕掛けを動かすだけの動力を生み出すことができなかった。ホイヘンスはけっきょく1673年に，振り子のてっぺんをしなやかな針金にして，その針金がカーブした金属の表面に沿うように揺れる時計を作った。こうすると，振り子が揺れるたびにその長さが少し変わって，角度のばらつきによって生じる周期の差が修正される。しかもこのやり方なら，仕掛けを動かすのに十分な大きな揺れを作ることが可能だった。

ロバート・フックをはじめとする科学者たちは，振り子に関するホイヘンスの研究に基づいて，（原子の振動も含む）振動一般を分析するための数学的な基礎を作った。

ガリレオが設計した時計の17世紀に作られたレプリカ

レオン・フーコーは1851年に，地球自体が天体の動きとは無関係に回転していることを示す最初の証拠として，パリに巨大な振り子を作った。この振り子は一定の方向に揺れ続けるが，その下の地球が回転しているので，数時間後には，まるで振り子の揺れの方向が変わったように見える。

27 x と y

フランソワ・ヴィエトは「代数の父」ともいわれるが，べつに代数を作ったわけではない。だがヴィエトがいなければ，おなじみの方程式ですら見分けがつかなくなっていたはずだ。

16世紀フランスの数学者ヴィエトは，既知の定数や未知の量を文字で表す手法を確立することで，代数学の発展に寄与した。すでにわかっている量を子音で表し，まだわからない量を母音で表したのだ。このアプローチのおかげで，それまで解けなかったさまざまな問題が解けるようになった。また，数学者たちはこの手法のおかげで，元の方程式の係数の値とその解の値との関係を分析できるようになった。

ヴィエトは，スペインのフェリペ2世がフランスのユグノー派との戦いで用いた500以上の文字からなる暗号の解読に成功した。フェリペ2世はその暗号は絶対に解けないと確信していたので，自分の計画がフランス人たちに露見したと知ると，教皇に向かって，悪魔的な黒魔術が使われたにちがいないと文句を言った。

等号（＝）は，英国人ロバート・レコードが1559年に発表した数学書『知恵の砥石』に初めて登場した。

28 楕　円

楕円とは，ひしゃげた円のような曲線のことで，古代の数学者たちには，円錐を切ったとき（幾何学的には複雑だが実行可能な作業）に現れる形としてよく知られていた。17世紀に入ると，なんの変哲もない楕円の裏に潜む数学によって，地球や宇宙に関する人間の理解が根底から覆されることになった。

何百年ものあいだ，人々は地球こそが宇宙の中心であり，すべての星は球に張り付いていて，それらの球が地球のまわりを回りながら音楽を奏でている，と考えていた。紀元前260年頃，ギリシアの天文学者アリスタルコスは，地球が太陽のまわりを回っていると主張したが，当時の人々は，そんなことはありえないと考えた。それから1,800年ほど後の1543年に，ポーランドの天文学者ニコラウス・コペルニクスが，実はアリスタルコスが正しかったことを示すと，天文学はようやく長い眠りから目覚めたのだった。実際に観察された惑星の動きを説明するには，惑星が太陽のまわりを回っていて，地球も太陽のまわりを回る六つの惑星の一つでしかないと考えたほうが楽だったのだ。

ドイツのヨハネス・ケプラーは，師であるオランダの天文学者ティコ・ブラーエ

が得た結果を注意深く調べたうえで、さらに一歩考えを進めた。ブラーエは火星の動きを詳細に観察し続けていたのだが、ケプラーは6年にわたって延々と計算を行った末に、火星が太陽のまわりを円を描いて回っているという説ではこれらの観察データをうまく説明できない、という結論に達した。データをうまく説明するには、火星が楕円を描いていると考えるしかなかったのだ。

焦点がずれる

円の内側には、中心と呼ばれる円上のどの点からも等距離の点が一つだけある。いっぽうひしゃげた円、つまり楕円の内側には、長軸（主軸）の中心点から等距離なところに二つの焦点があって、曲線上の点から内側の二つの焦点までの距離の和は一定になっている。ちなみに、楕円の二つの焦点のあいだの距離が大きくなればなるほど偏心的になる（＝丸くなくなる）。円と楕円は、円錐を平面で切ったときにできる円錐曲線の仲間なのだ。

楕円に関するケプラーの成果は、やがて1609年に惑星の動きに関する第1法則として実を結んだ。（たまたまこの年は、ガリレオが夜空に望遠鏡を向けて、木星のまわりを回る衛星を発見した年だった。）楕円の法則とも呼ばれるケプラーのこの業績によると、すべての惑星は太陽のまわりの楕円軌道を回っていて、太陽はその楕円の片方の焦点にある。

ケプラーは、宇宙が数学的に調和しているという古代ギリシア人の考えを支持していた。そして長いあいだ、すでに存在が確認されていた六つの惑星の軌道と五つのプラトンの立体を互いに内外接させる配置を捜し続けていた。

楕円は、傾いた平面が円錐を切ったときにできる「円錐曲線」の一種である。円錐を平面で切ると、楕円や円（中央）だけでなく、放物線（左）や双曲線（右）ができる。

駆動力

ケプラーは、いったい何が惑星を動かしているのかを考えた。そして、なんらかの磁力が働いて惑星の軌道の半分では惑星を太陽のほうに引きつけ、残り半分では太陽から遠ざけている、という理論を組み立てた。ケプラーは、月の重力に引っぱられて潮の満ち干が起きていることを知っていたが、この事実と惑星の軌道を結びつけようとはしなかった。なぜなら、惑星が軌道上を動いているからには、常に推進力が働いているにちがいないと信じていたからだ。惑星がなぜ円ではなく楕円の軌道上を動いているのかは、その80年後にアイザック・ニュートンが重力と運動に関する発見を行うまで、謎のままだった。

29 対　数

計算機やコンピュータが登場するまで，対数はもっとも優れた計算手段だった。対数を発明したのはスコットランドのマーキストンの領主ジョン・ネイピアで，このひどく風変りな貴族は，人前に出るときはいつもペットの雄鳥と蜘蛛(くも)を連れていた。

対数を使うと，かけ算がみごとに足し算に変わり，計算がしやすくなる。なぜそんなことが可能かというと，数のべき同士のかけ算では指数がついた数同士のかけ算が指数同士の足し算になる，という驚くべき事実があるからだ。たとえば，2^2 と 2^3 をかけると，$(2\times2)\times(2\times2\times2)=2\times2\times2\times2\times2=2^5$ になる。答えが2の5乗になるのは，2を3+2=5回かけたからだ。2の代わりに10でも同じことがいえて，$100\times1{,}000=10^2\times10^3=10^5=100{,}000$ となる。

ジョン・ネイピアは，これらのべきを整数だけに限らないで，すべての数をほかの数のべきで表してみてはどうかと考えた。なにやら複雑そうに聞こえるが，たとえばある数の平方根は，その数の2分の1乗とか0.5乗と書くことができる。つまり，$5^2=25$ を逆から見ると $25^{0.5}=5$ になるのだ。ネイピアはこの着想を，1614年に発表した『対数の驚くべき規則の叙述』という慎ましい題名の著書で発表し，ギリシア語の「ロゴス」($\lambda o \gamma o \varsigma$, 理(ことわり))と「アリスモス」($\alpha \rho \iota \theta \mu o \varsigma$, 数)という単語を組み合わせてロガリズム（対数）という言葉を作った。

1614年に発表されたネイピアの『対数の驚くべき規則の叙述』

10をもとにする

ネイピアの対数は $1-10^{-7}$，つまり0.9999999のべきに基づいていたので，かなり扱いにくかった。そこでネイピアに協力していた著名な英国の数学者ヘンリー・ブリッグスが，10に基づく（＝10を底とする）対数にしたらどうかと提案した。このやり方では，ある数があったときに，10を何回かければその数になるかを示す「べき」の値がその数の対数になる。たとえば底が10なら，$10^2=100$ だから100の対数は2になる（$\log_{10}100=2$ と書く）という具合だ。

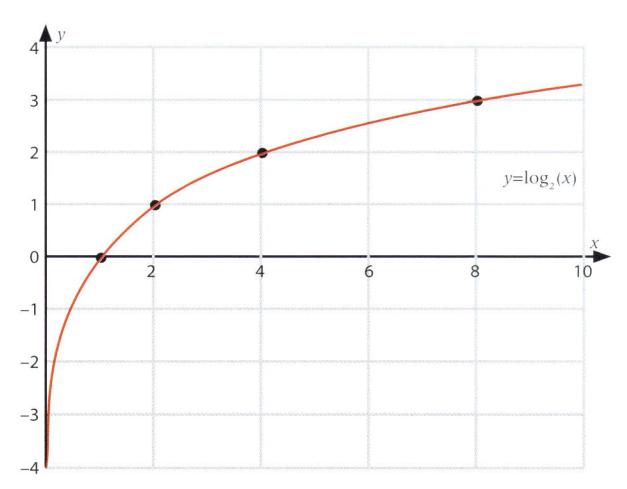

さらにブリッグスは，1624年に世界初の対数表を発表した。この表を使うと計算がたいへん楽になったので，科学者やエンジニアたちは1970年代にポケット電卓が登場するまでの約

このグラフを見ると，普通の数を倍々にしても，$\log_2$ は1ずつしか増えないことがわかる。

$y=\log_2(x)$

リニアな値〔普通に表した値〕（上）とそれに対する $\log_2$ の値（下）

1	2	4	8	16	32	64	128	256
0	1	2	3	4	5	6	7	8

250年間，この表を使い続けた。ほぼ同じ頃に，これとは別の計算尺という計算道具もさかんに使われたが，これまた対数に基づく道具だった。対数表を使ってかけ算をするときには，まず表を参照して二つの数の対数を見つけ，それらを加える。こうして得られた和に対する値を逆対数の表で調べれば，それがかけ算の答えになるのだ。

　数学的にいうと，対数は指数（数の累乗）の逆でしかなく，どんな数でも底にすることができる。たとえば $2^3=8$ だから，$\log_2 8=3$ となる。現代の数学では，自然界のさまざまな量が変化する様子を，e という数を底とする自然対数で表すことが多い。しかも，これに似た変化は経済のデータにも見られる。実際，e が最初に登場したのは，実は経済データのなかだったのだ。

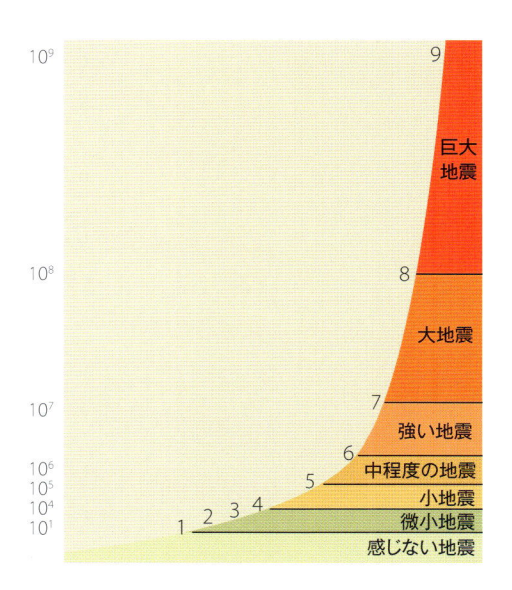

広く見られる対数

　なぜ対数尺度が使われるかというと，一つには，広範囲にわたるデータを表す際には，対数を使ったほうが普通のリニアな尺度（わたしたちが気温を表すのに使っているような尺度）よりずっとコンパクトで明確に表現できるからだ。たとえば，溶液の酸性度や塩基性度を測るpHは，溶液中の水素イオン濃度の対数に基づく尺度だが，実は水素イオン濃度には1.0モル／リットルの強酸性から0.00000000000001モル／リットルの強塩基性まで，100,000,000,000,000（百兆）桁の幅がある。ところがpH尺度を使うと，この広がりを0〜14の範囲に凝縮することができる。（ちなみにモルは量の単位で，1ダースが12，1グロスが144なのに対して，1モルは 6.0221415×10^{23} である。）

　さらに心理学者たちは，ヒトは自然な状態では数そのものを対数のような尺度でとらえているらしい，ということを発見した。学校数学を学んだ人は数直線上に，ちょうど巻き尺の目盛りのように等間隔に数の目盛りを置いていく。ところが外界から孤立したアマゾンのムンドゥルク族の調査研究によると，この部族の大人は，数が大きくなるにつれて数直線上の間隔を狭くするという。つまり，対数目盛に近いものを作るのだ。早い話が，小学校に入る前の子どもと同じように，1から10までの数でいうと1と2がいちばん離れていて，9と10がもっとも近くなる。チョコレートを食べるときに，最初の一つと比べて五つ目のほうがありがたみが減ったり，年をとると時が経つのが速く感じられるといった現象からも，どうやら人間にとっては，勘定に使う数よりも対数のほうが身近であるらしいのだ。

もっとも馴染みのある対数目盛の一つに，リヒター・スケールがある。これは，地震の大きさを測るために1935年にカリフォルニアのチャールズ・リヒターが開発した尺度である。この尺度が1単位増えると，地震の強さは10倍になる。だからリヒター・スケールでマグニチュード5.0の地震のエネルギーは，4.0の地震の10倍，3.0の地震の100倍になる。〔日本では，極微小，微小，小，中，大，巨大と区分けしている。〕

小数点

　対数を発明したジョン・ネイピアは，おなじみの小数点を普及させるのにも一役買った。ネイピアの没後，1619年に刊行された『対数の驚くべき規則の叙述』のなかで，ネイピアは一貫して今と同じような点を使って10進法の1より小さい部分を区別していた。10進小数そのものは，1585年にすでにオランダの数学者シモン・ステヴィンが提唱していたが，ステヴィンの記号よりネイピアの記号のほうが単純で使いやすく，生き残ったのはネイピアの記号だった。ただし，今ではヨーロッパのほとんどの国で，点ではなくコンマが使われている。

184.54290
184⓪5①4②2③9④0

二つの10進記数法。上の近代的な表記がジョン・ネイピアに由来するもので，下の表記はステヴィンのもの。丸で囲んだ数は，その左側の数が10のマイナス何乗かを表している。

30 「ネイピアの骨」

ジョン・ネイピアはさまざまな物を発明したことでも知られていて，今ではエジンバラにネイピア大学まである。ネイピアは，単純な計算機の発明でも有名だ。

これは，「ネイピアの骨」と呼ばれる装置である。10本一組のロッドがあり，これを使って長いかけ算や割り算，さらには平方根や3乗根を求めるといった計算を行う。それぞれのロッドの一番上の面には0から9までの数が一つずつ書いてあり，その下にはその数の倍数がロッドに沿って上から下へ独特の対角表示で並んでいる。これらのロッドを枠のなかで並べ直して必要な行を読み取り，すこし足し算をすれば，二つの数をかけた結果，つまり積を読み取ることができる。ネイピアは1617年に発表された最後の著作『小さな棒による計算術』で，これらのロッドの使い方を説明している。そしてさらに，一段と工夫を凝らしたプロンプチュアリウム（ラテン語で「貯蔵庫」の意味）という装置を開発した。

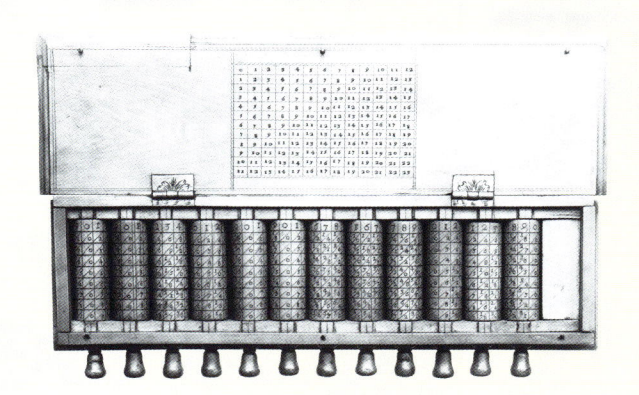

「ネイピアの骨」は，いわば携帯かけ算表のようなものだった。

31 計算尺

計算尺を使ったことがある世代の人はみな，計算尺を懐かしく思い出すことだろう。複雑な計算をものの数秒で終わらせるこの装置は，今でも優美さや単純さの点でポケット電卓の数段上をいっている。ただし計算尺を使うときには，ただ数字を打ちこむだけでなく，数値を記憶し，計算手順に従わねばならない。

計算尺は，最初のアナログコンピュータといわれることが多い。なぜならもっとも基本的な定義でいうと，コンピュータとは計算（広く複雑な計算）を行う装置（か人）のことだからである。

対数表を使ってかけ算をするときには，表に載っている値を足すが，計算尺でもこれと同じように，かけ算を行うときには，かけたい数を対数目盛に載せて，目盛りに沿った長さを足すことでかけ算を行う。計算尺は一見，互いに滑らせられるようになった対数目盛の定規のように見えるが，このような装置の第一号は，1620年代初頭に英国の数学者ウィリアム・オートレッドによって作られた。計算尺はすぐに，当時としてはもっとも高性能な計算機という定評を得て，やがてさまざまな変種が作られるようになった。今では計算尺も過去のものとなったが，1700年から1975年までの技術革新はすべて計算尺の助けあってのものだったといえる。

32 複素数

整数はいくつかの法則，特にユークリッドの公理に示された法則に従っている。ユークリッドの公理から，負の数を二つかけた積は常に正になる，という法則が得られる。このためすべての平方数は，定義からいって正になる。こうなると，当然次のような疑問が生まれる。負の数の平方根とは，いったい何なのだろう。

4の平方根（$\sqrt{4}$）は2である。（$2^2=4$）だが$(-2)^2=+4$でもあるから，−2も4の平方根である。ちなみに$2\times(-2)=-4$となるが，−4は平方数ではない。なぜなら，二つの異なる値の積だからである。ところが16世紀に入ると，複雑な方程式の解に負の数の平方根や立方根が顔を出し始めた。そこで数学者たちは，なぜそんなことが起きるのかを考えなくてはならなくなった。

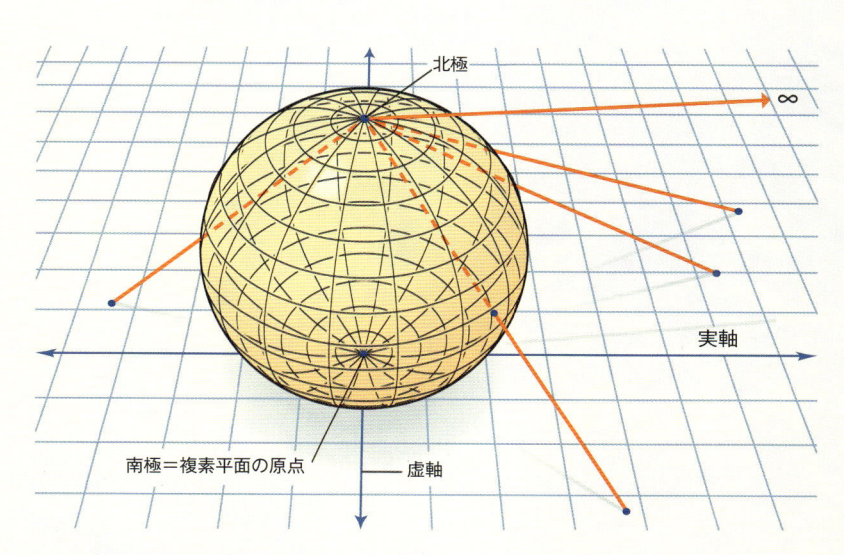

ジャン＝ロベール・アルガンは1806年に，実部分と複素部分を直交する軸上にプロットした複素平面を考え出した。この図の球は，3次元のリーマン球面といって，そこには無限（この図の北極）以外のすべての複素数が含まれている。

二つの部分

イタリアの数学者ジロラモ・カルダーノは1545年に，負の数の平方根はたしかに実数の値にこそならないが，虚の値をもつ可能性があることに気がついた。そしてそれを「架空の」数と呼ぶことにした。それから間もなく，ラファエル・ボンベーリが，いくつかの方程式の解を今でいう複素数を使って表す方法を示した。複素数は，1（は1の平方根でもある）という単位をもとにした「実」の部分と，iという単位をもとにした虚の部分で成り立っている。（「虚」という言葉はルネ・デカルトから，iという記号はレオンハルト・オイラーからきている。）

iという虚の単位も1と同じような働き（$i+2i=3i$）をするが，この単位からできた数の集合は，1からできた数の集合（つまり実数）とはまるで別物だ。（この二つの集合はいっさい重ならないが，その点を除けば，まったく同じ性質をもっている。）このため複素数は$(1+i)$とか$(3+2i)$のような形をしている。複素数を足したり引いたりするときは，実部分と虚部分を別々に計算する。かけ算をするときは，係数を両方の部分にかける。カール・フリードリヒ・ガウスは1831年に，「影の影」を表すものとして「複素数」という言葉を使い始めた。なぜ「影の影」といったのかというと，複素数のほかにも虚の量があって，それらの階層のなかのもっとも単純な部分だろうと考えていたからだ。1843年にはウィリアム・ローワン・ハミルトンが，複素数が四元数の部分集合であることを示した。ちなみに四元数には四つ目の次元がある。

$$i^2 = -1$$

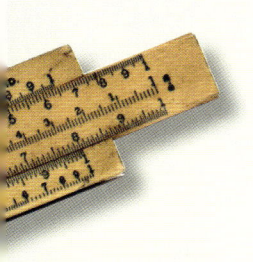

33 デカルト座標（直交座標）

ルネ・デカルトといえば，なんといっても「我思うゆえに我あり」という言葉が有名で，よく引用されもするが，デカルトはまた，座標系を考案した人物でもある。我が存在することに気づいた人が自分の位置を知りたくなったら，座標を使えばよい。とはいえデカルトのこの数学への貢献は，地図や航海術のためのものではなく，幾何学と代数学を統一するためのものだった。

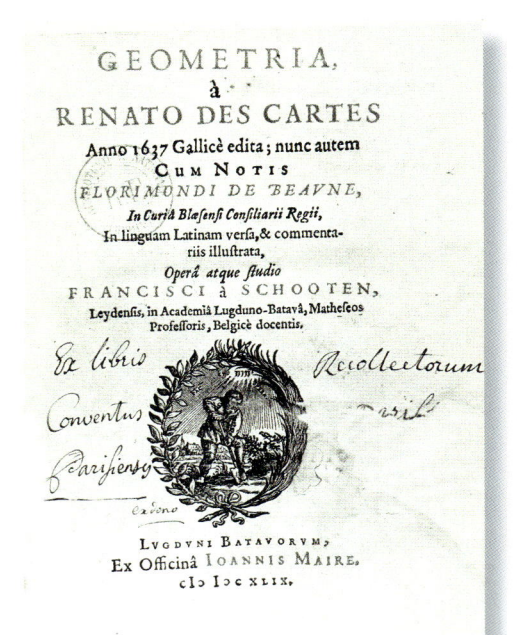

本物の専門バカにはよくあることだが，ルネ・デカルトは少々虚弱で，若い頃はベッドで過ごすことが多かった。教師たちはデカルトに，昼食まではベッドにいてかまわないといったが，デカルトはその時間も決して無駄にはしなかった。それどころか，パリにあるイエズス会の学校一の秀才になったのだが，ベッドでごろごろする習慣はそう簡単には抜けず，大人になっても同じような調子だったらしい。デカルトは1637年に発表した『方法序説』で数学の成果を紹介しているが，そのほとんどは20年前にオランダの軍隊で働いていたときに（ベッドのなかで）ひらめいたものだったという。

壁の蠅

言い伝えによると，ある朝，考え事をしていたデカルトは，蠅が壁や天井を這い回っているのに気がついた。そして，蠅がたどる経路を連続的に追跡すれば，その経路が描く形を幾何学的に表せると同時に，経路自体を代数を使って表したいくつもの点の列と見なせることに気がついた。

こうしてデカルトは，直交する2本の数直線（つまり軸）を備えたいわゆる「座標平面」を使って平面上の点の位置を記述する方法を編み出したのだった。ちなみに，デカルトは2本の軸を a, b としたが，今日では水平な軸を x 軸，垂直な軸を y 軸と呼んでいる。（よく小声でデカルトを批判していたピエール・ド・フェルマーは，デカルトとはまったく別に3本の軸を使った3次元座標系を作った。今日では，複素平面を描くときなどに使う3番目の軸を z 軸と呼んでいる。）

座標系はよく地図に使われるが，それだけでなく，座標系を使えば，代数的な式で表されたものを線に換えたり，図形を代数的な式で表現し直すことができる。その簡単な例が直線の式 $y=mx+c$ で，m は y を得るには x を何倍すればよいかという線の傾きを表し，c は，x が0になる点，つまりこの線と y 軸との交点を表している。

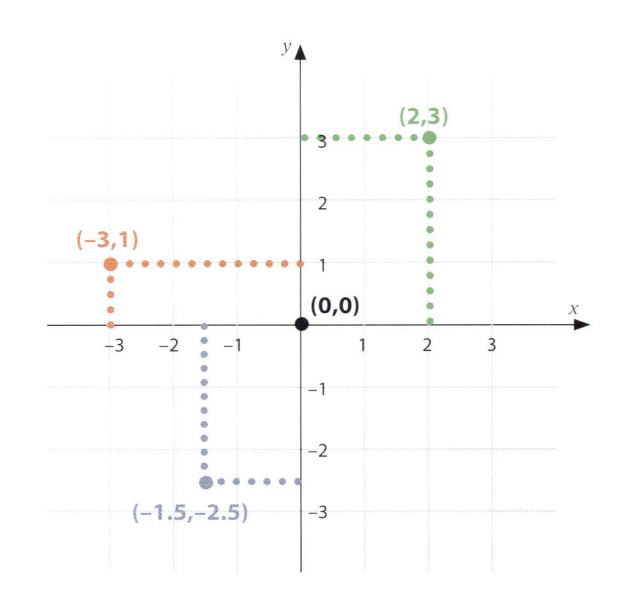

デカルトの『幾何学』のラテン語版。1637年に発表された『方法序説』の補遺だった。この著作の影響は非常に大きく，アイザック・ニュートンによる微分積分学の展開に直接結びついたといえるくらいだった。

デカルト座標は常に (x,y) という形で表される。2本の軸の交点は原点と呼ばれ，その座標は $(0,0)$ である。

34 落体の法則

　ガリレオ・ガリレイによるこの仕事から、数学を徹底して科学に応用しようとする新たな伝統が始まった。ここに科学は、アリストテレスの思索に基づいて（落下を含む）自然の変化の定性的な説明の真偽を議論する、というかつての伝統と決別した。そしてガリレオは、自然法則が数学の言葉で書かれていると考える最初の思索家の一人となった。

　ガリレオは実験や観察を行って、物体の動きを正確な数学法則で表そうとした。このアプローチは、ガリレオの業績とされる（量に関する）どの発見よりも革命的だった。ガリレオ以前にも何人かの人が、さまざまなことを調べたうえで、重力を受けている物体の落下距離は落下時間の2乗に比例する、という「平方の法則」を主張していた。さらに、押したり引いたりする力が働かなくても物体は動き続ける、ということも理解され始めていた。

　ガリレオはまず、物体が動き続けるのは運動力があるからだ、とする説と、重い物体のほうがより多くの古典元素「土」を含んでいてより速く地面に落ちる、というアリストテレスの説を退けた。さらに苦労して実験を行い、そこで得られた発見に基づく結論を、数学の法則として式にした。こうして落体の2乗則を確立するとともに、落体の速度が落下時間に正比例することを示したのだった。さらにガリレオは、角度をつけて投げあげた発射体の軌跡は放物線（楕円曲線）になるが、これは水平方向の一定の動きと垂直方向の変化する動きが組み合わさっているからだと考えた。

　ガリレオが得た物理学における数理法則は、1638年に発表した『二つの新科学対話』に完全な形で示されている。当時ガリレオは、自宅に軟禁されていた。1633年に、地球が太陽のまわりを回っているという異端の考えを喧伝したと非難され、宗教裁判で有罪を宣告されていたのだ。そのためこの傑作は、ひそかにオランダの出版社に持ち込まれて刊行された。

$$x = at^2$$

ガリレオの落体の法則によると、どのような質量のどのような物体でも、落下距離は落下時間の2乗に比例する。ボールが2秒間落ちると、その距離は同じボールが1秒間落ちた場合の4倍になる。この式の a は定数で、のちに重力による加速度であることがわかった。

ガリレオと傾いた塔

　ガリレオを巡るもっとも息の長い神話の一つに、落体の法則をはっきりさせるために、極端に重さが異なる二つの球をピサの斜塔から落とした、というエピソードがある。この実験で、軽い球と重い球が同時に地面に落ちたために、重い物体のほうが速く落ちるというそれまで有力だったアリストテレスの理論の反証が示されたというのだ。

　これが実際に行われた実験ではなく、思考実験だったことはほぼまちがいない。この実験はガリレオ自身の著作のどこにも登場せず、弟子のヴィンチェンツォ・ヴィヴィアーニが書いた伝記にのみ載っている。ただし、この実験がガリレオの前の時代に行われた可能性もないわけではなく、逆にこのことから、アリストテレスの世界観を覆すには一つの証拠ではまったく不十分だったことがわかる。

35 計算機

コンピュータ時代の出発点といえそうな出来事はいろいろあるが，最初の画期的な出来事といえば，数学を自動化する機械式計算機，パスカリーヌだろう。この計算機を使うと，計算の原理がわからなくても，正しい答えを得ることができた。

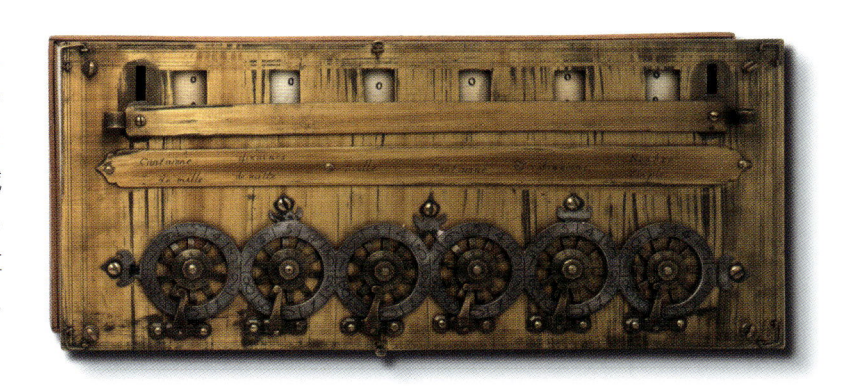

コンピュータという単語そのものは，仕事で複雑な計算を行う人を意味する言葉として，1613年から存在していた。ブレーズ・パスカルの父は，フランスのその地方の課税システムを再構成する仕事を課せられたある種のコンピュータだった。若きブレーズは，自動計算機があると便利だと考えて，1642年にパスカリーヌを開発し始めた。そして50種類の機械を作ったあげく，1645年についにこの装置を完成させた。約20台作られたなかの9台は，今も残っている。世のなかは決して後戻りしないもので，今や金融機関のATMから表計算のソフトまで，さまざまなものが人間の代わりに数学をしている。

ユーザ・インタフェイス

パスカリーヌを使うと足し算や引き算ができ，足し算を繰り返せばかけ算もできる。ホイールを決まった量だけ回すと数が入力されて，ホイールの上の窓に表示される。そこでさらに新たな数をダイヤルすると，足し算が行われる。繰り上がりがある場合は，ギアと脱進機によって数が上の桁に送られる。また，バーを1本動かせば引き算ができる。すべての装置が10進法だったわけではなく，10進法に従わない通貨の足し算や古風な距離の尺度を使った計算をするために，10以外の基数を使った計算装置も作られた。

6桁までの数を，下のダイヤルを回してパスカリーヌに入力する。続いて二つ目の数を入力すると，二つを足した答えが得られる。

計算機の年代記

1500年代	算盤	数え棒と算盤机の組み合わせ
1600	「ネイピアの骨」	ジョン・ネイピアの計算キット
1633	計算尺	ウィリアム・オートレッドが完成した
1642	パスカリーヌ	最初の機械式計算機
1673	ステップト・レコナー（ステップ式計算機）	ゴットフリート・ライプニツが発明
1822	階差エンジン	考案されたが実際には作られなかった最初のコンピュータ
1853	シュウツの階差エンジン	初の印刷できる計算機
1874	オドネル歯車式計算機	このシステムはのちのすべての機械式計算機に使われた
1961	アニタMk8	初めて商業ベースに乗った電気計算機
1971	ビジコン141-PF	初のマイクロチップを使った計算機
1974	ヒューレットパッカード HP65	初のプログラム可能な手持ち計算機

36 パスカルの三角形

　この三角形は，なんだか子どもっぽい数字の列のように見えるが，ブレーズ・パスカル（をはじめとする多くの人々）が，この三角形を使って二項係数の関係を調べた。二項係数は集合論と結びついた整数であり，二項係数でできたこの三角形は，いわば数の核心をのぞき見ることのできる数学の万華鏡なのだ。

　この三角形の図を発明したのは，ブレーズ・パスカルではない。それでも1650年代にパスカルがまとめたこの三角形に関する業績にちなんで，「パスカルの三角形」と呼ばれている。実際には，この三角形を最初に研究したのは，11世紀中国の賈憲であったらしい。二項係数のくわしい内容はさておき，この三角形を作るのは簡単だ。隣り合う二つの数の和をすぐ下の段の数にすればよい。いちばん外側の1は，外側には隣り合う数がないからずっと1のままで（0＋1＝1），斜めに見た2列目は，一つ前の段の数に1を足しているから，1から順番に数え上げた数が並ぶ。

パスカルの三角形の「表面」には1が並んでいて，その下に自然数が並んでいる。さらに，この三角形が無限に続く0の海に囲まれているとも考えられる。

さらに深く掘り下げてみると

　ほかにもさまざまなパターンを見つけることができる。ほんとうにおもしろくなるのは，斜めの3列目から先で，この列の1，3，6，10……という数は，平面に正三角形になるようにならべた点の数と等しいので三角数と呼ばれている（p.125参照）。4列目には，3次元の正三角形にあたる正四面体の一部を構成する四面体〔三角錐〕数が並んでいて，5列目には，超ピラミッド（四次元の三角形）を構成するペンタトープ数が並ぶといった具合で，1列進むたびに空間の次元が一つ上がる。しかも，それだけではない。この三角形の左2列の数字をてっぺんの1，2行目の右の1，左の1，3行目の2，1，4行目の3，1……というふうに取っていって，それぞれの数字から桂馬飛び（右に一つ進んで右下に一つ下がる）で拾えるだけの項の和を作ると，なんとフィボナッチ数列があらわれるのだ！

この三角形にはいくつかの驚くべきパターンが潜んでいる。それぞれの段の和が前の段の2倍だったり，それぞれの段に11のべきが含まれていたりするのである。

三角形の中のパターン

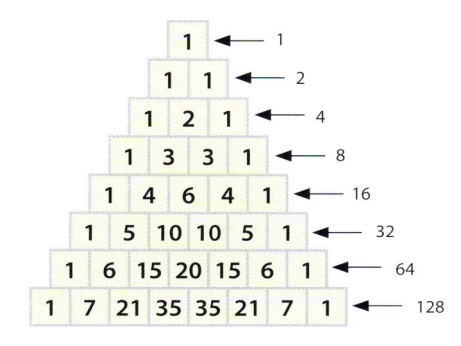

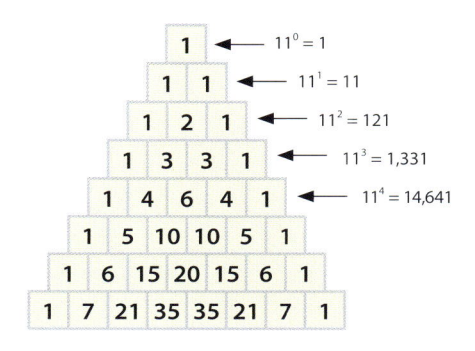

37 偶然と確率

人間は，有史以前から偶然に左右されるゲームを行ってきた。けれども，数学を使った偶然の研究，つまり確率という分野が生まれたのは，フランスの一面識もない二人の偉大な数学者が，1654年に手紙のやりとりを始めてからのことだった。

数学史の研究者たちは，偶然の法則がなぜこんなに遅くなってから数学史上に登場したのか，ずっと不思議に思っていた。さいころを投げてその結果に賭けるゲームは，大昔から行われていた（実際に，山羊の関節の骨を使った非常に古いさいころが見つかっている）。さらに占いでは，「神の意志」を探って未来を読むために，くじ引きなどの偶然のゲームが行われていたようだ。だから逆に，偶然の法則を探ることは神の領域をのぞき見ようとする不埒な行いだ，と考えられていたのかもしれない。あるいはみんながみんな，いくら理屈をこねても未来は予測できない，と考えていたのか。中世に入ると，偶然について論じたり，二つのさいころを投げたときに起こりうる36通りの結果の一覧を作るといったことがときどき行われるようになった。そしてガリレオも，発表こそしなかったが，さいころ投げの問題に関する論文を書いた。だが，偶然についての考察を新たなレベルに引き上げたのは，ブレーズ・パスカルとピエール・ド・フェルマーだった。

確率を考えるうえでのポイントの一つに，それぞれの出来事（たとえば，さいころを振った結果）が前後の出来事とは独立に決まるという前提がある。

文通

パスカルとフェルマーが有名な文通を始めたそもそものきっかけは，パスカルの賭博好きの友人シュヴァリエ・ド・メレが出した問題だった。問題はいくつかあって，なかでもいちばん重要だったのが，「ポイントの問題」だった。「二人でさいころゲームをしていて，最初に何勝かしたほうが勝つことになっていた。ところが実際にはゲームを早く切り上げることになり，その時点では片方が少しだけ余分に勝っていた。この二人に金を公平に分けるにはどうすればよいか。」

この問題を解くには，ゲームが終わった時点で起きている可能性がある結果を，すべて正確に予測する必要があるのだが，確率の問題では，いともたやすくまちがった結論に飛びつく恐れがある。二人の手紙を見る限りでは，パスカルはこの問題を解こうと悪戦苦闘しており，正しい答えにたどり着いたのは，フェルマーの明晰な頭脳のおかげだったらしい。

これらの手紙はすぐに，パスカルが所属するパリの

シュヴァリエ・ド・メレの問題

シュヴァリエ・ド・メレは，一つのさいころを続けて4回投げたときに少なくとも1回は6の目が出る，という賭を受けた。ちなみにメレは，さいころを1回振ったときに6の目が出る可能性が6分の1だと知っていた。だから，4回投げたときに6の目が出る確率は $\left(\frac{1}{6}\right) \times 4$ で $\frac{2}{3}$ になると考えた。つまり6の目が出る可能性が高いと踏んだのだ。しかし，メレの答えは完全な正解ではなかった。

さいころを4回振ったときに得られる結果は，全部で 6^4 通りある。

$6 \times 6 \times 6 \times 6 = 6^4 = 1,296$

そのうちの負けになる結果は，6が出ない場合（つまり，1, 2, 3, 4, 5しかでない場合）だから，5^4 通りになる。

$5 \times 5 \times 5 \times 5 = 5^4 = 625$

よって4回さいころを投げたときに勝つ結果の数は，

$1296 - 625 = 671$

となる。

671は625より大きいから，メレの勝ちとなる結果が出る可能性のほうが負けとなる結果が出る可能性より大きいのは事実だが，その差はごくわずかでしかない。

知的サロンの会員のあいだで回覧された。ここに新たな数学の分野が誕生し，さらに展開されるのを今や遅しと待っていることは一目瞭然だった。そのうえさらに，明晰な頭脳を使って可能性を数え上げるだけで解けるような問題だけでなく，新たな数学手法を作らないと解けそうにないはるかに複雑な問題があることが明らかになった。

信念の度合い

くだんの手紙が回覧されるとすぐに，オランダの科学者にして数学者でもあったクリスティアーン・ホイヘンスが，この分野に関する最初の論文を提出し，その後も続々と論文が発表された。ホイヘンスは，パスカルとフェルマーの文通に触発されてその論文を書いたと認めている。続いてスイスの著名な数学者一家の長男ヤーコブ・ベルヌーイも確率に関する論文を書いた。ヤーコブは，死後発表された『推測術』（1713年）という著書で，初めて近代的な意味での確率という言葉を使った。（それまでは，確率という言葉は「信念の度合い」を表すものだった。）そしてすぐにフランスのアブラーム・ド・モアブルが，自然現象を均らすと，おうおうにして釣り鐘型の曲線に収まることを示した。この曲線は，のちにカール・ガウス（別名「数学の王」）によって正規分布と名づけられた。

こういった初期の確率論はほぼ純粋な数学であって，すでによく研究されていた偶然のゲームで引き合いに出されるくらいが関の山だった。ところがじきに，確率の法則を現実社会の複雑な事柄に応用しようという動きが始まった。初期の確率の応用例の一つに保険会社による平均余命の予測があるが，このような予測が可能になったのは，信頼できるデータを入手できるようになったからである。19世紀末にはようやく確率論が統計の分析に大々的に応用されるようになり，このような応用が今日まで続いている。

可能性は……

20世紀に入ると，確率に関する数学理論は，より厳密な形に整理しなおされた。さらにコンピュータが登場したおかげで，確率へのまったく異なるアプローチであるベイズの手法が使えるようになった。ベイズ推定は，今やリスクマネジメントや意思決定などに広く応用されている。

だが，確率論の誕生の舞台となったゲームや賭博と確率論との縁が完全に切れたかというと，そうでもない。たとえば政府は，賭博用の機械が公正かどうかを確率論を使って調べている。さらに，確率論に基づいた数学パズルもいろいろあって，今もたくさんの人々を驚かせ，楽しませている。

コイン投げが意志決定の公正な方法として使うことのできるランダムな過程なのかどうかは，コインを何千回も投げ上げてみないとわからない。

モンティ・ホール問題

モンティ・ホールというのは，テレビのゲーム番組の司会者の名前である。この番組では，出場者が閉ざされた三つの扉のどれに価値ある商品が隠れているのかを推測する。（残る二つの扉の向こうにはくだらない商品がある。）出場者はまず，どれか一つの扉を選ぶ。それから司会が残りの二つの扉のどちらか一つを開いて，くだらない商品があるのを見せる。そのうえで出場者に，最初に決めた扉のままでいくか，別の扉にするかを選ばせる。常識からいうと，どれを選んでも同じで，当たる可能性は半々になるはずだ。ところが確率論を使うと，この時点で出場者が当たる確率を増やしたければ，必ず選択を変えなければならないことを証明できる。

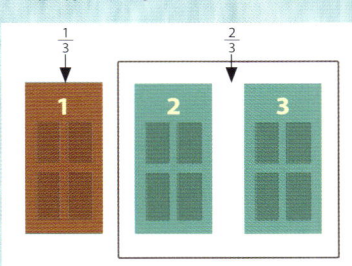

選ばれた扉が正しい可能性は$\frac{1}{3}$。選ばれなかった二つの扉（扉2と3）の可能性はあわせて$\frac{2}{3}$。

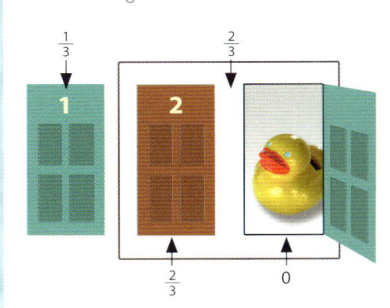

扉3を開け（欲しくない商品が明らかになっ）たからといって，二つの扉の確率の合計は変わらないから，扉2が正しい可能性は$\frac{2}{3}$になる。だから，絶対に考えを変えたほうが有利になる。

38 帰納法

演繹法では，一般的な法則を用いて具体的な事柄に関する結論を導くが，これに対して帰納法（インダクション）では，個別の事例を用いて一般的な事実を明らかにする。数学では，帰納法も証明の一種で，他の証明と同じくらい厳密である。

$$0 + 1 + 2 + \cdots + n = \frac{n(n+1)}{2}$$

P(n) として知られている上の申し立て（n までのすべての整数の和が右の式で表されるということ）は，帰納法で証明される。

インダクションという英語を帰納法という意味で初めて数学に持ち込んだのは，英国の数学者ジョン・ウォリスだった。1655年のことである。帰納的な証明という概念そのものは古代ギリシアの時代からあって，1654年にはフランスの数学者ブレーズ・パスカルが，今でいうパスカルの三角形の構造がもっているある性質を数学的帰納法で証明していた。帰納法を使った証明では，問題となる数学的な申し立てがある与えられた整数で成り立てば，それより大きなすべての整数にその結果を拡張できる，と考える。具体的な基本戦術としては，まず，その事柄が最初の整数（普通は0か1か2）について正しいことを示す。次に，その事柄がある整数（ここでは n とする）でも正しいとする帰納仮説を立てる。そのうえでこの申し立てが n で正しければ，次の数（n+1）でも正しいことを代数を使って示す。もしも n+1 でも正しければ，その事柄は最初の整数で正しいのだからその次の整数でも正しく，さらにその次でも正しいという具合で，どこまで行っても正しいといえるのである。

39 微分積分学

微分積分学は「これまでに数学が作りだしたなかで，いちばん効果的な科学研究の道具だ」とされている。微分積分学の対象になるのは，古代ギリシアの時代から数学者たちをさんざん悩ませ，それでも断片的な答えしか見つからなかった問題である。二人の偉大な思索家が，数年のあいだに独立にこれら問題の解決方法を提案したのだ。

ニュートンは接線，つまり曲線のある点での正確な傾きをから，微分積分学に迫った。

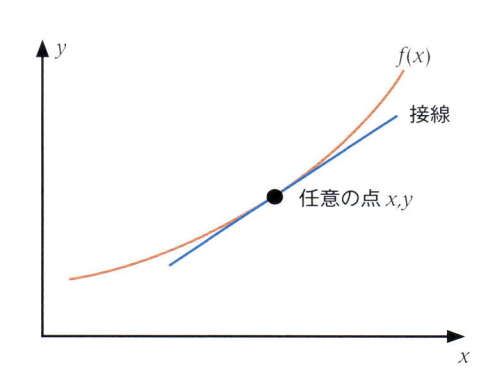

微分積分学を打ち立てたのは，英国のアイザック・ニュートンとドイツのゴットフリート・ヴィルヘルム・ライプニッツだった。両者の解決法はどちらも数学的には強力だったが，そのアプローチはまるで違っていた。

隠された発見

ニュートンは，軌道上でたえず速度を変える惑星の動きを理解したいと考えていた。そのためニュートンは，主にある瞬間（つまり無限小）での速度の変化の割合に関心をもっていた。ニュートンは優れた数学者で，この問題に取り組む前に，すで

1779年に発表されたこの表では、微分積分学に登場するさまざまな単純な曲線と、楕円曲線を分析して得られる楕円や放物線が比べられている。

に無限級数の和に関する重要な発見をしていた。だがニュートンは、みずから流率と名づけた微積分の手法を展開するなかで、無限小の量につきものある論理的な問題に気がついた。無限に小さいものが、そもそもどうやって存在できるというのだろう。ニュートンはこのような不安を抱いたこともあって、1665年末にはすでに微分積分学を展開していたようなのだが、すぐに自分の発見を公表しようとはしなかった。それから20年ほど経って偉大な著書『プリンキピア』を発表したときも、流率の手法を完全に紹介するのではなく、のちの数学の「極限」の概念に似た「最初の比および最後の比」というアイデアを紹介しただけだった。おそらくニュートンは慎重に動いて正解だったのだろう。微分積分学の論理的で厳密な基礎が打ち立てられたのは、19世紀も半ばのことだった。

明晰に

これに対してライプニッツは、外交官にして哲学者（ヴォルテールの『カンディード』という作品の滑稽なまでに楽観的なパングロス博士のモデル）だったが、数学に興味をもつようになったのは1672年頃のことだった。ライプニッツにとって、無限小は実際の量だった。そのためニュートンのようにためらうこともなく、1684年には自分で考察した微積分の手法を発表した。ライプニッツの関心は変化の割合ではなく、曲線に囲まれた図形の面積の正確な計算法にあった。アルキメデスの時代から、求めたい面積を計算可能な小さな図形で敷き詰めて、分割をどんどん細かくして近似するという巧みな手法が使われていたが、ライプニッツは、長らく謎とされていたこの問題の一般解を示したのだ。さらにライプニッツは、微積分で使う記号を導入し、変化の割合（導関数）を dy/dx で、面積の和（積分）を長い s、つまり $\int$ で表した。

このような差こそあれ、ニュートンとライプニッツはそれぞれが独自に微積分の基本定理にたどり着いた。その定理によると、積分の数学と変化の割合の数学には密接な関係があって、実際には互いに相手の逆になっている。たとえば、1台の車が速度0からトップスピードまで加速しているとすると、当然位置の変化の割合が速度になり、速度の変化の割合が加速度になる。逆に、すべての速度とその速度で動いていた時間を積分すれば、全体としての位置の変化（動いた距離）が得られるし、加速度の変化の割合をすべて積分すれば、最終的な速度が得られる。こうして異なる変化量の関係が数学的に明らかになったおかげで、微分積分学の応用範囲はきわめて広くなった。

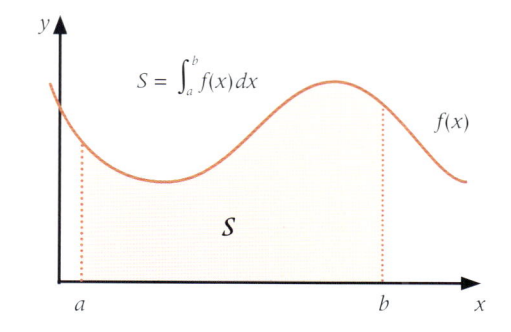

ライプニッツのアプローチには積分が含まれていた。この手順を関数に用いると、面積や体積を求めることができる。ここでは関数を赤い線 $f(x)$ で示してある。曲線の下の面積 S は $f(x)$ の下端 a から上端 b のあいだの積分に等しく、その値は、$x=b$ での積分関数から $x=a$ での積分関数を引いたものになる。

$$S = \int_a^b f(x)dx$$

優先権を巡る論争

ライプニッツとニュートンは、微分積分学の発見者の名誉を巡って、数学史上もっとも激烈な論争を展開した。ニュートンが自分の考えを完全に発表したのは1704年だが、そのメモから見て、ライバルの数十年前に微分積分学の着想を展開していたことはたしかだった。この論争によって英国とヨーロッパの科学者のあいだに亀裂が生じた。ライプニッツはロンドンの王立協会に訴えたが（下図）ニュートンが会長だったため、無駄に終わった。だが、たとえニュートンが先んじていたとしても、現在使われているのはライプニッツの微分積分学である。

40 重力の数学

アイザック・ニュートンが庭でリンゴが落ちたのに気がついて、そこから考えを巡らせたという話をどこかで聞いたことがあるという人は多い。「なぜ月はリンゴのように地球に落ちてこないのだろう。」この話が実話かどうかはさておき、月を軌道上に留めている力とリンゴを地面に引っ張る力が同じだということに思いいたったのは、ニュートンが天才だったからだ。

宇宙のすべての物体は、他の物体に重力を及ぼして自分のほうに引っ張っている。さらに、恒星や惑星や空間を行く物体の道筋も、この重力が決めている。ニュートンは、ガリレオの飛翔体に関する研究成果を調べたうえで、月をはじめとする軌道上のすべての物体を飛翔体を見なすことができる、と主張した。飛翔体は重力によって地球に引っ張られていて、その結果、経路が曲がる。ところが地球の表面も曲がっているので、飛翔体がある程度速く進むと、飛翔体の経路の曲がり具合と地球の表面の曲がり具合が一致する。このため飛翔体はあいかわらず落ちているにもかかわらず、実際には地球のまわりを回ることになり、衛星となる。飛翔体の速度がそれより大きくなると、地球のまわりを回る経路は楕円になる。つまり、太陽のまわりの軌道を進む惑星は、実は太陽に向かって落ち続けているのだ。

$$F = G \frac{m_1 m_2}{r^2}$$

二つの物体のあいだの重力（F）は、二つの質量（m）をかけて得た積を物体間の距離（r）の2乗で割り、さらに重力定数（G）をかけて算出する。

逆2乗

ニュートンは、（かの有名なリンゴのような）地球の表面に近いところの物体が、重力を受けているせいで、地球に向かって9.8 メートル/（秒）² (m/s^2) の割合で加速しながら落ちることを知っていた。さらに、月が地球に向かって 0.00272 m/s^2 で落ちていることを知っていた。仮にこの二つの物体に働く力が同じだとすると、月の加速度のほうがリンゴの加速度よりはるかに小さい、という事実をきちんと説明できる理由が何かあるはずだ。遠くにある月の加速度が近くにあるリンゴの加速度のたった $\frac{1}{3,600}$ でしかないという事実から、重力にはどのような性質があると考えられるのか。

距離が大きくなると重力の力が弱まるのは明らかだと思われた。それにしても、その減り具合はどのような式によって決まるのか。地球の表面に近いところの物体から地球の中心までの距離は、月の中心から地球の中心までの距離の約 $\frac{1}{60}$ 倍だ。（地球の中心から表面まではざっと 6,350 キロメートルで、月の軌道から地球の中心までは 384,000 キロメートル。384,000÷6,350≒60。）いっぽう月の重力はリンゴの重力の $\frac{1}{3,600}$、つまり $\frac{1}{(60)^2}$ になっている。ここからニュートンは、重力の大きさが2乗逆比例の法則に従っていることに気がついた。

ニュートンとリンゴの話は、科学を巡るもっとも有名な話といえる。本人はかなり晩年になるまでこのことを黙っていた。若く元気だったころは、心を閉ざし辛辣でぶしつけだったニュートンも、その頃には丸くなっていたのかもしれない。

地球とリンゴであろうと，地球と月であろうと，太陽と火星であろうと，二つの物体のあいだに働く重力は，それらを隔てる距離の2乗に逆比例する。このため距離を2倍にすると力は $\frac{1}{4}$ になり，距離が3倍になると力は $\frac{1}{9}$ になる。この力は物体の質量にも左右され，質量が大きいと重力も大きくなる。つまり重力の大きさは，物体の質量と物体間の距離の2乗の逆数の積に比例するのだ。（比例定数には，重力定数という便利な名前がついている。）

重力を理解すれば，たとえば地球の質量を測るといった偉業が可能になる。ヘンリー・キャヴェンディッシュは1798年に慎重な実験を行って，重力定数 G の値が正確には 6.67×10^{-11} であることを突きとめた。ニュートンの万有引力の理論によると，問題の物体が宇宙のどこにあろうと，二つの物体間の引力は G によって決まる。だからこの事実を逆に使うと，地球の質量を求めることができるのだ。実際，地球の表面の1キログラムの物体は地球の中心から約 6,300,000 メートルのところにあって，この物体には約10 ニュートン（N）の力が働いている。したがってこれらの値を重力方程式に入れると，地球の質量が約 6×10^{24} キログラムであることがわかる。

巨人たちの肩

ニュートンは，自分が成果を上げられたのは他の科学者たちの業績のおかげだったと認めている。「わたしがより遠くを見通せたとすれば，それは巨人たちの肩の上に立ったからだ」という有名な言葉は，ガリレオやケプラーの業績を認めた徴（しるし）だとされている。ガリレオは，飛翔体の動きに，水平方向の直線を一定の速度で進む動きと物体に垂直に働く一様な加速の二つの要素があることを突きとめた。これに対してニュートンは，飛翔体の垂直な加速度はそこに働く（重）力の結果であって，この力がなければ物体は一定の速度で落ちるはずだと指摘した。だが冒頭のニュートンの言葉は，ロバート・フック（右）をあざけったものだという説もある。フックはいくつかの事柄をニュートンより先に発見したと主張していたが，実はとても背が低かったのだ。

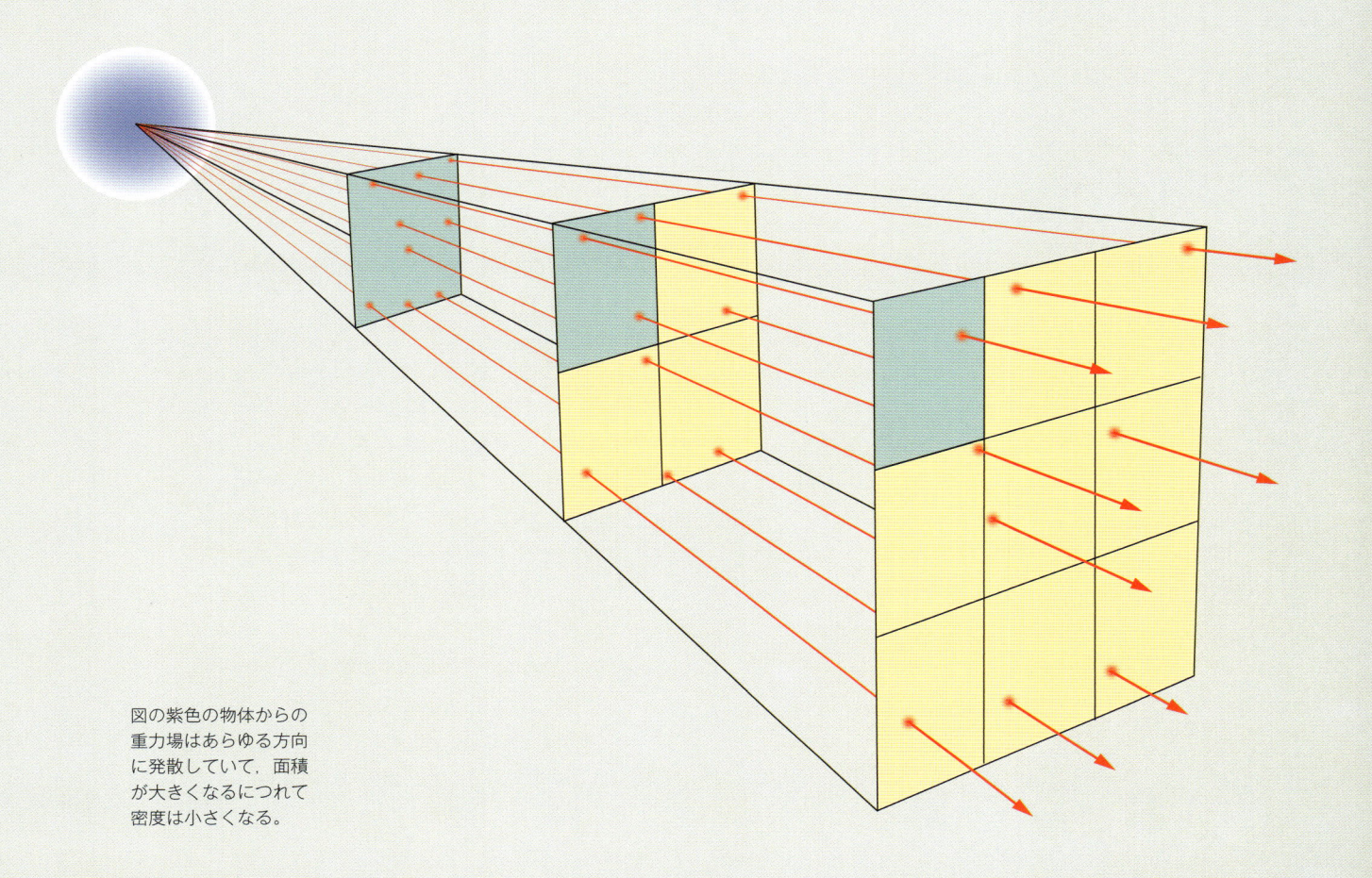

図の紫色の物体からの重力場はあらゆる方向に発散していて，面積が大きくなるにつれて密度は小さくなる。

41 2進数

デジタルという言葉は，今やそこらじゅうに氾濫していて，いささか乱用のきらいがある。たいへん魅力的だったデジタル腕時計から鮮明なデジタルの無線信号まで，かつてこの言葉には威信があった。だが本当は「数を使った」という意味でしかなく，その数もほぼ0と1の二つだけなのだ。というわけで，ようこそ2進法の世界へ！

2進法は，おなじみの10個の数字ではなく，二つの数字を使った位取り記数法である。これ以上単純なものはないといってよいだろう。だったら2や3は放っておいて，1だけ覚えればそれでいいじゃないか。ところがどっこい，2進数を現実世界に応用しようとすると，すぐにやっかいなことになる。実際，片手の指の本数を2進数で数えただけで101になる。サッカーチームのメンバー全員の数（普通に書くと22人）は10110，ここに三人の審判を加えれば11001になってしまう。そんなわけで，どう考えても2進法は直感的とはいえない。だったらなぜ2進法を考えるのか。

二つの状態がある解

2進法の利点をはっきりさせるには，薄気味悪い符号の世界やサイバースペースに入るのがいちばんだ。フランシス・ベーコンは1605年に，この点をみごとに予見していた。ベーコンは，昼間は英国宮廷の廷臣や破産管財人として働きながら，仕事の合間にさまざまな業績をあげた。なかでも重要だったのが，その科学的な手法によって17世紀の科学革命を後押ししたことだ。さらにベーコンは，2進文字を5個使えばアルファベットをすべて暗号化できるという説明をするうちに，2進数の可能性に気がついた。（アルファベットは26文字あるが，2進数を五つ使えばその並べ方は2^5で，32通りになる。）

ベーコンの天才たるゆえんは，書かれた文字を使わなくてもこの符号を表せる，ということを指摘した点にある。符号は，「鐘の音で表してもいいし，トランペットの音でも，光や松明でも，マスケット銃の爆発音でも，二つの異なる状態をもつ道具なら何でもいい」のだ。この着想が，サミュエル・モースが考案した点と線の無線コード（＝モールス信号）のヒントになったことは，まずまちがいない。実際，近代のスイッチに似たトランジスタやマイクロプロセッサもまた，このような二つの要素からなる道具なのだ。

1と0

ベーコンが暗号に使ったのは，数字ではなくaとbだった。たとえば"A"はaaaaaと変換されるが，原理は数字を使ったものと同じだ。そうはいっても，現在の

1703年にライプニツが『2進算術の説明』という論文で示した2進法の表記は，基本的に今使われているものと同じである。

1672年に自身の微分積分学で数学界を揺るがしたライプニツは，さらにその7年後に，2進法の利用という形で数学に貢献した。こちらはあまり論争の種にならなかったが，微分積分学の発明に匹敵する深遠なアイデアだった。

易経の六線星形〔六十四卦〕

　ゴットフリート・ライプニツは熱心なオリエンタリストで，神秘的な東方にすっかり魅了されていた。その後現れた多くのオリエンタリストと同じように，ライプニツも，中国のもっとも古い文書の一つで紀元前1000年にはできあがっていたとされる易経を研究していた。易経は占いについての書で，3本の線からなる八卦（三重文字）と6本の線からなる六十四卦（六線星形）の列で未来を

竹内流「ざっくり」でわかるポリアの思考術
竹内薫 著　定価（本体 1,300 円＋税）
B6判・192頁　ISBN978-4-621-08819-7

難問に直面したからといって、即座にあきらめることはまったくありません。そういう時こそ、発想を転換して、まずは「ざっくり」と考えてみると、意外に道が開けてくるものです。本書では、ポリア「いか問」の発想法にヒントを得て、どんな読者でもよく理解できるよう、平易な語り口で日常生活や仕事上の問題を解決する方法を伝授します。

いかにして問題をとくか
G. Polya 著　柿内賢信 訳
定価（本体 1,500 円＋税）
B6判・264頁　ISBN978-4-621-04593-0
未知の問題に出会った場合どのように考えたらよいか、創造力に富んだ発想法とは。

いかにして問題をとくか　実践活用編
芳沢光雄 著
定価（本体 1,400 円＋税）
B6判・194頁　ISBN978-4-621-08529-5
名著「いかにして問題をとくか」の具体的活用本。身近な問題を取りあげながら解説。

丸善出版

2進記数法を生み出したのは，実はまた別の科学のスーパースターだった。微分積分学を発明したゴットフリート・ライプニツが，1679年に発表した『2進計算の説明』という著作のなかで0と1を導入したのである。

　2進数を読むにはかなりの修練がいるが，その表記はライプニツの方法を踏襲していて，10進数と同じ読み方をする。

　たとえば10進数の31を下の位から読んでいくと，最初の数が1単位（1）を表し，次の数が10の束の数（3）を表す。そしてさらに何百，何千と続くが，これをよく見ると，左に一〔つ移〕るたびに一束のなかみは10倍になっている。もっとも〔小さい〕単位となる数は10^0だから1で，そこから10^1で〔10，〕10^2で100，10^3で1,000と増えている。この10を2〔に置き〕換えたのが2進数なのだ。もっとも小さな単位となる〔のは2^0〕で1，次の位が2^1。だから10進法の2は，2進数で〔10〕になる。さらに，2^2で4の束，2^3で8の束，2^4で16〔と単〕位があがっていく。そのため，10進法の31を2進数〔にする〕と，11111になるのだ。

　〔ライ〕プニツ以降，基数が10以外の記数法には，さらにもう〔一つ記〕号を付け加えるようになった。ちなみに用語を説明して〔おくと，〕基数というのはその記数法で使われる数字の数のこと〔だ。た〕だし，ゼロという数字も勘定に入れる。）基数を底とい〔うこと〕も多く，たとえば10進法の基数は10〔で，そ〕の数は「10を底」として表され，2進数〔は2〕を底として表される。そこでこの事実を〔はっき〕りさせるために，数の後ろに基数（ある〔いは底）〕を下付きで書く。つまり，$11111_2=$〔31_{10}な〕のだ。（10や2の次によく使われるのが〔16とい〕う基数だ。16進法では，0〜9までの〔数字と〕A〜Fを使う。たとえば$F_{16}=15_{10}$で，$E_{16}=14,598,366_{10}$である。）

　〔2進数を10進数に直すには，〕すべての数字をその位の2のべきで置き換えておいて，全部を足す。いちばん右の数字は2^0に等しく，次が2^1，さらに2^2となる。たとえば2進数の1010101_2は，$1×2^0+0×2^1+1×2^2+0×2^3+1×2^4+0×2^5+1×2^6=1+0+4+0+16+0+64=85_{10}$となる。

　逆に，10進数を2進数に直すには，その数を繰り返し2で割って，答えが0になるまで割り算を繰り返す。たとえば50_{10}は110010_2になる。なぜなら$\frac{50}{2}$で25（あまり0），$\frac{25}{2}$は12になって（あまり1），$\frac{12}{2}$は6になって（あまり0），$\frac{6}{2}$は3になって（あまり0），$\frac{3}{2}$は1で（あまり1）$\frac{1}{2}$は0（あまり1）でおしまい。このとき，最初のあまりが2^0の単位の個数になり，その後にほかのあまりが続く。つまり$0×2^0+1×2^1+0×2^2+0×2^3+1×2^4+$最後のあまりの$1×2^5$，となるのだ。そこでこれを並べ直せば$110010_2$となる。

10進数	2進数
0	0
1	1
2	10
3	11
4	100
5	101
6	110
7	111
8	1000
9	1001
10	1010
11	1011
12	1100
13	1101
14	1110
15	1111
16	10000
17	10001
18	10010
19	10011
20	10100

新しい数,新しい理論

42 *e*

定数 *e* が数学の世界に登場したのは,わりと最近のことだ。この新参者はぶしつけにも,それまでパイ(π)やファイ(φ,黄金比)といった歴史ある数が支配してきた領域にしゃしゃり出た。そのうえこの魅力的な数は,今や数学の真ん中に位置づけられている。

e は「指数的な(exponential)増加の定数」の略であって,しょせんはただの数でしかない。そのくせ,ほかに類を見ないほど多様な定義をもっている。しかもこの数は無理数で(さらにいえば超越数でもあって),どこまで行ってもそのしっぽが切れることはない。

意外に思えるかもしれないが,この数は現実社会のいたるところに顔を出す。いちばん多いのが増加関数と結びついたケースで,たとえば放射能の半減期や資産の蓄積や疫学やバクテリアのコロニーの増殖などと関係がある。オイラー数とかネイピア数とも呼ばれるこの数は,数学の基本的な関係に不思議なくらいちょこちょこと顔を出す。たった一つの数がなぜここまで多様で意外な場所に登場するのか,というのも数ある *e* の謎のひとつで,そのおもしろ味となっている。

自然に生まれたリズム

π が古くから幾何学と関係していたのに対して,*e* は近代数学の誕生とともに姿を現した。この数が最初にちらりと顔を見せたのは,1618 年のことだった。ジョン・ネイピアの自然対数に関する著作の補遺に潜んでいたのだ。ネイピアが対数を発明したおかげで,大きな数の複雑なかけ算も朝飯前となった。対数は,かけ算を足し算に変える一つのモデル[$\log_n(xy) = \log_n(x) + \log_n(y)$]となり,数学者たちはこのモデルを喜んで受け入れた。ちなみに *e* は,いわゆる自然対数を作るときに生まれた数である。自然対数を考えるには,まずその自然対数が 1 になるような定数,つまり「底」を定めなくてはならない。そのうえで,この底の累乗が *x* と等しくなるべきの値を,その数 *x* の自然対数とする。記号を使って表すと,$\log_e(e^x) = \ln(e^x) = x$〔log10 と混同しないように,$\log_e$ を,logarithmus naturalis の頭文字をとって ln と表示することがある。〕で,$e^1 = e$ だから $\log_e(e) = \ln(e) = 1$ となる。

この対数関数は,値がきちんと一つに定まるから,数学的には自然だ。見ればわかるように,*e* は $x = 1$ のときの指数関数 e^x のおおやけの顔になっている。自然対数と

e がまず最初にジョン・ネイピアの本の付録の表に登場したのは事実だが,自然対数の計算に *e* を使うことを初めて考えたのは,英国の数学者ウィリアム・オートレッドだったとされている。

e の小数点以下 50 桁までの数値。この先もまだまだ続く。

2.71828182845904523536028747

指数関数は双子（というよりも1枚のコインの裏表）で，e^x は $\ln(x)$ の逆であり，e は $\ln(1)$ の逆である。さらに指数関数は，

$$\sum_{n=0}^{\infty} \frac{x^n}{n!} = \frac{x^0}{0!} + \frac{x^1}{1!} + \frac{x^2}{2!} + \frac{x^3}{3!} + \frac{x^4}{4!} + \cdots = e^x$$

という無限級数で定義することができる。（Σ は「の和」の意味で，! は「階乗」つまりその数までのすべての整数の積。）この級数には，微分しても項は消えず全体の形も変わらず，どこまでも微分し続けられるという特徴がある。そのため指数関数はそれ自身の導関数（元の関数の各 x の値に対して，そこでのその関数の値の変化率を与える関数）になり，e^x のグラフにそれ自身の変化率がそのまま現れる。このため e は数学のいたるところに姿を現し，微分積分学のあちこちにちょこちょこと顔を出すのである。

e の定義

e の値を最初に明らかにしたのは，17世紀末に複利の利子の本質を調べていたスイスのヤーコブ・ベルヌーイだった。単純に 100 パーセントの利子なら，毎年元金と同じ額が支払われるが，ここで，1年の終わりに倍の金額を払うのではなく，100 パーセントをもっと短い期間（二つ以上の期間）に分けたとする。ベルヌーイが，無限に小さな期間で連続的に利子を計算した場合にどうなるかを調べたところ（取引のある銀行に頼んでみるといい），年利 2.71828……，つまり e の利率で増えるという結果が出た。しかも驚いたことに，e はさまざまに形を変えて，放射能やバクテリアの感染の増加や減少，疫学といった場面にも登場しているのだ。

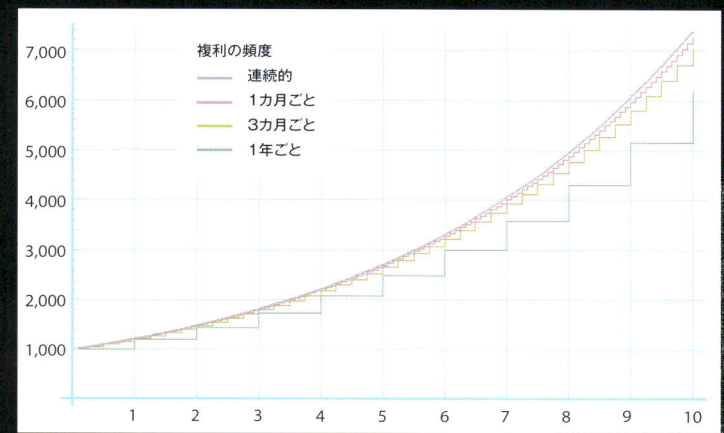

複利の頻度が増えると，貯蓄の伸びが大きくなる。

数学者一家であるベルヌーイ一族の面々は，17世紀から18世紀にかけて「バーゼルの王たち」と呼ばれていたという。彼らの業績は，数学から流体力学，微分積分から確率にまで及んだ。この絵では，ヤーコブが兄弟のヨハンに定数 e の説明をしている。

1352662497752470936999 5...

43 グラフ理論

この分野は，18世紀に突然どこからともなく現れたといってよい。それでいて，この分野が登場するとすぐに，トポロジーや組み合わせや集合論といった難解な研究分野と幾何学のあいだに橋がかけられ，対象物の性質をうまく使ってより深い真実が解明されるようになった。

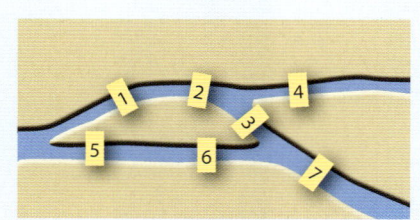

レオンハルト・オイラーがグラフ理論の中心にいたのは，実は当然のことだったのかもしれない。なにしろ，バルト海の都市ケーニヒスベルグでの休暇中に，すべての始まりに立ち会ったのだから。グラフ理論は，オイラーが1736年に発表した古典的論文『ケーニヒスベルグの七つの橋』から生まれた。

つなぎあわせる

ケーニヒスベルグ（現在のカリーニングラード。当時はプロイセンの都市で現在はポーランドとリトアニアに挟まれたロシアの飛び地）の人々は，よく気晴らしに，町に七つある橋をすべて一度だけ渡って町を散策するルートを探していた。オイラー自身も実際にやってみたのか，それとも数学の観点から見て，やっても無駄だと考えたのか。いずれにせよ，二つの島と本土をきれいに結ぶルートは見つからず，そんなルートはあり得ないと考える人が多かった。それにしても，もし不可能であるのなら，当然理由があるはずで証明もできるはずだ。オイラーいわく，この問題は「幾何学を使っても代数学を使っても数え上げても解けないようだったから，考えるに値すると感じた」。

16世紀から伝わるこのケーニヒスベルグの版画には，7本の橋のうちの6本しか描かれていない。残る1本は，カップルの陰に隠れているのだ。

グラフの言葉

オイラーは，橋の大きさや長さはどうでもよく，問題はそれぞれの領域をつなぐ橋の数だということに気がついた。グラフ理論のグラフは座標平面上の線とは別物で，座標とはまるで関係がない。この場合のグラフは，辺（エッジ）で結ばれた頂点（ノード）の集まりなのだ。辺に長さが与えられていれば，グラフは重みづけされていることになり，辺に方向があれば，それを弧と呼ぶ。

ケーニヒスベルグの橋の問題では，橋でつながれた町の領域（つまり頂点）が

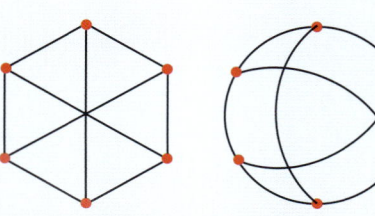

これらはまったく異なる図形に見えるが，実は三つとも同じグラフである。ためしに頂点（ノード）と辺（エッジ）を数えてみてほしい。

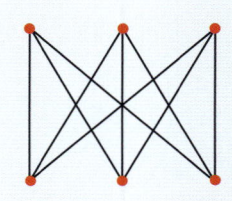

四つあって，橋そのもの（つまり辺）が7本ある。このときオイラーは，各頂点を一度だけ通るルートが存在しないことを証明した。なぜなら，このグラフには奇数の辺が入ってきている頂点が二つより多くあるからだ。（頂点を通る辺の数を次数と呼ぶ。）

そのためこの問題には解がなく，さらにその後の第二次世界大戦でカリーニングラードの橋が七つではなくなったために，解くべき問題そのものが消えてしまった。今では3本の橋と無名の高速道路の陸橋「レニンスキー・プロスペクト」が，かつて問題の中心だった島をまたいでいるだけだ。

ケーニヒスベルグの橋がきっかけで誕生したこの理論は，今や指紋や顔を認識するコンピュータ・プログラムを裏付ける数学となっている。さらにまた，製造過程を設計したり，（インターネットはもちろんのこと）物理的ネットワークでの最適な経路を探すのにも応用されている。グラフ理論はゲームにおける動きを分析するのにも使われていて，コンピュータが通常チェスで人間に勝てるのも，一つにはこの理論のおかげなのだ。

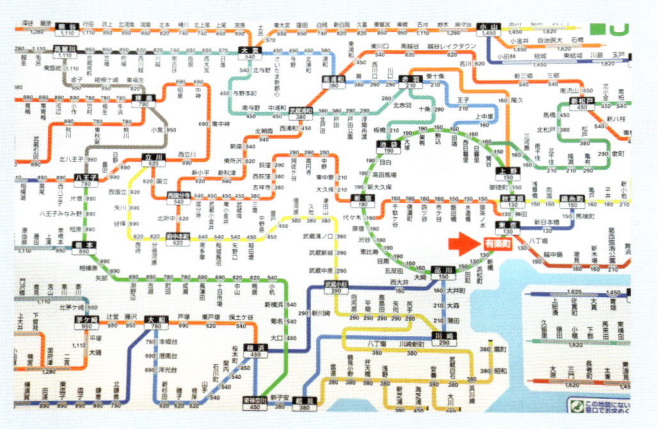

地下鉄の地図は，現実世界でのグラフのほんの一例にしかすぎない。旅行者にすれば，駅同士のつながり方が問題なのであって，駅同士の距離は関係ない。

44 三体問題

　ニュートンの重力の法則は，二つの物体のあいだに何が起きるかを突きとめるときには大変役に立つが，この系にもう一つ物体を加えただけで，事態はとほうもなく複雑になる。

　三つの天体が互いの重力によって及ぼしあう引力を計算するのは，ひじょうに難しい。三体問題は，実は本質的には解くことができない。1747年に，太陽を固定された物体と見なしたときの近似解が発見されると，これを使って，どちらも太陽のまわりを回っている地球と月の動きを計算できるようになった。後にジョゼフ・ルイ・ラグランジュは，この地球と月の基準座標系に，二つの天体の重力が事実上打ち消し合う特別な点が五つあることを発見した。そのためこれら五つのラグランジュ・ポイントのどれかに物体を置くと，その物体は太陽のまわりを回りながらも，地球と月の系に対しては静止していて，同じ位置に留まり続ける。

太陽と月と地球のあいだに働く力を解明するための戦いは今も続いていて，カオス理論を生み出すきっかけにもなった。

45 オイラーの等式

マセマティカル・インテリジェンサーという数学雑誌が 2004 年に「もっとも美しい数学の定理」を巡って読者に投票を募ったところ，大差をつけて第 1 位に輝いたのが，オイラーの等式だった。

その名の通りオイラーが 1747 年に公式化したこの定理には，数学においてもっとも重要な定数が全部で五つ登場する。ゼロ（0）と，単位量（つまり 1）と，成長や減衰に深く関わる自然対数の底 e（$e \fallingdotseq 2.718$……），円周と直径の比 π（$\pi \fallingdotseq 3.141$……）と，存在するとしたら 2 乗が -1 になる虚数の単位，i。（虚というのは，「実」でないからで，この数はゼロでも正でも負もない。なぜなら，正や負の数はすべて 2 乗すれば必ず正の数になり，ゼロの 2 乗はゼロになるからだ。）

$$e^{i\pi}+1=0$$

オイラーの等式

オイラーとこの等式について

オイラーは，学界の外では，ニュートンやライプニッツやガウス，あるいは時折オイラーのチューターをしていたベルヌーイ一家といった数学のスーパースターほど有名ではない。だがオイラーは魔術師とも呼ばれていて，数論や微分積分学やグラフの分野のいたるところにその影響を見ることができる。オイラーは数学用語を吸収しては，さまざまな記号を作りだした。Σ という記号が「和」の意味で使われるようになったのもオイラーのおかげなら，e や i などの記号を使い始めたのも，パイを π で表す習慣を世に広めたのも，オイラーだった。この式では，これらすべての量が非常に単純な形で組み合わさっている。

この等式は，普通の数（つまり実の数）と虚の数を組み合わせた数，つまり複素数の性質に関する式である。数学者たちは約 200 年ものあいだ，複素数をおっかなびっくりいじっていたが，オイラーの等式が登場したおかげで，関数解析に複素数を使えるようになった。

この等式を導くには

複素数は座標平面上の，虚の部分が垂直の高さに，実の部分が水平の距離になっている点として表すことができる。水平軸の上にある 1 の点が反時計回りに回転してある点に達したとき，その角度を x とすると，その点の位置は三角関数を使って $\cos(x)+i\sin(x)$ と表せる。いっぽうこれを e を使って表すと e^{ix} となる。そこで角度 x が半円（つまり π ラジアン）の場合を考えると，$e^{i\pi}=-1$ となって，$e^{i\pi}+1=0$ が成り立つ。

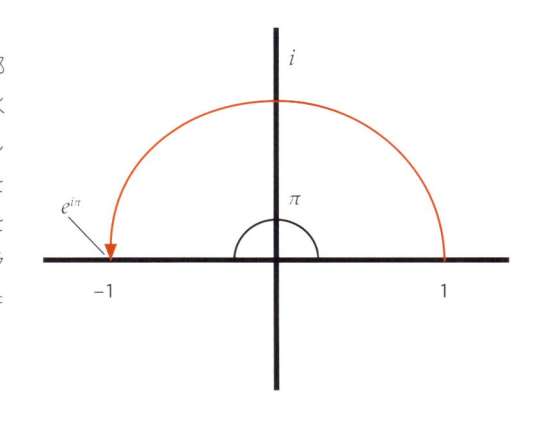

レオンハルト・オイラーはスイスのドイツ語圏で生まれたが，その仕事のほとんどをロシアのサンクト・ペテルブルクで行った。

複素平面で表した $x=\pi$（ラジアンで測った半円の中心角）のときの e^x。

46 ベイズの定理

トーマス・ベイズという牧師が練りあげて，本人の死後，1763年に発表されたベイズの定理は，一見ごくすなおな式だ。この式は，新たな情報が与えられたときに，ある出来事の確率がどう変わるかを計算するためのものなのだ。ところがこの定理を使うと，この世界に関する驚くべき事柄が明らかになることから，この定理はしばしば激しい論争の種となってきた。

$$P(A|B) = \frac{P(B|A)P(A)}{P(B)}$$

ベイズの定理は，出来事 B が起きた場合に出来事 A が起きる確率〔$P(A|B)$〕と，A や B が独立に起きる確率と，A が起きたときに B が起きる条件つきの確率との関係についての定理である。

今，インフルエンザが大流行して，100人に一人がインフルエンザにかかっているとする。つまり，自分自身がかかる可能性も100に一つあるわけだ。ところがある日，朝起きたら頭が痛かった。しかも医療系のサイトには，インフルエンザ患者の90パーセントが頭痛に悩む，と書かれている。ひょっとして，自分もインフルエンザにかかったのだろうか。でも，前の晩にパーティーがあって遅くまで出かけていたから，インフルエンザでないのに頭痛がする可能性も，10パーセントくらいはありそうだ。ではこの場合，実際にインフルエンザである可能性はどれくらいなのか。やはり90パーセントなのか。それとも夜更かしを考慮すると80パーセントに下がるのか。ところがここでベイズの定理を使うと，8パーセント強という値が出る。つまり，健康である可能性が高いのだ。

議論は続く

ベイズの定理は数理科学の世界に大論争を巻き起こし，ベイジアンと頻度主義者の戦いは今日まで続いてきた。もっとも両陣営は，この定理の信憑性について争っているわけではない。事前の確率を設定するときに個人の信念が絡む事例でこの定理を使うことができるかどうかを巡って議論が続いているのだ。

さきほどのインフルエンザに関する疫学的な例では，まったく議論の余地がない。なぜならこの場合の事前確率は，あなたがインフルエンザにかかる可能性（つまり頭痛に気づく前の確率）で1パーセント，と言い切れるからだ。しかし，ある出来事の事前の確率を設定するのがそう簡単でない場合もある。たとえば医者の第一印象によれば，あなたがインフルエンザである確率が10に一つだったとする。この場合，この10パーセントという値を100人に一人がインフルエンザにかかるという観察と同等に扱っていいのか，いけないのか。ベイジアンは扱ってよいというだろうが，頻度主義者は，同じような状況でかなり大きな標本を調べて比較でもしないかぎり扱えない，と主張するだろう。

偶然を理解する

1990年代英国のあるレイプ裁判で，被害者が面通しで加害者を指摘することに失敗し，自分を襲った人間の風体とは年齢が一致しないと述べた。だが，DNA鑑定により，そのDNAをもつ人が2,000万人に一人だと聞かされた陪審員たちは，被告を有罪にした。被告の弁護人は控訴審でベイズの定理をもちだして，「被告が犯人である場合に，被害者が被告人のことを犯人とまったく似ていないという確率はどれくらいか。また，被告人が犯人でなかった場合に，被害者が被告人を犯人と似ていないという確率はどれくらいか」を説明した。こうすれば，陪審員たちも被告が犯人でない可能性が高いと判断するだろう，と踏んだのだ。しかし統計学にがっちり支えられたDNAという証拠は重く，被告人は再び有罪となった。

DNA鑑定は，確率に基づいて行われる。ところが最近この手法が問題になり始めた。なぜなら陪審員は，そのDNAが容疑者の親戚のものである確率をめったに知らされないからだ。

47 マスケリンと個人誤差

英国の王立天文台長ネヴィル・マスケリンは，1796年に天体の観測が不正確だったとして助手を解雇した。だがマスケリンは，実はこのとき自分でも思いがけないことをしていた。知らず識らずのうちに，計測という行為に個人的要因がどう影響するのかという重要な問題を提起していたのだ。

ネヴィル・マスケリンは，スコットランドの山の重力による引力を測って，そこから地球の密度を計算したことでも知られている。マスケリンが得た値は，正確な値の8割に相当した。

当時の天文学者は，時計のカチカチという音を聞きながら望遠鏡で星を観察して，一瞬の出来事を測定していた。マスケリンはこの助手の観測がほとんどの場合約半秒遅れていたとして，雑多な観測結果とともにその事実を公表した。マスケリンの死後，ドイツの天文学者フリードリヒ・ベッセルがこの問題を調べてみると，観察を行う天文学者たちのどの二人を比べてみても，得られた結果に規則的で計測可能な差があることが明らかになった。そしてこの差は，パーソナル・エクェーション（個人誤差）と呼ばれるようになった。

天文学者にすれば，これは主として実際的な問題だった。ところが19世紀後半には，この差に刺激されるようにして，まだ歴史の浅かった実験心理学の分野で，反応時間に関する細かい研究が始まった。そしてついに専門家ではない人々がパーソナル・エクェーションという言葉をかなり曖昧に使い始め，さまざまな状況のあらゆる個人的要因を「パーソナル・エクェーション（個人差）」と呼ぶようになった。

48 マルサスの学説

トーマス・ロバート・マルサスの名前は，人口の増加を野放しにしておくと飢餓や疫病や深刻な生存競争によって破滅的な崩壊にいたる，という説の代名詞になった。

トーマス・ロバート・マルサスの説が載った著書『人口論』。1798年に出たときは匿名だった。

当時牧師であったマルサスがこの理論を発表したのは1798年のことだった。人口は等比的に増えるから，等差的にしか増えない食料生産をけっきょくは上回る，というのだ。そしてその結果，人口が維持可能なレベルに下がるまでは，たくさんの人が死ぬ悲惨な時代が続くことになる。ちなみに等比数列は1, 2, 4, 8, 16というふうに同じ値をかける形で増えるが，等差数列は1, 2, 3, 4, 5というふうに，同じ値を加える形で増える。

さらにマルサスは，その頃英国で可決された救貧法（一家の子どもの数に応じて今でいう支給金を払うという法律）はまちがいだ，と主張した。第一，そんなことをしたら貧しい人間は養えるだけの子どもを作るから，けっきょくはもっと子どもを産めと

いっているようなものではないか。労働力がふくれあがれば労賃は下がり，貧乏人はさらに貧しくなる。それだけでなく，政府がすべての貧乏人に金をやれば，製造業者やサービス業はそのおこぼれをちょうだいしようと，品物の価格を上げるはずだ。

未来はもっと明るいらしい

しかし，未来はマルサスの予言どおりにはならなかった。少なくとも，今のところはまだなっていない。マルサスは，産業革命がもたらす変化を予見できなかった。実際には，技術が進歩した結果，前より効率的に食料を生産できるようになり，狭い面積でも18世紀には想像もつかなかった大量の食料を作れるようになったのだ。しかもマルサスは，公衆衛生サービスの充実や，避妊具を使った家族計画の影響も予測できなかった。

ヨーロッパでは，マルサスの予想とは逆に，繁栄するにつれて出生率が低くなったらしく，実際には人口が減っている。現在の世界の人口増加率は約1.14パーセントで，このままでいくと，約661年後には人口が倍になる。だが，実は人口増加率自体が1960年代をピークに変わってきている。実際，1960年代当時の増加率がそのまま変わらなければ，人口は35年で倍になっていたはずなのだ。

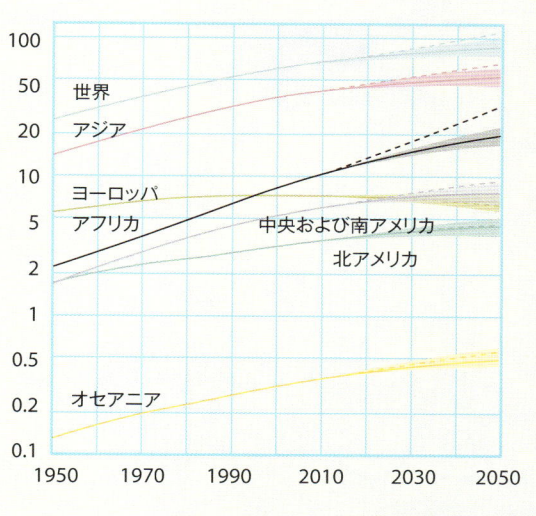

マルサスの考えに拍車をかけたのが，社会はどれくらい「完ぺき」でありうるか，という父との論争だった。父の説によると，いくら社会の貧しい層の現状を改善しようとしても，どのみち失敗するはずだった。なぜなら，状況がよくなれば人口増加率も上がり，けっきょくは人口増加が生産の増加分を追い越すことになるからだ。マルサスは，このため「完ぺき」な社会はどうやっても手の届かないものになると主張した。

グラフの右のほうが平らになっているのは，垂直軸が対数目盛（単位は億）になっているからだ。それでもヨーロッパ以外の地域では人口が増えているが，さらに家族計画を推進すれば，2050年代には世界の人口の伸びは止まると予測されている。

49 代数の基本定理

代数の基本定理によると，すべての複素数からなる体（たい）は代数的に閉じている。いいかえると，どの多項式も，イコール・ゼロになるような根（x_n）を少なくとも一つもっている。

問題の多項式を因数（$x-x_n$）で因数分解すると，残った多項式の次数は$n-1$になる。だからカール・ガウスがいったように，「次数nの複素係数の多項式は，すべてn個の複素数の根をもつ」。ちなみに複素数は，実部分と虚部分（2乗すると-1になるiという数が単位となっている）でできていて，おなじみの実数は複素数の（虚の部分が$0i$の）部分集合である。

ひらめき以上

1629年に最初に次数がnで根がn個ある方程式には必ずn個の解があると主張したのは，フランドルの数学者アルベール・ジラールだった。しかしその時点では，それらの解が複素数の世界からはみ出してしまうかもしれないという恐れが残っていた。1637年に哲学者ルネ・デカルトは，次数nの方程式のn個の根を思い描くことができたとしても，それらの根は現実のいかなる量にも対応しないと述べた。

最初に基本定理を真剣に証明しようとしたのはジャン・ルロン・ダランベールだった。1746年のダランベールの推論には難があった（証明のなかで，基本定理が証明できないと成り立たない事実を使っていた）が，その着想は有益だった。

王者の証明

通常，基本定理の最初の証明を成し遂げたのは，ドイツのカール・フリードリヒ・ガウスだとされている。1799年にその証明を発表したとき，ガウスは弱冠22歳だった。（ガウスはのちにこの時代のもっとも影響力のある数学者となった。いわゆる「数学の王」である。）ガウスはそこで，それまでに試みられた証明に混乱を引き起こしていた基本的欠陥を指摘した。しかし本人の証明にもギャップがあった。そのため現代の数学者たちは，ガウスの証明にも厳密さが不足していたと考えている。おもしろいことに，ガウス自身は自分の証明が妥当だとは一度も主張していない。ダランベールの業績の価値を認めて，自身の証明は「新しい」証明と呼んでいたのだ。

1814年にスイスの会計士ジャン＝ロベール・アルガンが，ダランベールの着想に基づくきわめて単純な証明を発表した。アルガンの証明は，数学的な対象物が存在することを，具体的な例を示さずに間接的に示す非構成的存在証明だった。（1940年にようやくヘルムート・クネーザーが，アルガンの証明に基づいて構成的な証明を組み立て，直接，具体例を示すことに成功した。）その2年後の1816年には，ガウスがレオ

カール・フリードリヒ・ガウスは基本定理の証明から始まって，確率や統計や数論や天文学の中心人物となった。

不承不承の敬意

数学者の対抗意識にはすさまじいものがあって，ガウスの基本定理の証明が認められるまでには，長い時間がかかった。1907年にバーゼルで開かれたレオンハルト・オイラーの生誕200年を祝う会で，ゲオルグ・フロベニウスは次のように述べている。「オイラーは方程式の解の存在に関するもっとも代数的な証明を与えた。これは，次数が奇数の実方程式すべてに実根があるという命題に基づいた証明である。わたしは，基本定理の証明をガウスだけのものとするのは不当だと考える。ガウスは単に最後の仕上げをしたに過ぎない。」

ンハルト・オイラーの1740年代の業績に基づく完ぺきな証明を発表した。オイラーが存在しない可能性のある根を操作したのにたいして、ガウスはこの証明で、何物の代わりでもない不定元と呼ばれる記号を使った。

50 摂動理論

17世紀には、ニュートン力学を確立しさえすれば、けっきょくは宇宙のすべての動きを数学の力で組み伏せられるはずだと考えられていた。今でいう微分積分学が登場したからには向かうところ敵なしだ！というのである。

ところがすぐに、原理としては惑星の動きを正確に予測することができるはずなのに、実際に計算しようとするときわめて複雑だということがわかった。いい例が三体問題で、太陽と地球と月の重力が互いにどのように作用するかを計算で解明することはできないという事実が判明したのだ。

ニュートンは、この問題に実際的に対処した。月が主として地球の力の影響を受けていることは明らかだ。それなら、ほかの天体が及ぼす力は、地球が及ぼしている主な力に、さらに加わっている小さな力、つまり摂動と見なせばよい。こうしてニュートンは、「太陽と地球と月の相互作用がどのような結果をもたらすか」というやっかいな問題を、「太陽は地球と月の相互作用にどのような変化を及ぼしているか」という計算可能な問いに変えた。（実はこの原理は、このときに初めて使われたわけではなかった。かつてプトレマイオスたちも、観測された惑星の動きを近似するために、円形の軌道に周転円を加えていたのだ。ただしプトレマイオスたちの摂動は便宜的にひねりだされたものではなく、実際に存在すると考えられていた。）

摂動理論は、ほかにもさまざまな問題に応用されてきた。なかでももっとも大きな勝利が発表されたのは、1799年のことだった。ピエール・シモン・ラプラスが、あらかじめ作った太陽系のモデルに摂動によるわずかな変化を加えると、この系が安定し続けることに気づいたのだ。これによって、このモデルは十分に頑丈で、現実を正しく反映していると考えてかまわない、ということが確認された。

プトレマイオスは、摂動理論の手法を使って複雑な偏心円と周転円の系を考えることによって、地球のまわりの観察可能なすべての天体の動きを説明しようとした。

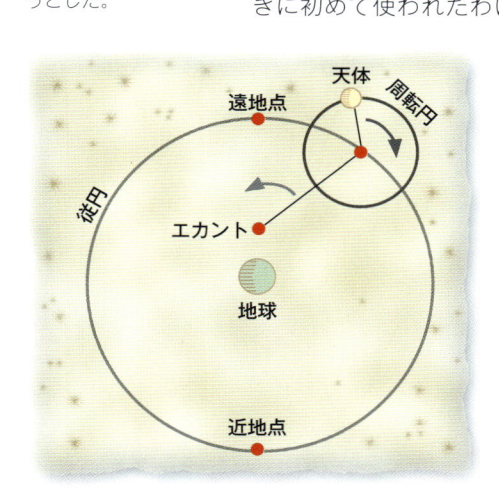

ニュートン的宇宙の時計仕掛けの性質に基づいて作られた惑星系の機械的モデル「オーラリ」。

51 中心極限定理

統計学者たちが正規分布（別名ガウス分布，釣り鐘曲線）を重んじるのは，この分布が自然界のいたるところで見つかるからだ。とはいえ，この分布だけが自然界に多く見られるわけではない。

1812年に，当時貴族の位を授けられてフランス皇帝ナポレオンのお抱え科学者となっていたピエール・シモン・ラプラスは，『確率の解析的理論』という著書で中心極限定理を紹介した。それは，統計分布の核ともいうべき定理だった。ふつうの意味でまったくでたらめに起きる事故や落雷といった出来事の分布は，正規分布ではなくポアソン分布（25年後にやはりフランス人数学者のポアソンにちなんで命名された分布）になる。また，コイン投げのような2通りのいずれかの結果になる出来事の分布は，二項分布になる。ところがこの二つの分布を含む多くの分布が，ある意味でガウスの分布と関係しているのだ。実際，ある値を測定するために実験などを繰り返し行ったとしても，毎回同じ結果が出ることはありえない。ところが，何度も何度も実験を行って得られた結果を比べると，そのデータの分布は正規分布になっている。これが中心極限定理の主張なのである。

ピエール・シモン・ラプラスは図抜けた科学者だったが，死後その脳を調べてみると，平均より小さかった。

52 フーリエ解析

音響から量子力学まで，あらゆる自然現象で波が生じる。波は通常きわめて複雑だが，フーリエ解析を使うと，そのような波を数学的に表すことができる。

フランスの数学者ジャン・バティスト・ジョゼフ・フーリエは1822年に，熱の流れを数学的に表す方法を考えるなかで，すばらしい発見をした。どのような波でも一連の正弦波に分解できて，波を一連の単純な項を使って数学的に表せることを証明できるはずだ，と確信したのである。しかしこのアプローチは，本人が思ったほど万能ではなく，実は大きな弱点があった。実際にフーリエ解析を行おうとすると，たとえ強力なコンピュータを使ったとしても，係数の計算に膨大な時間が必要になるのだ。しかし1970年代に入って高速フーリエ変換が展開されると，係数の計算は格段に速くなり，フーリエ解析を実際にリアルタイムで実行できるようになった。

フーリエ解析はきわめて強力なツールで，今では信号処理や楽器の設計や量子論や分光学など，さまざまな分野の鍵となっている。

53 機械式のコンピュータ

現代的な意味でのコンピュータは，たんなる賢い計算機ではない。正しい指示（つまりプログラム）を与えさえすればどんな仕事でもこなせるツールのことなのだ。1800年代初頭には，のちにコンピュータを支えることになる技術はまだ未熟だったが，複雑な数学が必要になったことから，コンピュータの開発に前進が見られた。

世界初のプログラム可能な装置は，実は数学の機械ではなく，フランスのジョゼフ・ジャカールが1800年代に発明した，細かい地模様のある布を作るための機械（ジャカード織機）だった。最初の頃の機械式織機では，人より速く布を織ることはできても，地模様を入れることはできなかった。ところがジャカールは，パンチカードの穴という形で模様をコード化し，機械が読めるようにするという画期的な手法を考案した。ちなみにパンチカードは1950年代まで，実際にコンピュータをプログラムするのに使われていた。

ホイールを回す

ジャカールが考案した織機はコンピュータではなかったが，この装置に触発されたのが，英国の数学者で，「コンピュータの父」，「ハードウェアの父」ともいわれるチャールズ・バベッジだった。バベッジは1822年に計算機械の原型を作り，さらにこれを使って，階差エンジンと呼ばれる大きな機械の仕組みを試した。階差エンジンは，完成すれば，ギアを組み合わせて数値データの表を計算する機械になるはずだったが，資金が足りず幻に終わった。1840年代に入ると，バベッジはさらに複雑な解析エンジンを設計した。メモリがあってプログラムも可能なこの装置は，もしも実際に作られていれば，世界初の正真正銘のコンピュータになっていたはずだった。

1870年代にはイギリスの科学者ケルヴィン卿が，潮汐を計算するためのアナログコンピュータを作った。デジタルコンピュータのスイッチは，オンかオフの二つの状態しかありえず，中間の状態は作れない。ところがケルヴィン卿の装置では，植込歯車を使ったメカニズムの状況を，潮の満ち干による上下のように連続的に変えることができた。この装置のハンドルを手で回すと，10個ほどのホイールが動いて，回転する紙の筒に潮位が記録される。ケルヴィンのこの機械はたいへん正確で，1970年代まで使われていた。

ロンドンの科学博物館が1991年に，バベッジの原案どおりの階差エンジンを原寸大で作製した。

エイダ・ラブレイス

エイダ・ラブレイス伯爵夫人は英国の詩人バイロン卿の娘だった。ラブレイス夫人は1840年代にバベッジが解析エンジンを設計するのを手伝い，その装置でベルヌーイ数を計算するときに使うパンチカード・プログラムを作った。けっきょく解析エンジンは作られなかったが，エイダ・ラブレイスは最初のコンピュータ・プログラマとされている。

54 ベッセル関数

　数学の多様な役割のなかでも特に重要なのが，電気や重力などの物理問題の分析やモデリングである。18世紀にピエール・シモン・ラプラスがモデリングに役立つツールを作り，さらにそれに磨きがかけられるなかで，特に大きな功績をあげたのがフリードリヒ・ベッセルだった。

　物理学では，磁気の場，電気の場，重力の場，流体の動きなどの「場」を扱うことが多い。物理学の場は，空間における位置の関数だ。質量や点電荷のような源をもたない場は，たいていラプラスの方程式 $\Delta f = 0$（ただし Δf は f の2階微分を組み合わせたもの）に従う。ラプラスの方程式は，場を研究する際に使われるもっとも強力で基礎的な式の一つなのである。

　この方程式は，物体のなかの熱の流れや電流の動きや気体分子の拡散や重力場における物体の動きといった，きわめて多様な場面で場を特徴づけるのに使われるが，この式を応用するには，問題となる状況に応じてラプラスの方程式を解かなくてはならない。ラプラスの方程式の解は，調和関数とかポテンシャル関数と呼ばれていて，まずダニエル・ベルヌーイによって定義された。そしてこれをさらに練り上げたのがベッセルだったのである。ベッセル関数がなぜ非常に有効なのかというと，球対称や円柱対称な問題に使えるからで，実際この関数を使うと，ドラムの振動や，電磁気や音響や流体力学のさまざまな値の場を記述することができる。

フリードリヒ・ベッセルは，天体の視差を使って天体の距離を計算したことでも知られている。

55 群　論

　数学では，単語を日常生活とは異なる意味で使うことが多い。そのいい例が 群（グループ）で，数学でいう群は，ただの群れではない。そのなかのメンバー（要素）同士を組み合わせてもやはりその群れの要素になる，といったいくつかの条件を満たす代数的な構造としての群れなのだ。

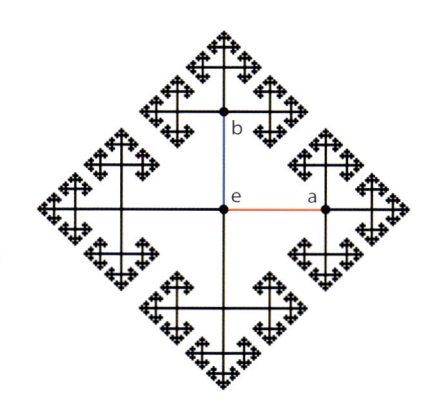

　数学の群の一例として，足し算を考えたときの整数がある。なぜなら整数に別の整数を足すと，必ず第3の整数ができるからだ。けれども，割り算を考えたときの整数は群にならない。なぜなら整数を別の整数で割っても，必ず第3の整数になるとは限らないからだ。（1÷2＝0.5 は整数でない。）

　群のなかには，足し算を考えたときの整数のように，要素が無限にある群もあれば，有限な群もある。たとえば，かけ算を考えたときの−1，0，1 は群になっている。有限群の要素を一目でわかる表にするには，左のような乗積表（19世紀英国のアーサー・ケイリーにちなんでケイリーの表ともいう）を

アーサー・ケイリーは，乗積表のほかにも，上のような群の図を作った。この図は，ある群とそれを生み出す集合とのつながりを幾何学的に表している。

x	−1	0	1
−1	1	0	−1
0	0	0	0
1	−1	0	1

作ればよい。

　群が複雑な場合は，乗積表を作れば，その群のパターンや性質を手っ取り早く把握できる。

目に見えるようになった群

　群論の基礎が展開されたのは1820年代のことで，エヴァリスト・ガロアという学生によるある種の方程式が解けないことの証明が，その最初の重要な応用だったとされている。

　群論は，シンメトリー（対称性）を分析するのに使われる。たとえば正三角形を時計方向に120度回したり，中心を通る垂直な線で鏡映させてみても，元とまったく同じに見える。形を変える回転と鏡映の組み合わせなど，このような変換はほかにもいくつかある。さらに乗積表を作ってみると，すべての変換のなかに，シンメトリーなものとシンメトリーでないものの二つの部分群があることが一目でわかる。しかしこの表の本当の威力は，この表から群が表向きの単純な記述を越えた存在であることが浮き彫りになるという点にある。たとえば，三角形のシンメトリーの群に現れるパターンとまったく同じものが，三角形とはまるで無関係なほかの分野に現れたりするのだ。

　群のなかには，単純な群に分割できるものもあれば，それ以上簡単にできない群もある。分割できない群は単純群（ここで単純という言葉が出てくるのも，数学での言葉の使い方の奇妙さを示す証拠といえそうだ。）と呼ばれていて，シンメトリーで重要な役割を果たすことから，量子理論や宇宙論に応用されている。

　1850年代に入って群論が急速に発展すると，数学の性質は深いところから変わり始めた。おおまかにいうと，それまで方程式は，無数の数を（変数と呼ばれる）文字や記号で置き換えて，実際に行われる一連の計算を略記したものと考えられていた。ところが群論が生まれたことで数学の焦点が移り，方程式や数学的構造そのものが研究の対象となり，これらの研究を独自に展開することに価値があると考えられるようになったのだ。

数学者エヴァリスト・ガロアのこの草稿には，弱冠18歳のこのフランス人が考えた群論が記されている。ガロアの驚くべき生涯は，20歳のときに砲術将校との決闘によって幕を閉じた。

結晶学と結晶の習慣

　群論は，実際にさまざまな分野に応用されている。群論の応用のもっとも古い成功例の一つに，結晶構造が最大でも230種類しかありえない，という事実の発見がある。この結果に基づいて，実際の結晶モデルを作ることになったのだが，現実の結晶は通常限られた回転シンメトリーの群しかもたない。そのため，結晶の形は実際には32種類しかないだろうと予測された。それらの結晶の形は，右に示した六つのグループに分類される。

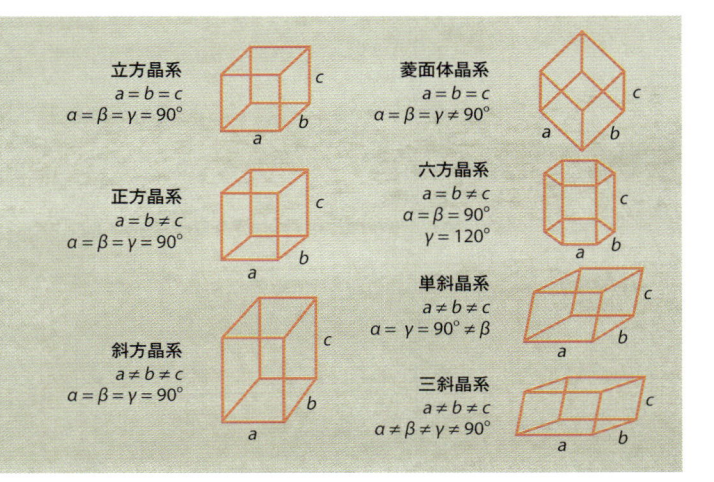

立方晶系
$a = b = c$
$\alpha = \beta = \gamma = 90°$

正方晶系
$a = b \neq c$
$\alpha = \beta = \gamma = 90°$

斜方晶系
$a \neq b \neq c$
$\alpha = \beta = \gamma = 90°$

菱面体晶系
$a = b = c$
$\alpha = \beta = \gamma \neq 90°$

六方晶系
$a = b \neq c$
$\alpha = \beta = 90°$
$\gamma = 120°$

単斜晶系
$a \neq b \neq c$
$\alpha = \gamma = 90° \neq \beta$

三斜晶系
$a \neq b \neq c$
$\alpha \neq \beta \neq \gamma \neq 90°$

56 非ユークリッド幾何学

ユークリッドの『原論』は聖書と同じくらい多数の版を重ねてきた，とはよくいわれることだが，この古代ギリシアの著作は，実際に何百年ものあいだ，ほぼ神聖視されていた。だが数学者たちは決してそれで満足していたわけではなく，19世紀には，ユークリッドの前提に矛盾があるのではないかという疑いが引き金となって，新たに直線が曲がっている奇妙な幾何学が生まれた。

ユークリッドの幾何学の基本は，点と線と平面である。（今日では，ユークリッド幾何学を平面幾何と呼ぶことが多い。）点は位置だけで大きさがない。また，点を通る線には長さがあるだけで幅がない。さらに，線上の1点とほかの点のあいだの長さを測ることができる。ユークリッドは，点と線のこれらの性質を五つの公準にまとめた。最初の四つの公準には矛盾がなく，普遍的な真理として受け入れられてきた。つまり，次の四つが成り立つのだ。1) 二つの点を結ぶまっすぐな線分を引くことができる。2) 直線は無限に伸ばすことができる。3) 円には半径と呼ばれる一定の長さの線分があって，その片方の端は中心である。4) 直角はすべて合同，つまりぴたりと重ねることができる。

問題の公準

問題は，いちばん最後の5番目の公準だった。5) 2本の線が第3の線と交わり，しかもその内角の和が2直角（＝180度）より小さいとき，この2本の直線を十分に伸ばせば，やがて必ず交わる。この公準を別の角度から見ると，二つの内角の和が2直角であれば，2本の直線は交わることなく無限に伸ばせる，つまり平行だということになる。

何百年ものあいだ，この5番目の公準はどうもさんくさい，という印象が漂い続けていた。はっきりしない前提に頼っていて，そのうえにこんなにくどいのだから，これは公準ではなく定理だろう，というのだ。そのうえこの公準は，『原論』のほかの部

三つの幾何学を簡単に比べただけで，平面と擬球（完全に凹な表面）と球（全体が凸な表面）での長方形にどのような違いがあるかがはっきりする。

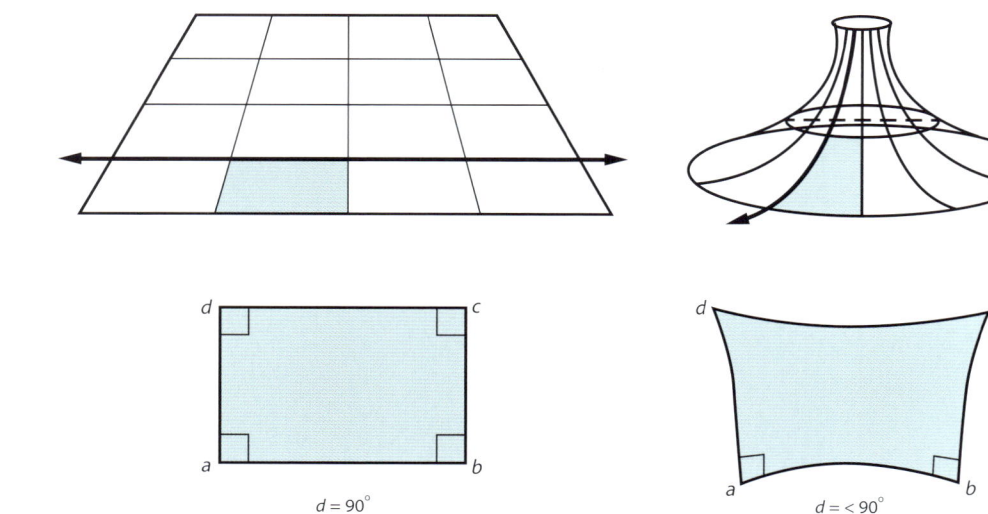

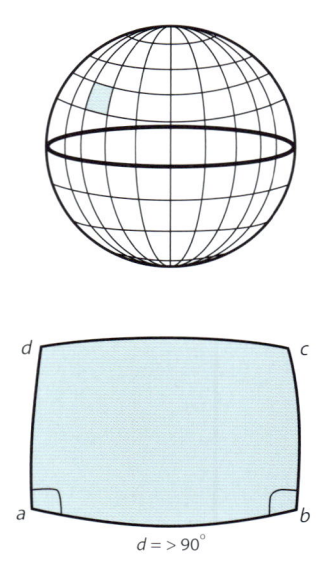

$d = 90°$　　$d = < 90°$　　$d = > 90°$

マンハッタンの幾何学

ニューヨークのマンハッタンのように通りが格子状に走っている街では，道順がわりと単純になる。だがそのいっぽうで，平行線と垂直線の配置によっては，独特の幾何学が生まれる。たとえば下の図のAからBまでの距離を考えてみよう。空を飛ぶカラスやピタゴラスの定理と定規を手にした巨大なユークリッドなら，道の配置を無視して対角線に沿って距離を測ることができるから，AからBまでの距離は$\sqrt{20}$の平方根（＝約4.47）単位になる。ところが通りに沿って進むようにすると，どのルートをとっても6単位分歩かなければならない。このようなマンハッタン距離でユークリッド図形を作ると，驚くべき結果が得られる。円はある点からの距離（半径）が等しい点の集まりとして定義されるが，半径をマンハッタン距離で測ると，驚いたことに正方形ができるのだ！

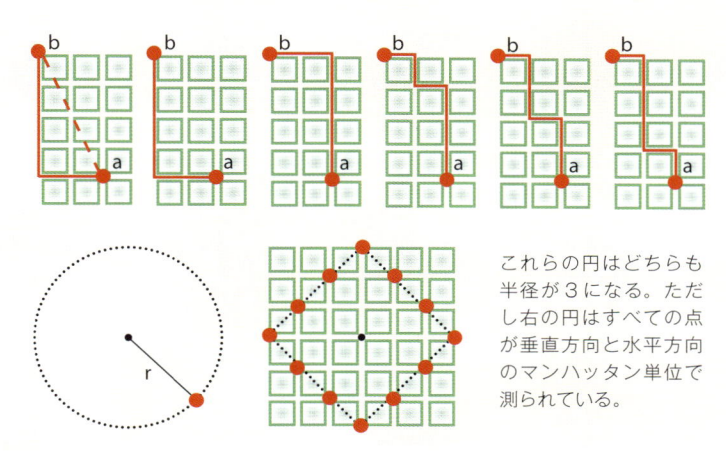

これらの円はどちらも半径が3になる。ただし右の円はすべての点が垂直方向と水平方向のマンハッタン単位で測られている。

分（たとえば「三角形の内角の和は180度である」という仮説29の内容やピタゴラスの定理）を一般化していい直したもののようにも見えた。

曲がっていてまっすぐ

たくさんの数学者たちが，第5の公準を証明しようと試みたが，徒労に終わった。ハンガリーのファルカシュ・ボヤイも，第5公準の証明を試みたことがあったが，息子のヤーノシュがこの問題に注目し始めると，なんとしても思いとどまらせようとした。だがそれもけっきょくは取り越し苦労で，ヤーノシュはやがてバイオリンの名演奏家となり，（チベット語を含む）9カ国語を話す騎兵隊一の踊り手兼剣士となった。しかし健康を損なって退役すると，ヤーノシュは再び数学と平行線の問題に戻り，けっきょくは父もそれを後押しすることとなった。

ヤーノシュは1833年に，父の大著『テンターメン（熱心な若者を純粋数学の要素に導く試み）』の補遺で自分の発見を発表した。（ありがたいことに，若きボヤイの業績は，今では「補遺」というタイトルで別刷されている。）ヤーノシュの画期的な発見によると，第5公準はほかの四つの公準とは独立だから，この公準を変えるとまったく新しい幾何学ができる。（のちにこの発見は，数年前にロシア人のニコライ・ロバチェフスキーが達した結論と同じであることが判明した。）

ボヤイやロバチェフスキーが提案したのは，三角形の内角の和が180度に満たない幾何学だった。ユークリッド幾何学と同じように二つの点の最短距離は直線になるが，それらの直線は平面ではなく双曲凹平面を走っている。このような双曲幾何学では，直線が曲がるだけでなく，同じ点を通る平行線が何本も存在する可能性がある。

異なる曲がり方

ベルンハルト・リーマンは1850年代に，凸な楕円表面（たとえば球面）の幾何学を調べ始めた。このような表面では，三角形の内角の和が180度を超える。ここでも直線は曲がっているが，ほかの二つの幾何学と違って，直線の長さは無限でなく，巻きつくような形で円を描く。そのうえ楕円幾何学には，平行線の概念が存在しない。

57 平均人

さまざまな人々の集団からサンプルを抜きとってみると，極端に背が低い人や高い人がいるいっぽうで，たいていの人の身長はある範囲に収まる。この様子をグラフで表すと，正規分布と呼ばれる釣り鐘型の曲線ができる。

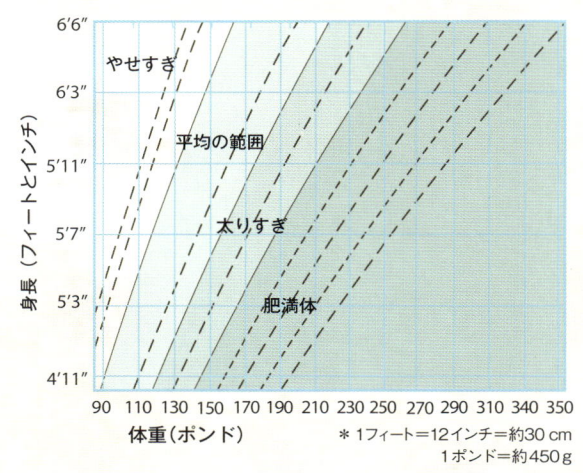

1800年代の初めにカール・ガウスが，ある集団のなかで連続的に変化する特徴を表すために，正規分布を定式化した。1835年にはアドルフ・ケトレーが，統計と確率を組み合わせて「平均人（ロム・モワイヤン）（平均的な人間）」という概念を明らかにした。この概念は，今も公衆衛生に関する問題の対策を検討するときに使われている。さらに，ケトレーのこの研究では，人間のふるまいが統計に影響していることも明らかになった。ケトレーは，軍に徴兵された10万人の身長のデータを取って，予想された分布と実際のデータを比べてみた。すると身長に関しては，徴兵検査の合格範囲の境界値よりわずかに上ないし下の人の数が予想以上に多いことがわかった。これは測定誤差ではなく，徴集兵たちが不合格になりたい一心で嘘をついた，というのがケトレーの結論だった。

（左）理想の体重身長比に照らして人々を分類するボディマス指数は，初めはケトレー指数と呼ばれていた。

58 ポアソン分布

日々，車のアラームが鳴ったり電話がかかってきたり，芝生に雑草が生えたりと，実にさまざまな出来事が起きている。そのうちのどれが本当にランダムな出来事なのか，なにかの原因があって起きているのはどれなのか。フランスの数学者シメオン＝ドニ・ポアソンは1837年に，これらを区別するのに欠かせない式を導いた。

ポアソン分布は，偶然起きる出来事のデータのパターンを示す分布である。たとえば1時間のあいだにある道路を通る車の台数でいうと，1時間あたりの平均の台数がわかったからといって，どの1分をとってもすべて同じ台数が通るとは限らない。（すべて同じ台数なら，逆に何か妙なことが起きていると感じるはずだ。）

それよりも，1台も通らない時間もあれば2台続いて通る時間もあるというふうに，てんでんばらばらになる可能性のほうが高い。全体の平均に基づいてポアソンの式を使うと，1分間に0台の車，1台の車，2台の車が通る時間がどれくらいの割合になるのか

さまざまな業績をあげたシメオン＝ドニ・ポアソンは，フランスの一流科学者72名の一人として，1889年にエッフェル塔の上にその名前を刻まれた。

計算することができる。こうして得られたパターンと実際のデータのパターンが一致すれば，その出来事は単なる偶然だと考えられるし，一致しなければ，通過する車の量を決める原因が何かほかに存在すると考えられるのだ。

ポアソンは，裁判での陪審員の有罪無罪の判断に興味をもち，そこからこのような研究を行うことになった。ちなみにポアソン分布は，ポーランドの数学者ラディスラウス・ボルトキエヴィッチが1898年に発表した『少数の法則』という著書で広く知られるようになった。

イエスかノーかの答え

ポアソン分布は，科学や医学や経済や産業など，暮らしのあらゆる場面に応用できる。たとえば，工場の機械がときどきランダムに壊れるとして，ポアソン分布を使うと，複数の機械がいっせいに壊れる確率を予測できる。したがってマネージャーは，そのような事態への対策を立てることができるのだ。

自然界でポアソン分布に合致するランダムな過程といえば，たとえば放射能の半減がある。また，完ぺきにランダムな場合の予測データと実際のデータを比べることによって，隠れた原因を浮かび上がらせたり，逆に隠れた理由が存在しないことを確認することができる。ある地域で集中的に白血病が発生している場合に，これは単なる偶然なのか，それとも何か公衆衛生上有害な要素があってこうなっているのかといった問題を解決するには，ポアソン分布に基づく統計分析が欠かせない。

ラディスラウス・ボルトキエヴィッチの著書『少数の法則』には，プロシアの軍隊で馬に蹴られて死んだ人の数（平和なときでも，少ないが無視できない数になる）に関する古典的な研究が載っている。ボルトキエヴィッチは馬に蹴られた人のデータがポアソン分布に合うことを示し，偶然の事故だとした。

59 四元数

数はあんがい奥深いものだ。整数は実数の一部であり，実数は複素数の一部である。しかもこれで終わりではなく，まだまだ先がある。複素数は，実は四元数の一部なのだ。

実数を数直線上の点と見なすことができて，複素数を平面上の点と見なすことができるのなら，四元数も，なにかもっと次元の大きな数学的空間に関係しているとみてよさそうだ。ウィリアム・ローワン・ハミルトン卿が1843年に考え出した四元数は，一時期力学や電磁気学でさかんに使われていたが，もっと単純なアプローチが生まれたために，やがて使われなくなった。ところがその後改めて，空間での回転を表す強力な手法として重用されるようになった。そして今では，コンピュータグラフィックスや信号処理や分子のモデリング，宇宙飛行の数学に欠かせないツールとなっている。

ハミルトンがこの概念を展開しようとしたとき，最大の難関となったのは，四元数の数学的な操作がどうなるか，という点だった。とくに，四元数同士の割り算がどうなるのかがはっきりしなかった。妻と連れだってダブリン北部の橋を渡っていたハミルトンは，ついにその答えがひらめくと，その式を忘れないように橋に刻み込んだといわれている。

ダブリンのブルーム橋には，1843年にハミルトンがそぞろ歩いているときにひらめきを得たことを記念して，プレートが埋め込まれている。

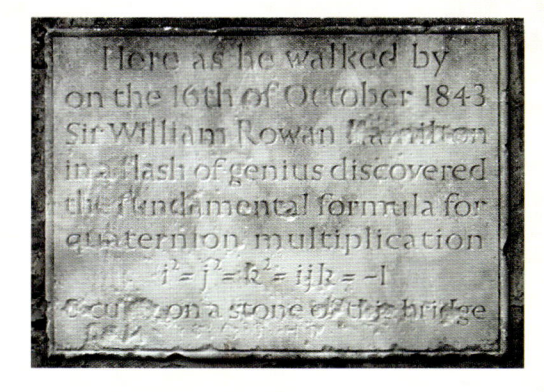

60 超越数

フランス人のジョゼフ・リウヴィルは1844年に，長らく事実だろうとされてきたことを証明した。小数展開が無限に続き，しかも数字の並びが予想不可能でまったくパターンがなく，方程式の根でもない数が存在することを示したのだ。

有理数とは，$\frac{p}{q}$（ただしp,qは整数）のような分数で表せる数のことである。（ちなみに整数とは，1，2，3，4，5のような自然数とゼロとマイナスがついた自然数のことだ。）分数で表せない数は，すべて無理数と呼ばれる。無理数のなかでもっとも馴染みが深いのは，おそらくπだろう。また，ピタゴラス自身はどの数も完ぺきな値をもっていると信じて，無理数の存在そのものを認めなかったが，実は2の平方根も無理数である。超越数は，無理数のなかでも特別な存在で，実数の範囲であろうと複素数の範囲であろうと，代数的に表すことができない。つまり専門用語でいうと，実数を係数とする多項式の根ではないのだ。

$$0 < \left| x - \frac{p}{q} \right| < \frac{1}{q^n}$$

リウヴィル数（x）とは，どのようなnに対しても上のような式（p,qは正の整数）を満たすp,qが少なくとも一つあるような数（すべて超越数）のことで，超越数の存在を示す最初の証拠になった。

ツェノンのパラドックス

数が必ずしも有限の正確な値をもつとは限らない，と主張したのは，紀元前5世紀のギリシアの哲学者ツェノンだった。ツェノンはこの主張を，空間の無限分割に基づいたいくつかの思考実験の形で紹介した。その一つが二分法のパラドックスで，物体がある距離を移動するには，まずその半分の距離を移動しなくてはならないが，さらにその前には4分の1，8分の1，と無限に分割していくと，けっきょくは目的地に到達できなくなるというのだ。ツェノンは，足の速い兵士が決して亀に追いつけずにそれでも無限に近づいていくという「アキレスと亀」の物語で，再びこの考えに戻ってきた。

この謎が解決したのは，ニュートンとライプニッツが微分積分学を展開した後のことだった。微分積分学が登場したことで，無限等比級数（たとえば，$1+2+4+8+\cdots$や$1+\frac{1}{2}+\frac{1}{4}+\frac{1}{8}+\cdots$のように，隣り合う項の比が一定で項が無限に続くような数列の和のこと。）でも収束する場合があり，そのため「半歩」が無限個あるという事実と，到達すべき距離が減って移動時間が減るという事実のバランスが取れる，ということが判明したのである。

超越性を探る

ある数が超越数であることを証明するのは，ひじょうに難しい。ジョゼフ・リウヴィルはeが超越数であることを証明しようとしたが，うまくいかなかった。それでも連分数を使って超越数のある無限なクラスを作ることに成功し，1851年には，現在リウヴィル数と呼ばれている超越数を作りあげた。それは，ゼロがずらっと続くなかで，ちょうど階乗（$n!$と書く）の桁だけに1が現れるような数だった。たとえば3の階乗（3!）は1×2×3=6というように，$n!$は1から始めてnまでのすべての数をかけ合わせた積になるから，実際にリウヴィル数を書いてみると，0.110001000000000000000001……となる。1873年にはeが超越数であることが証明され，1882年にはπが超越数であることが証明された。実はほとんどの数は超越数であって，きちんと定義できるパターンをもつ数のほうが少数派なのだ。

61 海王星の発見

1846年に,純粋に論理的な計算の結果に基づいて現実に存在するものが発見されたことで,数学の真の力が明らかになった。この年にフランスの著名な天文学者兼数学者が,それまで未発見だった惑星の位置を予測したのである。

1840年代には,その60年前に発見された天王星が太陽からもっとも遠い惑星だとされていた。ところが,肉眼でかろうじて見えるこの天体を何十年ものあいだ細かく観察した結果,その巨大な軌道(天王星は太陽のまわりを84年で1周する)が,ニュートンの重力の法則から予測される経路と完全には一致していないことが明らかになった。どうやらまだほかにも未発見の天体があり,それが天王星を引っ張って,軌道を乱しているらしい。

問題の天体の発見に向けた競争が始まると,その位置を割り出す仕事が数学者に回ってきた。パリ天文台に拠点を置くユルヴァン・ル・ヴェリエは,英国の好敵手ジョン・アダムスの数日前に,数学を使ってその問題を解くことに成功した。天王星の軌道に影響を及ぼしている小さな力,つまり摂動に基づいてもう一つの惑星の位置を突きとめたル・ヴェリエは,その結果をベルリンのドイツ人天文学者ヨハン・ガレに送った。ル・ヴェリエの手紙を受け取ったガレは,数時間のうちにその惑星を望遠鏡で捉えた。この8番目の惑星は大海原のような色をしていたことから,海の神にちなんで海王星と命名された。

フランス王ルイ・フィリップⅠ世に海王星の発見について説明するユルヴァン・ル・ヴェリエ(右)

間違えられた正体

その数年後,ル・ヴェリエは,太陽系の太陽にいちばん近いところに九つ目の惑星があるはずだと主張した。その小惑星ヴァルカンは太陽と水星のあいだにあって,水星の軌道に摂動を起こさせ,太陽のまわりを19日で回っているはずだった。それから50年間,科学者たちはヴァルカンを探し続けたが,幾度か誤った目撃情報が流れただけで,ついに見つけることはできなかった。けっきょく,水星の軌道に摂動が起きる原因が解明されたのは,1916年のことだった。この年にアルベルト・アインシュタインが,相対性理論に基づいて水星の軌道に異常がある理由を説明したのだ。そもそもヴァルカンは,存在しなかったのである。

62 ヴェーバー–フェヒナーの法則

「感覚の強さを等差数列的に増やすには，刺激を等比数列的に増やさなければならない」というのが，ヴェーバー–フェヒナーの法則の主張である。この法則は，聴覚をはじめとする感覚器官の知覚と物理的な刺激の関係を数学的に記述している。

人間の感覚は，とほうもなく広い範囲のエネルギーに反応できるようになっている。たとえばわたしたちの耳は，鼓膜の振動が原子1個の幅にも満たない小さな音を感知できるかと思えば，その10兆倍の強い音（心地よく聞ける限度とされる音）を聞き取ることもできる。さらにまた，わたしたちの目は，太陽の10兆分の1のエネルギーしかない暗い星を見分けることができる。

人や車がしょっちゅう通る道路の雑多な音や頭上を行く飛行機の轟音に囲まれているときでも，小声の会話やコインが落ちる小さなチャリンという音を聞き取るのは，それほど難しいことではない。また，楽曲のなかの静かなフレーズのエネルギーは，もっとも賑やかな部分のエネルギーの1パーセントにも満たないが，わたしたちは静かな部分も賑やかな部分も同じように聞き分けることができる。

数学者たちの登場

数学的にいうと，わたしたちが感じる刺激の大きさは，絶対的な刺激の増加量ではなく，問題の刺激がその前の刺激レベルからどれくらい増加したかを示す割合によって決まる。エルンスト・ハインリッヒ・ヴェーバーは1846年に，人間が感じる重さの変化が，増加した重さの対数に比例することを発見した。だから，わずかな増加はほとんど感じられないのである。音でいうと，刺激が10倍の強さになったとしても，感じられる増加は2倍にしかならない。グスタフ・フェヒナーは，1860年にヴェーバーの発見に磨きをかけて，この概念に名を残すこととなった。

ヴェーバー–フェヒナーの法則を経験したいのなら，二つ並んだ窓を両方とも開けておいて，次に片方を閉じてみるとよい。聴覚が音の強さに比例していれば，これによって外から聞こえる音の強さは半分になるはずだが，実際には，部屋に入ってくる音の強さが半減しても，聞こえる音の大きさはほとんど変わらないように感じられる。

ドイツ人のグスタフ・フェヒナーは，実験心理学の先駆者で，黒と白のパターンに色がついて見える視覚的錯覚の発見でも有名だ。フェヒナーは『心理学の要素』という著作で，ヴェーバーの音の知覚に関する仕事を補う業績を発表した。

19世紀になっても，通りはとうてい静かとはいえなかった。

63 ブール代数

　従来の代数では，変数は数を表していた。それらの方程式をアルゴリズムを使って解く機械は，単なる計算機でしかない。ところが英国の数学者ジョージ・ブールは1840年代に，これらの変数が数以外のものを表していてもかまわないということに気がついた。

　ジョージ・ブールの業績の頂点となったのは，1854年に発表された『〔論理と確率の数学的な理論の基礎となる〕思考法則の研究』だった。ブールはこのなかで，値が二つしかない代数を提案した。1は真で0が偽。ブール代数では，それまでの代数の足し算や割り算などの演算の代わりに，AND（連言），OR（選言），NOT（否定）を使う。連言では∧という記号が使われて，かけ算のような法則が成り立ち，演算に0が入ると，答えはすべて0（偽）になる。選言（∨）は足し算と同じような形をしているが，1∨1は1と定義される。さらに否定（¬）は値が交換されて，0が1に1が0になる。これらの基本演算を表すには，起こりうる結果を示した真偽表と呼ばれる表を使ってもいいし，そのほかにもこれらの演算が集合 x や y（1や0の変動するグループ）とどう関係するかを示す単純なベン図を用いるなど，さまざまなやり方がある。ブールはこの三つの操作を組み合わせて，さらにほかの操作を作りだしていった。

ブール代数の狙いは，推論をその基本的な論理関係にまで分解して，それらを単純な記号で表すことにあった。

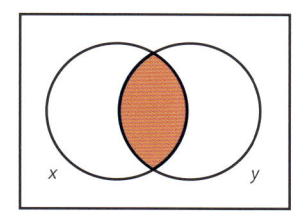

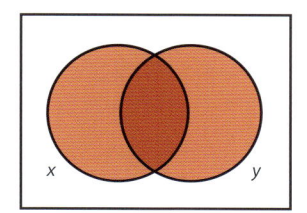

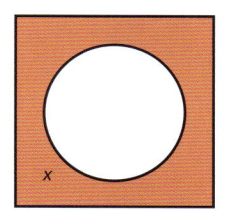

| 連言（AND） | 選言（OR） | 否定による補集合（NOT） |

コンピュータ言語でいうと

　今日(こんにち)ブール論理学は，コンピュータ・プログラミング（特にアルゴリズムに変換されたコンピュータ・プログラミング）に使われている。だが，ブールの業績によって当時の機械式計算装置の発展が加速したわけではなかった。ブールの代数は時代のはるか先を行っており，ブール代数がコンピュータ論理にきわめて重要な形で応用されるようになったのは，100年近く後のことだった。1930年代にスイッチング回路を開発していた米国の数学者兼エンジニアのクロード・シャノンが，これらの回路の部分的（あるいは全面的）なオン・オフを切り替える際の制御にブール代数を使い始めたのである。これは世界初の論理ゲートで，デジタル・コンピューティングの基礎の一部となった。（デジタルとは，本来「数を使って」という意味で，この場合はブールが変数とした1と0の二つの数字を指している。）論理ゲートは基本的にコンピュータの回路（の，初めは熱イオンダイオード，今では1枚のマイクロチップに含まれる何百万というトランジスタ）のスイッチの動作を表している。理論的にはビリヤードボールから回転する光子まで，ありとあらゆるものを論理ゲートの入力として使うことができる。

64 マクスウェル–ボルツマン

マクスウェル–ボルツマン分布を提唱し展開したのは，19世紀の物理学者ジェイムズ・クラーク・マクスウェルとルートヴィヒ・ボルツマンだった。二人はそれぞれ独立に，統計学の物理学への最初の応用である「統計力学」という分野を作りだした。

熱力学は19世紀半ばにはすでにきちんと確立されていた。しかしそれでも，すべての物質が原子でできているという説は疑わしい，と考える科学者がいなくなったわけではなかった。ボルツマンは一貫して統計力学の分野で仕事をしていたが，ボルツマンにとってはあいにくなことに，この分野では，物質は粒子からなっていると考えられていた。この点を巡る論争は激しくなる一方で，1906年にボルツマンが自殺したのもそのせいだったらしい。それでもその数年後には，すべてが原子からなっているという事実が広く受け入れられるようになり，科学者たちは原子の内部構造を調べ始めた。

マクスウェルやボルツマンの100年ほど前には，すでにスイスの数学者ダニエル・ベルヌーイが，熱の正体は物体を構成する粒子の動きである，という説を提唱していた。気体分子の運動理論によれば，気体分子は常に動いていて，そこから熱力学で扱う熱や圧力といった気体の巨視的性質が生みだされるのである。

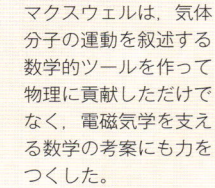

モンゴルフィエ兄弟は，1783年に先駆的な熱気球飛行を行った。だが，熱気球飛行の原理自体をちゃんと説明するには，マクスウェル–ボルツマンの分布が登場して，空気を熱したときに粒子の速度が増し，気球内部の気体の体積が増えて密度が減ることが明らかになるのを待たねばならなかった。

マクスウェルは，気体分子の運動を叙述する数学的ツールを作って物理に貢献しただけでなく，電磁気学を支える数学の考案にも力をつくした。

流動的な状況

マクスウェルは1859年に，気体の粒子の速さに関する法則を提示した。気体の粒子は個数が多すぎて個別に記述することができず，統計的な法則が必要だった。粒子同士が衝突してすべての速度が等しくなる，と考える科学者もいたが，マクスウェルは，粒子の速度には幅があると主張した。そしてその翌年には，マクスウェルの理論から導かれる「気体の粘性と圧力は無関係である」という予想が正しいことがわかった。当時ウィーン大学の学生だったボルツマンは，マクスウェルの仕事に触発されて，1871年にマクスウェルの法則を一般化した（速度ではなく）エネルギーの分布法則を発表した。そしてこの法則は，のちにマクスウェル–ボルツマンの分布と呼ばれるようになった。

65 無理数の定義

無理数が古代ギリシアのピタゴラス学派によって発見された，というのは有名な話である。数や数同士の比こそが万物の源だと信じていたピタゴラス学派にとって，無理数の発見は大きな打撃となった。そのためこの不都合な長さは算術（初等的な数論）から追放されて，幾何学の世界に閉じこめられたのだった。そしてこのような状況が，19世紀まで続くことになった。

ピタゴラス学派の人々が気づいたように，長さのなかには，「通約できない」ものがある。つまり，互いの比では表せない長さ，分数で表せない長さがあるのだ。このため16世紀に10進記数法の形式が整うまでは，これらの値を数字を使って表すことはまるで不可能だった。それに，たとえ10進小数を使ったとしても，数字の列がどこまでも果てしなく続くので，正確に表すことはできない。

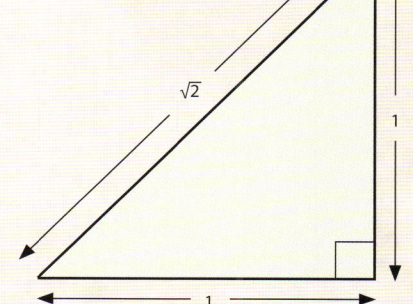

切り口が成功の秘訣

エウドクソスは紀元前4世紀にこの問題に取り組んで，どの長さは比較できて，どの長さは比較できないのかを巧みに定義してみせた。歴史家のなかには，ユークリッドの『原論』に載っているこの業績は，1870年代にドイツの数学者リヒャルト・デデキントが到達した現在の最高の定義に匹敵する，と主張する人がいるくらいだ。それにしても，なぜ無理数を定義しなければならなくなったのか。なぜなら，17世紀に発明された微分積分学の基盤には元来幾何学が含まれていたのだが，これを完ぺきな算術の基盤に乗せる必要が出てきたからだ。デデキントは，「微分学が連続的な量を扱うとはよくいわれることだが，その連続性の説明はどこにもない」と苦言を呈しており，実際，有理数だけを考えていたのでは連続にならなかった。有理数はどれも数直線上の点で表すことができるが，数直線上のすべての点が有理数に対応するわけではなく，無理数に対応する点もある。このため，有理数に対応する点だけに限ると隙間ができてしまうのだ。

デデキントの定義には，すべての実数（つまり有理数と無理数の両方）が含まれていた。デデキントは，今でいう「デデキント切断」を導入したのである。この切断によって数直線は二つの部分に分けられる。このとき実数を，数直線をその数より大きい部分と小さい部分に分ける切断と同一視することができる。たとえば2の平方根は，数直線を，2乗したときに2より小さい数と2より大きい数に分けるような切断なのだ。

正方形の辺の長さと対角線の長さの比（上の図から$\sqrt{2}$，つまり2の平方根）も，体積が1の立方体の辺の長さと体積が2の立方体の辺の長さの比，つまり2の3乗根（3回かけると2になる数で$\sqrt[3]{2}$と書く）も無理数である。

ギターのフレットの間隔は，ほかの楽器と同じように，2の12乗根$\sqrt[12]{2}$という無理数の近似をもとにして決められている。

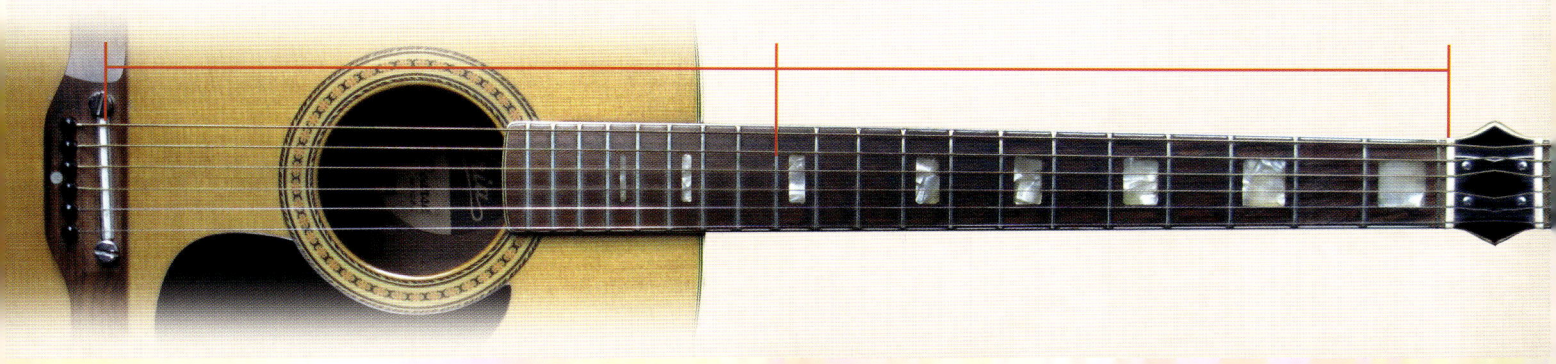

66 無限

古代の人々にとって無限はタブーであり，神にお任せするに限る「言葉ではいい表せないもの」だった。さらに無限は，数学に基づくすべての推論に大混乱をもたらした。だから，1874年にゲオルク・カントールが無限に関する新事実を明らかにしたときも，人々の反応は想像を絶するものであったはずだ。なにしろカントールは，無限は一通りではなくて大小がある！と主張したのだから。

無限とはきわめて大きな数のことだと思っている人が多いが，このようなとらえ方はベストではない。なぜなら数をどんなに大きくしても，決して無限には近づかないからだ。たとえば，10の後ろにゼロが100個並ぶ10^{100}，別名グーゴルという数を考えてみよう。グーゴルという名前を思いついたのは，9歳のミルトン・カスナーだった。1920年に，数学者だった叔父のエドワード・カスナーに，うんと大きな数にどんな名前をつけたいかとたずねられて，グーゴルと答えたのだ。あの有名なグーグルという社名も，もちろんこの単位を意識したものだ。ちなみにこのインターネット検索の巨人の本部はサンノゼにあって，グーグルプレックスと呼ばれているが，グーゴルプレックスといえば10のグーゴル乗，つまり10の後ろにゼロがグーゴル個つく巨大な数のことだ。偉大な科学の伝道者カール・セーガンによると，1グーゴルプレックスという値を数字で書くには，今までにわかっている宇宙からはみ出すくらい広い紙が必要だが，「それでもこの数は1と同じくらい無限から遠い」。

すべてにして無

無限の概念は矛盾に満ちていて，人々が必死になって無限に大きなものや無限に小さなものを思い描こうとしてみても，けっきょくは哲学論争の種にしかならなかった。たとえば，無限の記号を発明したジョン・ウォリスは，負の数がゼロより小さいはずはなく，無限に小さいだけだと考えていた。

ドイツの偉大な数学教授ダーフィト・ヒルベルトは，のちに学生に無限を説明するために，無限個の部屋があるホテルの受付の話を考え出した。ヒルベルトのホテルでは，たとえ満員になっても，従業員は決して来る人を拒まない。お客がもう一人来たら，受付は無限人のお客に声をかけて，全員に今の部屋より部屋

> 無限の記号∞を作ったのは，英国の数学者ジョン・ウォリスで，ウォリスはこの記号を1655年に導入した。

> これは，18世紀にピエール・レモン・ド・モンモールがまとめた無限級数に関する文書だ。この級数は特別な操作によって作られるが，その操作の終わりは示されていない。

基数

カントールは，自分が発見したさまざまな種類の無限のどこが違うのかをはっきりさせなくては，と考えた。そして作ったのが，濃度という概念だった。濃度を使えば，集合を要素の量に基づいて分類することができる。たとえば (1, 2, 3, 4, 5, 6, 7) という集合と (赤, 橙, 黄, 緑, 紺, 紫) という集合は，これらの要素を1対1で相手の要素に対応させられることからわかるように，どちらも濃度が7である。

1対1対応を用いたこのような濃度の確認は，無限集合にも応用できる。もっとも小さい無限は 0, 1, 2, 3 のような自然数と同じ「可算」で，これは，たしかにいくら数えても果てはないが，どこからどう手を付けたらいいかがわかる無限といえる。このような無限にはアレフ・ゼロ ($\aleph_0$) という基数が当てられていて，これ以外にも，さまざまな無限に対応する基数がある。

番号が1だけ大きいところに移ってもらい，空いた1号室に新たな客を入れる。ところが，そのお客がようやく落ち着いたところに，今度は一度に無限人の観光客が到着した。それでも受付係は冷静そのもので，すでに部屋に収まっている客に，現在の部屋番号の2倍の番号の部屋に移るよう頼んだ。こうすれば，無限個の部屋を確保できるからだ。

カントールの無限

このヒルベルト・ホテルの話は，今でもよく，ヒルベルトと同時代のドイツ人ゲオルク・カントールの業績に関する講義の導入に使われる。カントールは1870年代に，無限をしっかりした数学的地盤に据えることに成功した。実際，無限にはいくつもの（それこそ無限に）種類があることを発見したのだ。

第一の無限は，数えるときに使う1，2，3……という自然数の集合の無限で，これは誰もが理解できる。ヒルベルトのホテルのドアの部屋番号のように，1をどこまでも永遠に加え続けることは可能で，カントールは，この自然数の集合の無限を可算と呼んだ。つまり，（時間が無限にありさえすれば）数えられる無限なのだ。さて，自然数はすべて分数で表せるから，有理数だともいえる。だが，分数のほとんどは自然数でない。したがって自然数は有理数の一部でしかないはずなのに，この2種類の数の集合は，実はどちらも無限で，しかも加算だ。カントール流にいうと，この二つの濃度は同じなのである。

■ 可算無限
■ 非可算無限

Nは自然数の無限集合。Zは整数（負の数を含む）の集合で，Qにはすべての有理数が含まれ，Rは実数の集合である。

実数の場合は？

カントールは，たぶんその10年前にリヒャルト・デデキントが発表した無理数に関する業績になじんでいたのだろう。だから，有理数の無限が実数の無限のほんの一部でしかなく，残りの実数が分数では表せない数，まったくパターンをもたずどこまでも無限に続く数字の列で表される無理数だということを知っていた。有理数の無限と違って，実数の集合をすべて数えあげることはできない。数える気があってその時間があったとしても，数え尽すことは不可能なのだ。そこでカントールはこのタイプの無限を非可算と呼び，その濃度は可算無限より大きいと主張した。

しかも，この話にはまだ先があった。カントールは，実数に含まれるいくつかの部分集合を確認した。無理数の一部（とすべての有理数）はユークリッドが「構成可能」とした数になっていて，幾何学的な手順で作りだせる。たとえば正方形の対角線を引くと，かの有名な無理数√2を作ることができる。そしてカントールは，構成可能な数が可算無限であることを示した。構成可能な数はすべて代数的，つまり代数を使って表すことができるが，代数的な数もまた，可算無限なのだ。ところが代数的でない無理数，つまり超越数は非可算無限になる。とまあ，そろそろこのあたりで終わりにしよう。さもないと，どこまでも果てしなく続くことになってしまう。

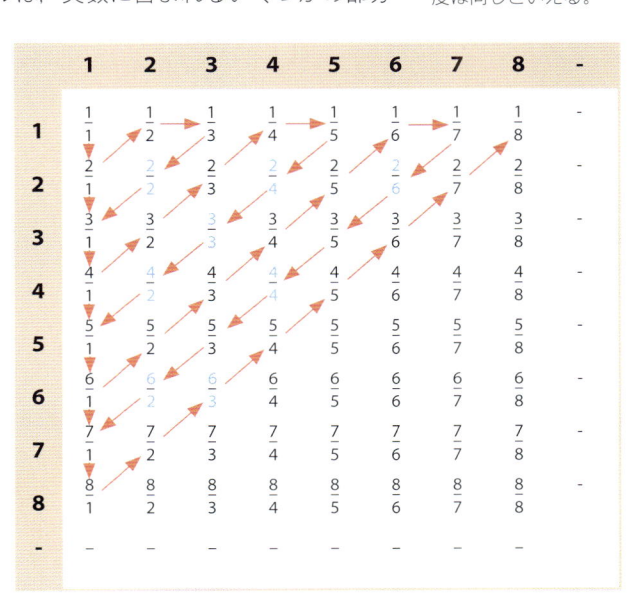

下の図の矢印のように進んでいけば，すべての分数をもれなく数えあげることができる。カントールのこのペアリングを使った証明から，分数の無限集合と自然数の無限集合の濃度は同じといえる。

	1	2	3	4	5	6	7	8	-
1	$\frac{1}{1}$	$\frac{1}{2}$	$\frac{1}{3}$	$\frac{1}{4}$	$\frac{1}{5}$	$\frac{1}{6}$	$\frac{1}{7}$	$\frac{1}{8}$	-
2	$\frac{2}{1}$	$\frac{2}{2}$	$\frac{2}{3}$	$\frac{2}{4}$	$\frac{2}{5}$	$\frac{2}{6}$	$\frac{2}{7}$	$\frac{2}{8}$	-
3	$\frac{3}{1}$	$\frac{3}{2}$	$\frac{3}{3}$	$\frac{3}{4}$	$\frac{3}{5}$	$\frac{3}{6}$	$\frac{3}{7}$	$\frac{3}{8}$	-
4	$\frac{4}{1}$	$\frac{4}{2}$	$\frac{4}{3}$	$\frac{4}{4}$	$\frac{4}{5}$	$\frac{4}{6}$	$\frac{4}{7}$	$\frac{4}{8}$	-
5	$\frac{5}{1}$	$\frac{5}{2}$	$\frac{5}{3}$	$\frac{5}{4}$	$\frac{5}{5}$	$\frac{5}{6}$	$\frac{5}{7}$	$\frac{5}{8}$	-
6	$\frac{6}{1}$	$\frac{6}{2}$	$\frac{6}{3}$	$\frac{6}{4}$	$\frac{6}{5}$	$\frac{6}{6}$	$\frac{6}{7}$	$\frac{6}{8}$	-
7	$\frac{7}{1}$	$\frac{7}{2}$	$\frac{7}{3}$	$\frac{7}{4}$	$\frac{7}{5}$	$\frac{7}{6}$	$\frac{7}{7}$	$\frac{7}{8}$	-
8	$\frac{8}{1}$	$\frac{8}{2}$	$\frac{8}{3}$	$\frac{8}{4}$	$\frac{8}{5}$	$\frac{8}{6}$	$\frac{8}{7}$	$\frac{8}{8}$	-
-	-	-	-	-	-	-	-	-	

67 集合論

　集合という概念は，文字通り，現代数学のいたるところに顔を出す。どんなものでも，一つ以上の集合の要素として分類することができる。そして集合論では，それらの集合や部分集合がどのような関係にあるかといったこと，なかでもそれらを互いに変換できるかどうかを調べる。

　4という数は，いくつかの集合の要素になっている。たとえば，整数の集合の要素であり，平方数の集合や偶数の集合，実際の数と英語名（four）の字数が同じである数の集合や20より小さい数の集合の要素にもなっている。また，偶数はすべて整数だから，偶数の集合は整数の集合の部分集合といえる。集合同士が交わったり部分集合だったりする様子を表す方法としてもっともなじみがあるのは，おそらくベン図だろう。ベン図は，集合論が生まれたばかりの1880年に，英国の論理学者ジョン・ベンによって考案された。

　だが，分類だけが集合の威力ではない。集合を使うと，関数という概念をはっきりさせ，さらに抽象化した写像を考えることができる。関数とは，ごく簡単にいうと数や式を変える方法のことで，数に関数を施すと，なにか別の数（か同じ数）が得られる。4を2乗（平方）すると16が得られるから，平方は関数であり，{−1, 0, 1}にこの関数を施すと{1, 0, 1}という集合が得られる。ちなみに平方の関数は，$f(x)=x^2$と書かれる。

集合論の創始者はゲオルク・カントールだが，後になってパラドックスという欠陥が見つかったので，その先駆的業績は，今では「素朴な集合論」と呼ばれている。

始まりはあるが終わりはない

　集合が登場すると，数学は根底からがらりと変わった。ゲオルク・カントールが1870年代にまとめた無限に関する研究の影響は，それくらい大きかったのだ。カントールの考え方の基本になったのは，集合には「1から7までの整数」のような有限なものもあれば，「整数全体」のような無限なものもある，という事実だった。ときには，「（少なくともニュートンによれば）公式な」虹の色の集合と1から7までの整数の集合の場合のように，異なる集合に1対1対応がつけられることがある。

　今，異なる二つの集合がどちらも有限なら，このような1対1対応がつくかつかないか（要素の数が同じか違うか），二つに一つだ。そこでカントールは，「それなら無限集合の場合はどうなのか。あらゆる無限集合に必ず1対1対応がつくのか」という一見無邪気な疑問を抱いた。ところが，その答えはなんと「否」だった。必ずしも1対1対応がつくとはかぎらないのだ。整数の集合は無限だが，どの二つの整数をとってもそのあいだには実数（0.1，$\frac{1}{3}$，πなど）が無限に挟まっている。よって，この二つの集合に1対1対応をつけることはできない。これは，超越数全体からなる無限集合が，ある意味で

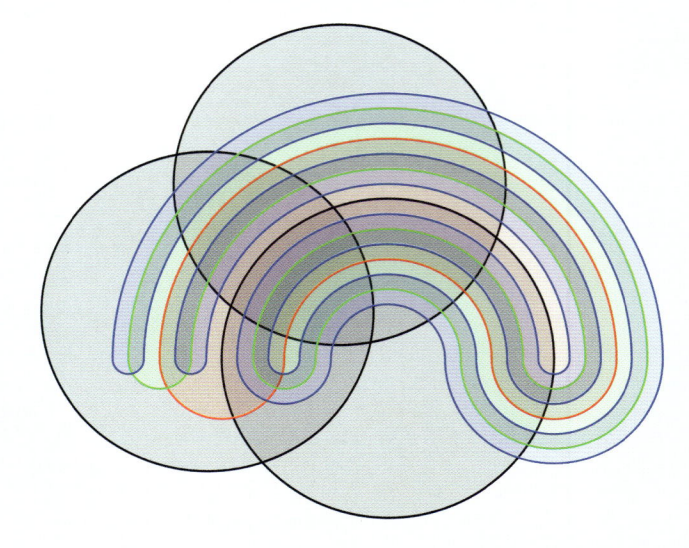

六つの集合がすべて互いに交わっている様子を表すベン図

$R = \{x \mid x \notin x\}$ とすると，$R \in R \Leftrightarrow R \notin R$ が成り立つ。

整数全体からなる無限集合より大きいことを意味している。

集合論に元来埋めこまれた矛盾であるラッセルのパラドックスは，このように表される。Rは，集合を要素とする集合である。

内部の欠陥

　数学の内でも外でも，集合論は絶大な力を発揮する。このため1901年に英国のバートランド・ラッセルがこの理論に異議を申し立てると，すぐさま大論争が起きた。ラッセルが最初に抱いたのは，カントールの疑問同様，一見きわめて単純な疑問だった。その問いを理解するために，ラッセルの推論を追ってみよう。

1. 集合のなかにはたとえば「集合の集合」のようにそれ自身の要素になるものがある。
2. ほとんどの集合は自分自身の要素にならない。たとえば「整数の集合」そのものは数ではなく，当然整数でもないので，1のタイプの集合ではない。
3. 自分自身の要素ではない集合をすべて並べあげて，この一覧をAとする。

　そのうえでラッセルは，「Aという集合はそれ自身の要素なのか」を問うた。仮に要素であるとすると，AはAの要素になる。だがそんなことは不可能だ。なぜなら定義からいって，Aは自分自身の要素ではない集合の集合だったのだから。よって，Aはそれ自身の要素ではない。だとすると自分自身の要素でないのだから，AはAの要素でないといえる。ところがこれも嘘だ。なぜならAの要素は「それ自身の要素でないような集合」だから，当然Aはそこに含まれることになるからだ。

　ラッセルのパラドックスを普通の言葉で表現すると，まるでなぞなぞのように見える。このパラドックスにはさまざまな表し方があるが，そのうちの一つを紹介しよう。ある村の男たちは，ひげを自分で剃るか，さもなければ村の床屋に剃ってもらうかの二つに一つだとする。集合の言葉でいうと，この村のすべての男は「自分でひげを剃る男」と「ほかの人（床屋）にひげを剃ってもらう男」の二つの集合に完全に分かれる。このときラッセルの問いに相当するのが，「床屋自身はどちらの集合に入るか」という質問だ。床屋が相手にするのは，自分のひげを剃らない男だけだから，自分のひげを剃ることはできず，第1の集合には含まれないということになる。だったら2番目の集合に入るはずで，床屋にひげを剃ってもらっていることになるが，これも嘘だ。なぜなら床屋は自分でひげを剃る男は相手にしないのだから。

　このパラドックスは，カントールの集合論の致命傷となった。だが幸いなことに，その遺灰からはよりよい集合論が誕生した。現在の集合論では今述べたようなパラドックスを回避するために，集合にそれ自体は含まれない，すべてのものの集まりは集合には含まれない，といった決まりを定めている。そうやって，このようなパラドックスは規則に反する！と宣言しているのだ。

シェルピンスキ・カーペット

　集合論はさまざまな形で応用されているが，その一つに，形やその性質の定義がある。カントール自身が最初に定義したわけではないのだが，1883年にカントールが展開したことから「カントール集合」と呼ばれているものには，いくつかの驚くべき特徴がある。カントール集合は線分上の点を要素とする集合だが，この集合を平面に拡張することができて，そこから得られる下図のような模様を（ポーランドの数学者ヴァルワフ・シェルピンスキにちなんで）シェルピンスキのカーペットと呼んでいる。1916年に定義されたこのパターンには，無限に繰り返される自己相似が含まれていて，もっとも古いフラクタルの例になっている。

68 ペアノの公理

1889年に発表されたペアノの公理は、数学の基本に関わる一連の申し立てである。この公理には、自然数の存在を確立するうえで欠くことのできない前提が示されている。

算術と呼ばれる足し算や引き算のような単純な操作ですら、完全に形式化されたのは19世紀末のことだったと聞くと、ちょっと意外な感じがする。ユークリッドは数々の前提を使って平面幾何学をもっとも単純な概念に分割したが、イタリア人のジュゼッペ・ペアノが作った公理を使うと、算術をもっとも単純な概念に分割することができる。ペアノの公理は九つあり、最初の自然数を確立するところから始まる。ペアノは初め、最初の自然数を1としたが、後に0に変えた。他のいくつかの公理には「次に来る」数という概念が使われていて、すべての自然数にそれらを次々に適用していく。これらの公理は、ペアノの提案以降、それほど大きく変わっていないが、数学の論理をさらに強固にするために、いくつかのいい換えが行われている。

ペアノは死ぬまで言語や表記法にも関心をもち続け、いくつかの新しい数学記号を導入した。ペアノの論文は記号だらけでほとんど文章がなかったので、コメントする人からは、まるで壁紙みたいだと文句が出た。

> 1. 0は自然数である。
> 次の四つの公理は、数同士の関係を示している。
> 2. どの自然数xについても、$x=x$
> 3. どの自然数x, yについても、$x=y$であれば、$y=x$
> 4. どの自然数x, y, zについても、$x=y$、$y=z$なら$x=z$
> 5. どのaとbについても、aが自然数で$a=b$なら、bも自然数である。つまり、自然数の集合は、以上の公理について閉じている（＝上の関係をいくら使っても、自然数の集合からははみださないということ）。
>
> この後に、自然数を使った算術の性質に関する四つの公理が続く。

69 単純リー群

ドイツの数学者ヴィルヘルム・キリングは1888年の論文のなかで、新たな大プロジェクトを提案した。単純リー群の完全分類である。

量子物理学者のA.J.コールマンは控えめな表現をするタイプではないらしく、キリングのこの提案こそが「古今東西のもっとも偉大な数学の論文だ！」と断言している。ノルウェーのソフス・リーにちなんで命名されたいわゆるリー群としては、たとえば円の対称(シンメトリー)群がある。これは、回転および鏡映の2種類の変換からなる群で、これらの変換を円に施しても、円は前と同じに見える。多様体と呼ばれるほかの図形（ほかの次元の図形も含む）にもシンメトリーがあって、多様体のシンメトリーはリー群を使って記述する。

リー群のなかでも、それ以上分割できないものを単純リー群というが、これらの群を使うと、重力や電磁気、さらには原子核を一つにまとめている強い力や放射能の要素である弱い力などの自然の力を運ぶ粒子を記述することができる。

（右）E8リー群から得られた、辺が6,720本、頂点が240個ある図形。ひも理論を研究するときに使う。

# 70 統計的手法

統計という言葉には二つの意味がある。この言葉は，表やグラフにできるようなデータの集まりだけでなく，それらのデータを分析するための数理検査を開発する科学分野も意味しているのだ。

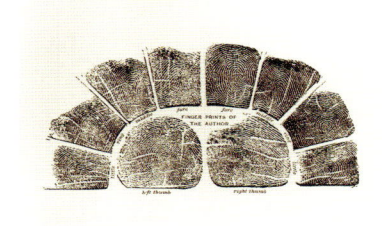

19世紀に社会の工業化が進んで人口が爆発的に増えると，世のなかを量の観点でとらえなくては，という傾向がますます強くなった。数字が「自ら語り始める」場合もないわけではなかったが，重要な情報は表からは見えず，掘り起こさなくてはならない場合が多かった。統計的手法を展開するにあたって抜きんでていたのが，英国の3人の科学者だった。チャールズ・ダーウィンのいとこの裕福なフランシス・ゴルトンは，人間の物理的な特徴や頭脳の特徴がどう遺伝するのかを測定することに情熱を注いだ。そして新しいデータ解析の手法を作り，1888年には二つの変化する量のあいだに見られる関係を測定する，いわゆる相関についての先駆的論文を発表した。ゴルトンはものを測るのが大好きで，お祈りの効き目があるか，美しさは場所によって異なるのか，といったテーマも取り上げた。

さらにゴルトンは，「集団の知恵」を発見した。大人数の集団の全体としての予測のほうが，平均するとより正確な場合が多いというのである。たとえば村祭りの最中に殺された雌牛の重さに関する推測を800人から集めたところ，その平均はどの推測よりも真の値に近かったという。

フランシス・ゴルトンの経歴はじつに華やかで，人間の指紋は独特だから人物の同定に使える，ということも発見した。

その後の展開

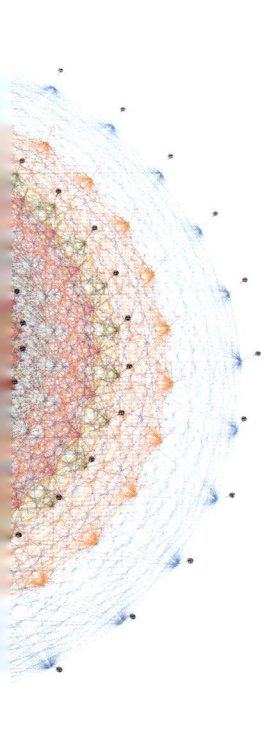

カール・ピアソンはゴルトンに触発されて，統計学を数学的により健全な土台に乗せた。そして1900年には，実際のデータが論理的な曲線にどのくらいうまく当てはまるかを調べるカイ2乗検定を導入して一躍有名になった。（ピアソンもゴルトンも，選択的な繁殖によって人類を向上させようとする優生学を熱心に支持していた。ナチスをはじめとする多くの人々が優生学に魅力を感じていたが，けっきょくは倫理に反するとされた。）

その後，統計手法をさらに発展させたのは，R.A. フィッシャーだった。フィッシャーは標本のばらつきを分析する手法を考案し，標本のサイズを大きくしないかぎり得られた観察は無意味になる，ということを明らかにした。当時はまだコンピュータがなかったので，フィッシャーは検定の設計に工夫を加えて，研究者たちが膨大な量の数値をいじらなくてもすむようにした。

統計を使える淑女

フローレンス・ナイチンゲールといえば看護師が頭に浮かぶだろうし，事実ナイチンゲールは，看護師という専門職を作った人物だ。しかしその成功も，統計のスキルがあればこそだった。ナイチンゲールはクリミア戦争の最中に，イスタンブールの町外れの悲惨なセリミエ軍病院で死亡データを収集し，そのデータに基づいて，自分が行った衛生管理のおかげで多くの死を予防することができたという事実を明確にした。そしてそれらの統計データを自ら作ったバラ図（ローズ・ダイヤグラム）にまとめて，ロンドンの高級将校たちに見せた。これらのデータは非常に見やすく，その後円グラフ（パイ・チャート）と呼ばれるようになった。

セリミエで働くフローレンス・ナイチンゲール

トポロジーの元になったのは，オイラーが1736年に発表した古典的論文『ケーニヒスベルグの七つの橋』から生まれたグラフ理論だった。この論文のきっかけになったのは，バルト海にあるケーニヒスベルグの町を，七つの橋をすべて一度だけ渡って一周できるような経路ははたしてあるか，というパズルだった。さまざまな人がそのような経路を捜し，ほとんどの人は，そういう経路を見つけることはできないと考えた。ところがオイラーは，そのような経路が見つからない理由のほうに関心をもった。そして，橋の数（つまり，つながり具合）が問題なのであって，距離や方向はどうでもよい，ということを突きとめた。そのうえで，町を一周するには橋を一本抜かすか二度渡るほかないことを示してみせた。

トポロジー的には同値

オイラーの橋の問題にならって，トポロジーではあらゆる図形を，ノード（頂点）

1882年にフェリックス・クラインが紹介したクラインの壺は，方向づけが不可能な2次元表面である。メビウスの帯のように面は一つしかないが，メビウスの帯と違って，2次元の表面を変形してこの形を作るには，第4の空間次元を通らなくてはならない。だがわたしたちが暮らす世界には，次元が三つしかない。

フランス人のアンリ・ポアンカレは，19世紀末にトポロジカルな空間の「接続」について調べ，やがてかの深淵で有名な仮説を立てるにいたった。その仮説はけっきょく，2002年にロシアの数学者グレゴリー・ペレルマンによって解かれた。

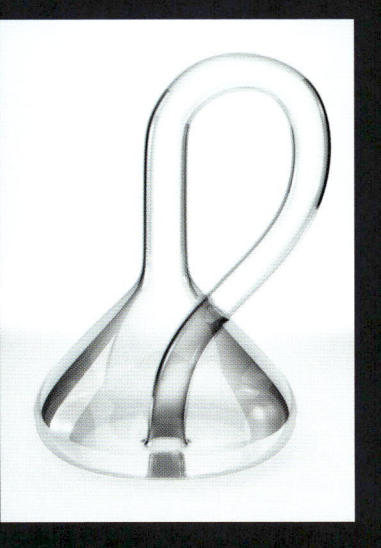

とエッジ（辺）からなるネットワークと見なす。つまり，図形の表面をどんなにゆがめても変わらない性質に注目するのだ。こうすると，まったく別物に見える図形が，実はトポロジーの観点からは同じであることがわかる。専門用語を使うと，それらの図形はトポロジー的に「同値」なのだ。

トポロジーでは，二つの図形の関係を確認する際に，互いに変形できるかどうかがポイントになる。たとえば，サッカーボールとラグビーボールは，卵形のものを膨らませれば球になるから同値といえる。ではいささか不気味な話だが，人間を膨らませると球になるのだろうか。答えは「否」。人間には消化管があるから，球でなくトーラス（つまりドーナツ型）になるのだ。

トポロジーの観点からは，ドーナツとコーヒーマグは同じ形である。どちらも穴が一つ空いていて，表面を変形すると，もう片方の形にできる。

現実的な問題と非現実的な問題

二つの図形が同値かどうかは，正式にはホモロジーとホモトピーによって決まる。これら二つの概念はどちらも集合論と深い関わりがあるが，ホモロジーは，問題の図形の穴に関する概念で，より直感的だ。ホモトピーは，空間の関数が連続的に変形される様子や空間が含む情報に関する概念で，ホモロジーよりとらえにくい。これらはともに，量ではなく質を調べることで一般的な結論を得ようとするトポロジーの分野に固有の概念なのだ。

トポロジーには，このほかにも幾何学的な関数がどのようにもつれ，どのようにほどけるのかを調べる分野があって，結び目の幾何学を研究したり，多様体と呼ばれる多次元の表面を調べたりする。トポロジーでは，球の裏表をひっくり返すといった実際にはありえないトリックを使うことがあるが，それでもさまざまな形で現実世界に応用することができる。トポロジーは，対象の正確な形や値を突きとめずに対象を分類することができるきわめて強力なシステムなのだ。自発性をもって集団で機能する「スウォーム・ボット」と呼ばれる小ロボットの集まりは，トポロジー空間を使って周囲の環境を追跡しているし，携帯のアンテナ用支柱をどこに立てれば理想的なネットワークがカバーできるかを割り出すときも，トポロジーの数学が使われる。また，地理情報システム（GIS）で，ユーザーが計測や縮尺で生じるまちがいを避けながら現実世界の物体の関係を理解できるのも，地図の要素がトポロジーの領域や境界として分類されているからなのだ。

メビウスの帯

メビウスの帯は，縁が一つと面が一つしかない変わった表面だ。紙とハサミとノリがあれば，この不思議な次元の幾何学図形を作ることができる。紙を持ってきてその両端をくっつけて輪にするのだが，その前に半回転だけさせておく。こうしてできる果てしないループは，方向付けが不可能な面として知られている。なぜならこの面には，内側も外側もないからだ。この紙の厚みがゼロだとすれば，この多様体には面が一つしかない。だから，蟻がこのループに沿って歩いていくと，すべての面を歩き通して最初とは逆の側に出ることになる。

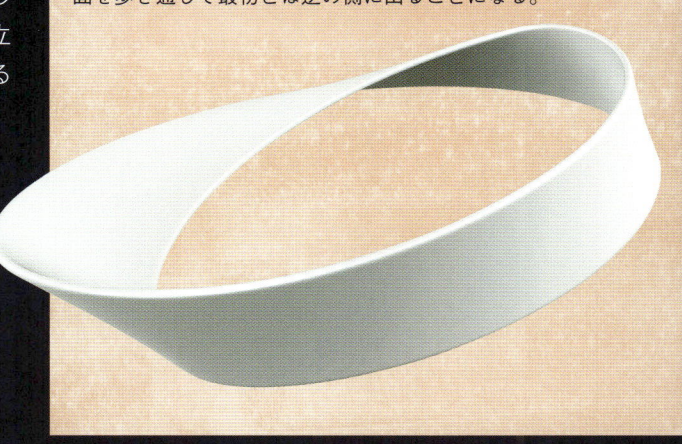

72 新しい幾何学

19世紀の終わりに、ダーフィト・ヒルベルトが途方もない提案を行った。それまで数学の拠り所だったユークリッド幾何学を別のもので置きかえようというのだ。

ユークリッド幾何学は、2,000年以上にわたって最高傑作とされてきた。だが時が経つにつれて、『原論』の弱点がはっきりしてきた。実際にはあまり明確でない定義が多く、ユークリッドが主張する前提だけでは不十分だったのだ。このような批判は、1899年にダーフィト・ヒルベルトが発表した『幾何学の基礎』によって一気に表面化した。ヒルベルトによると、ユークリッドは、古代ギリシアの公理や前提を本物の点や本物の線、本物の曲線や本物の図形などの現実世界の特徴から引き出したために、墓穴を掘ることになった。以前は見かけ上数学が機能していたために、このような前提の誤りが表に出てこなかったが、これらの公理を数学の現実に照らしてみると、実はきちんと定まっておらず、数学的にはまちがっていたのである。この問題は、ユークリッドの図によってさらに悪化した。なぜなら図のせいで、実際には正しいかどうかはっきりしないことが、まるで正しいかのように見えるからだ。たとえば「直線上に点を取る」というのは、直線の端点を1と3としたときに、点（2）がそのあいだにあるということを意味する。ところが実際には、この「あいだに」という概念をもっと正確に定義する必要があった。

これに対してヒルベルトは、ユークリッドとは正反対のアプローチを取ることにした。それまで図形や点や線の性質を調べる手段であった幾何学を、単なる記号の論理関係を扱う分野にしようではないか。ただしこの場合の記号は、線を表していてもいいし、ほかのものを表していてもよく、もっといえばなにも表していなくてもかまわない。この新たな形式主義的アプローチは、ヒルベルトをはじめとする多くの人々によって数学のほかの分野にも応用され、じきに標準的なアプローチとなった。

ドイツ人ダーフィト・ヒルベルトは、ユークリッドと決別することを決めたくらいだから、当然、古今東西でもっとも強い影響力をもつ数学者だった。その影響は、トポロジーや数理哲学に見ることができる。

73 ヒルベルトの23の問題

ダーフィト・ヒルベルトは20世紀最初の国際数学者会議で、現在および未来の同業者に宿題を出した。パリで開かれたこの会議で、きたる世紀に数学者たちが解決に従事することになる10の未解決の難問を提示し、さらにそのほかの13の研究分野について、その詳細を紹介したのである。ヒルベルトは、これらの問題によってさらに数学が前進するだろうと考えていた。それから100年が経ったとき、完全に未解決のままの問題は、23問中3問になっていた。

23の問題

〔ひとつひとつの問題がきわめて大きく，そこから展開した分野や派生した問題も多いので，どこまで解けたかについては，さまざまな見方がある。おうおうにして，問題が解けたかどうかよりも，問題に取り組むなかでどれだけ実り多い理論が展開されたかが重要だったりもする。〕

1. カントールの述べた連続体仮説の検証。（整数のような）加算無限集合と連続体のあいだの超限基数ははたして存在するのか。ゲーデルやコーエンが展開した連続体仮説によれば，この問いの答えは，特別なタイプの集合論を仮定するかどうかにかかっているらしく，1904年にツェルメロが発表した選択公理とも関係があるらしかった。1963年にコーエンは，選択公理（無限集合から単一の正確な値を選べるという公理）が集合論のほかの公理からは独立していることを明らかにした。だが，この問題が解決したとという見方に誰もが賛成しているわけではない。

2. 算術（自然数論）の公理が無矛盾であることの検証。ラッセルとホワイトヘッドが検証を試みたが，ゲーデルの不完全性定理により，論理の公理が無矛盾であることの証明は不可能であることがわかった。自身の無矛盾を明確に表せる系では，実は無矛盾ではなくても自らの無矛盾を証明することができるのだ。しかし，ゲーデルの業績がこの問いの答えになっているという見方にみんなが賛成しているわけではない。

3. 底面積と高さが等しい二つの四面体（あるいは他の多面体）は，常に互いに分解合同（分解して再配置したときに同じ形にできる）か。この問題が発表された数週間後に，マックス・デーンが，正多面体のなかにも有限個の小さくて合同な（つまり大きさも形もすべて同じ）多面体には分解できないものがあることを示し，残る問題ものちにシンドラーによって解決された。

4. 順序公理と結合公理（2点があるときに，それらを結ぶ直線が少なくとも一つ存在するという公理）なしで，ユークリッドの公理にもっとも近い公理をもつ幾何学を見つけよ。それには，合同公理（図形の異同を決める公理）を拡張して，平行線の公準を取り除かねばならない。ヒルベルトの弟子だったゲオルグ・ハーメルがその解を示したが，この問い自体が問題の名に値せず，曖昧な考えでしかないとする数学者も多い。

5. コーシーの関数方程式の一般化。連続リー群は，同時に微分群でもあるのか。有限次元では成り立つことがわかった。

6. 物理学（とすべての科学）の，数学の場合のような基本的公理群への還元。答え：ひょっとすると還元できるのかもしれないが，まだ証明はされていない。

7. 一般に，a が 0, 1 以外の代数的な数で b が無理数であるとき，a^b は超越数か。b も代数的な数なら，a^b は超越数になることがわかっている。しかし b が代数的な数でない場合，つまり b 自体が超越数である場合はまだ解決されていない。

8. リーマンのゼータ関数の自明でないゼロ点の実部分が2分の1であるという「リーマン予想」を証明せよ。この問題は今も未解決のままで，21世紀の数学者が解くべき問題の一つとされている。

9. 整数論に登場する「平方剰余の相互法則」の代数的な数への一般化。大きな理論が確立されて，申し分なく解決された。

10. ディオファントス方程式を解く一般的なアルゴリズムは存在するか。早い話が存在しない。1970年代にユーリ・マティヤセヴィッチがフィボナッチ数列を使って，解が指数的に大きくなることを示した。したがって一般的なアルゴリズムは作れない。

11. 2次数体での2元2次形式に関する理論の，任意次数の整数代数体への拡張。（完全とはいえないが）解けた。

12. 有理数に関する「クロネッカー－ウェーバーの定理」の任意の代数体への拡張。環体論によって部分的に解けた。

13. 2変数関数だけを使って一般の7次方程式を解くことはできないという証明。まだ部分的にしか証明されていない。

14. 多項式環に作用する代数群は，常に有限な不変式環を生成するか。答え：生成するとは限らない。〔日本の永田雅宜が反例を見つけた。〕

15. シューベルトの「数え算法」の厳密な基盤（＝代数幾何学の基礎づけ）。本質的には解決されたという意見があるいっぽう，まだ完全には解決していないという意見もある。

16. 実数体上の代数曲面の位相（トポロジー）の研究。問題というよりも，むしろ研究分野の提示である。

17. 定符号有理関数の平方の和を使った表現。1927年にアルティンが一般化した形で解決し，1984年にはデルゼルがアルゴリズム的解を発表した。

18. 合同な多面体を用いた空間の構築。球およびアイソヘドラル（各面の形も関係も同じ）でない3次元タイルを用いたもっとも密な充填とは。球の充填問題は1998年に解かれた。

19. 正則な変分問題の解は常に解析的か。1957年に完全に解決された。

20. 一般の境界値問題の解決。問題が大きすぎて解決したとまではいい切れないが，1950年代にある程度の形を見た。

21. 与えられたモノドロミー群をもつ線形微分方程式が存在することの証明。1989年のボリブルフの発表によると，存在する場合もあるが，一般には存在しない。

22. 保形函数による解析的関係の一意化。解決されたといってよい。

23. 変分学の方法の展開。現在も進行中。

74 質量エネルギー

19世紀には，太陽のエネルギーの源は重力だと考えられていた。星を形作るガスや塵の巨大な雲が，重力によって収縮し，熱くなっているというのだ。ところがアインシュタインは，すべてを $E=mc^2$ という式で説明できる，と主張した。そしてこの式は，もっとも世に知られた数式となった。

$$E=mc^2$$

太陽エネルギーの源が重力だという説を突き崩したのは，ある計算結果だった。その計算によると，太陽が100年につき50メートルずつ縮むとすると，たった1億年で燃え尽きるという。やっかいなことに，これでは地球が何十億年も前にできたことを示す地質学の証拠と矛盾する。この謎を解決したのは，天才の一瞬のひらめきだった。アルベルト・アインシュタインは1905年に特殊相対性理論を発表し，空間や時間や物質やエネルギーに関する従来の理解を根底から覆した。アインシュタインの理論からは，たとえば光の速度が究極の速度の壁であるという結論が得られる。つまり光速に近づくことはできても，決して超えることはできないのだ。そしてこの結果から，かの有名な $E=mc^2$ という方程式が得られるのである。

この式の元になっているのは，1905年にアインシュタインが発表した特殊相対性理論である。この式によると，エネルギー（E）と質量（m）は比例し，光速（c）の2乗という定数がこの二つを結びつけている。

壮大な発見

$E=mc^2$ という式は，エネルギーと質量が実は同じ価値をもっていて，わずかな質量が膨大なエネルギーに等しいことを意味している。太陽の力の源は核融合で，このとき四つの水素原子が融合して一つのヘリウム原子に変わるが，ヘリウム原子の質量は水素原子四つ分より少なく，あまった質量がエネルギーに変わる。簡単な計算を行うと，太陽では1秒あたり42億キログラムの質量がエネルギーに変換されていることがわかる。

2008年には，アインシュタインの方程式がきわめて正確だったことが明らかになった。今では，原子を構成する陽子や中性子自体がさらに小さなクォークという粒子から成り立っていることがわかっている。だがクォークを全部集めても，原子の全質量の約5パーセントにしかならない。それなら残りの質量はどこにいったのか。フランス国立科学研究センターの理論物理センターがスーパーコンピュータを使って計算した結果，この行方不明の質量が，原子を構成する粒子の動きや相互作用のエネルギーとして存在していることがわかった。アインシュタインの理論は，原子を構成する粒子のレベルでも正しかったのだ。

原子爆弾
核融合によって質量をエネルギーに変えると，核兵器の爆発力が得られる。第二次世界大戦末期に日本に落とされた二つの原子爆弾のエネルギーは，いずれも $\frac{1}{2}$ グラムの核物質から得られたもので，この爆発によってまるまる一つの都市が破壊された。

75 マルコフ連鎖

　1907年にロシア人のアンドレイ・マルコフがあげた成果に基づく**マルコフ連鎖**は，統計的なモデルの一種で，情報理論において，さまざまな形で応用されてきた。

　連鎖とは，特定の時間，あるいは前もって決められた数のサイクルだけ動作するようになっているプロセスのことである。このときサイクルの各段階はランダムで「記憶がない」。つまり，各段階に影響するのは一つ前の段階だけで，それより前の出来事とは無関係なのだ。そうはいっても一つ前の状態は関係しているので，直前の出来事とも無関係なコインやサイコロ投げとも違う。

　マルコフ連鎖は初期条件に敏感に左右されるので，結果はきわめてランダムになり，そのサイクルのある時点での状況を予測することは不可能といってよい。そのくせ，それらの出来事の全体としての統計的性質は予測できるので，日常生活のさまざまな出来事の優秀なモデルとして使うことができる。このためマルコフ連鎖は，株式市場の価格や酵素の活性や化学反応の進行やグーグルの有名なページランク公式（インターネットにあるウェブ・ページの重要性を測る式）などの幅広い物理現象のモデリングに使われている。

マルコフの最初の仕事は，ロシアの王女の財務管理だった。

76 集団遺伝学

　1908年当時，遺伝学はできたてで，まだ混沌としていた。遺伝という概念が浮かびあがってはきたものの，それが人々のあいだにどう広がるのかはわからなかった。だが幸いなことに，ここで数学が救いの手をさしのべた。

　どの遺伝子にも，「対立遺伝子」とかアレルと呼ばれるいくつかの型がある。人間の遺伝子でいうと，各遺伝子には片親から一つずつ，計二つの対立遺伝子がある。これらは大文字と小文字で区別して，遺伝子型をAA，Aa，aaと表されることが多い。対立遺伝子には優性なものとそうでないものがあって，遺伝子型がAaでもAAと同じ特徴が現れることがある。それなら理屈からいって，世代とともに優性な対立遺伝子が増えそうなものだ。ところが1908年に数学者のG.H.ハーディーと医師のヴィルヘルム・ヴァインベルグがそれぞれ独立に，全人口における優性の遺伝子と劣性の遺伝子がやがて均衡することを突きとめた。この数学のおかげで，遺伝学者たちは実際の人口分布と比較する際の基準を手に入れることができた。なんらかの対立遺伝子が全人口のなかで不均衡だった場合に，自然淘汰のような何か特別な力が働いている，と結論できるようになったのだ。

ハーディー-ワインベルグ〔ヴァインベルグの英語読み〕のこのグラフは，人口のなかの対立遺伝子の頻度（p=A, q=a）と遺伝子型（aa, Aa, AA）の頻度の関係を示している。

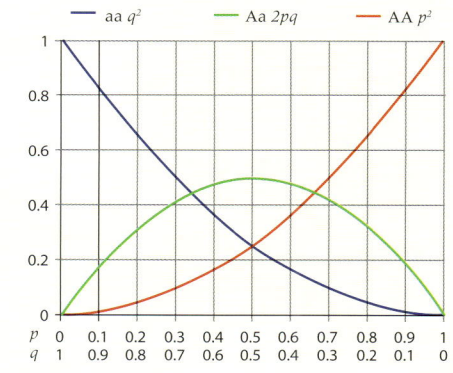

77 数学の基礎

数学のある一部分を証明するにはどうしたらよいのか。ふつうは，その数学の基礎になっているより単純な数学が正しければその数学も正しいということを証明する。だったら，もっとも単純な数学は，どうやって証明するのだろう。

そもそもの始まりに戻って，1＋1＝2はどうやって証明するのか。1910年から1913年にかけて発表された全3巻の大作で取り上げられたのは，まさにこの問題だった。17世紀のアイザック・ニュートンの傑作『プリンキピア』をまねて，『プリンキピア・マテマティカ（数学の原理）』と名づけられたこの著作をまとめたのは，英国の著名な哲学者バートランド・ラッセルとアルフレッド・ノース・ホワイトヘッドで，大胆にも，数学の基礎を純粋論理学で証明しようというのがその狙いだった。第1巻では，第2巻で用いられる論理学の型理論が取りあげられた。型理論では，数学のすべての対象を，それぞれが上の階層の部分集合になるように構成した型の階層にはめ込んでいく。なぜこのような概念を持ち出したのかというと，数学への論理的アプローチを妨げるパラドックスが起きないようにするためだった。そのうえで，第2巻では数を（実際に1＋1＝2が証明されている），第3巻では級数と測度を取り上げた。これはまさに，傑作の名に恥じない著作だった。ところがすぐにゲーデルの不完全性定理が登場して，数学の系全体が論理的であることを証明しようとするラッセルとホワイトヘッド（とすべての人々）の試みは論理的に不可能であることが示されたのだった。

バートランド・ラッセルは，著名な哲学者で数学者であるだけでなく，言語の論理の問題にも取り組んだ。

78 一般相対性理論

アルベルト・アインシュタインは1916年に発表した一般相対性理論で，宇宙を時空間と関連づけて記述した。時空間は四つの次元が組み合わさった空間で，非ユークリッド幾何学が必要になる。

科学界のスポットライトを20年近く浴び続け（てノーベル賞を手中に収め）たアインシュタインが，科学者のお手本という地位を不動のものにできたのは，一般相対性理論のおかげだった。中欧のアクセントに珍妙な髪型といっただけで，この天才科学者のことだとわかった。この理論の優れた点は，なんといっても，エネルギーと質量の関係を明らかにし，しかも既知のすべての次元を一つのまとまった時空間に収めたところにある。ユークリッド幾何学は，ニュートンの運動法則と同じように，ある程度大きなスケールで観察した宇宙を説明しようという努力のなかで発見されたものだった。しかし時空間の直線は，双曲幾何学や楕円幾何学の直線のように曲がっている場合があるらしかった。アインシュタイン本人は1921年に，「わたしはこれ

アーサー・エディントンと冗談をいいあうアルベルト・アインシュタイン。かつて，世界に三人だけ相対性理論のわかる人がいる，といわれたことがあった。あなたがその一人なのですよね，と問われたエディントンは，一瞬黙ってから，「誰が三人目なんだろう」といったという。

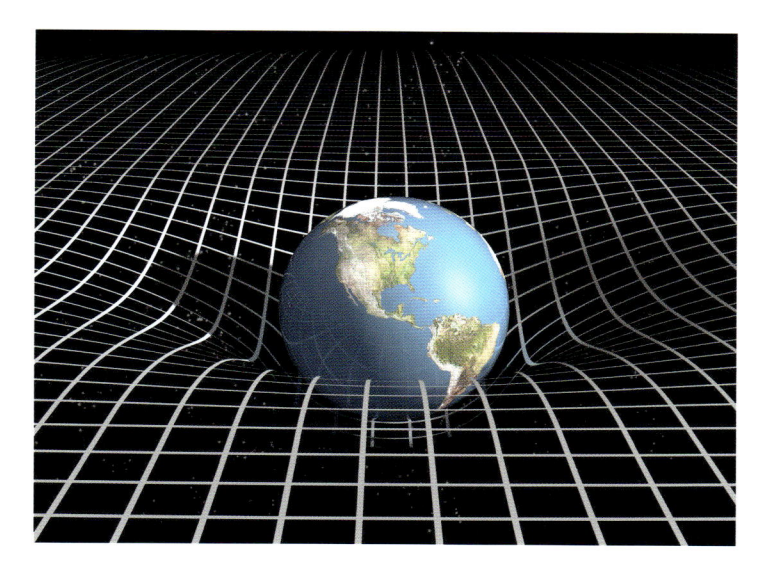

時空間は，弾力のあるゴム板のようなものと考えられる。この板が質量によって曲がると「重力井戸」ができる。質量が大きいと井戸が深くなり，重力も強くなる。

らの（非ユークリッド的）幾何学の解釈が非常に重要だと考えている。もしもこれらの幾何学を知らなければ，相対性理論を展開することはできなかっただろう」と述べている。

空間と時間を曲げる

時空間が曲がっているのは，原子にしろ巨大な恒星にしろ，宇宙に質量のあるものが存在するからである。あらゆる質量のあいだに働く重力によって，空間が曲がり，その結果，時空間における2点の最短経路（つまり「直線」）は，測地線と呼ばれる曲線になる。光はまっすぐ進むという観察結果があって，これが光学全体の基盤になっているわけだが，話が宇宙規模になって，長大な距離や膨大な質量が対象になると，時空間のゆがみがはっきりしてくる。たとえば，光が恒星程度の質量のそばを通ると，その経路が目に見えて（測定できるくらいに）曲がるのだ。実際1919年には，観察によって，わが太陽系の太陽のせいで空間が曲がっていることが確認された。そしてこれが，相対性理論の最初の証拠となったのだった。

空間の収縮

質量をもつものが時空間を移動したときに起きる時空間の収縮を説明するときも，非ユークリッド幾何学が必要になる。相対性理論によると，速度が光速に近くなるまでは，時空間の収縮はきわめて小さい。ところが光速の近くでは，実現可能な最大速度に迫るにつれて，物体の長さが減（り，質量が増え）る。

さらに，重力がもたらす潮汐力によって，物体の形も変わる。重力は，移動している物体の重力源に近い側により強く働くので，（満潮時の大海原のように）そちら側が膨らむのだ。ブラックホールと呼ばれるきわめて小さくひじょうに質量が大きい（このため，宇宙でいちばん重力が強くなる）物体は極端に潮汐力が強く，ごく小さな物体でも，重力の影響がはっきりと出る。たとえば，人間の足が頭より速くブラックホールに落ちると，体が伸びる。この現象に，さらにブラックホールに向かって猛スピードで体が落ちこむことによって生じる時空間の収縮が重なると，体が伸びて麺のようになるスパゲッティフィケーションが起きる。

> **1919年の「証明」**
>
> 一般相対性理論によると，太陽の後ろやその縁の近くにある恒星から届く光は，恒星によって曲がった空間を進むうちに経路が曲がり，観察された位置にずれが生じるはずだった。残念ながら，ふだんはこのような光は太陽の強い光に紛れて観察できないが，アーサー・エディントンは1919年に，日食によって観察可能になった周辺の恒星の位置を測定した。そして相対性理論を裏付ける観測結果を得たことから，アインシュタインは一躍世界的な有名人になった。のちの分析によると，エディントンの観測は正確ではなかったが，さらにその後の実験で，いずれにしてもアインシュタインの理論が正しいことが確認された。

79 量子力学の数学

ニュートンの運動と重力の法則は250年間,物体が宇宙のなかを動く様子を予測するための,揺るぎない手段であり続けた。だが20世紀の初めには,すべてがニュートンの法則で説明できるわけではないことが明らかになり始めた。

$$\Delta p\, \Delta x \geq \frac{1}{2}h$$

ニュートンの法則や方程式を使っても,原子や原子より小さな粒子のふるまいをきちんと説明することはできなかった。常識からはとうてい考えられないのだが,どうやら物質やエネルギーは,人間の測定法次第で粒子になったり波になったりしているようだった。問題の粒子がどこにいるのか,どちらに向かって進んでいるのかも正確にはわからない。これらの問題を扱うには,確率の数学に基づいたまったく新たな物理学が必要だった。そしてこのなかから生まれたのが,量子力学だったのである。

ヴェルナー・ハイゼンベルクは,かの有名な不確定性原理を1927年に発表した。この原理にある不確かさは,あくまでも宇宙の特徴であって,観察ができないという人間側の事情とは関係がない。技術がどんなに進んでも,量子の完全な性質を観察する検出器は絶対に作れないのだ。

中心となるプランク

量子力学では,物質が波でありながら粒子でもあるようにふるまう様子を解明しようとする。どの波でもいえることだが,周波数(=振動数)は波長の逆数に比例するから,周波数が高い物質のほうが波長は短くなる。

このとき,波の速度が比例定数になるが,量子力学の対象となる放射波では,この定数がそのまま自然界の限界速度である光速になる。いっぽうで,物質から物質へと伝わるエネルギーが主に原子や分子の発する波の形をしていることが明らかになった。さらにアインシュタインのおかげで,これとは別に光子という粒子の流れがあることがわかった。光子は光量子と呼ばれる固有の量のエネルギーを運ぶが,そのエネルギーの大きさは,わりと単純な別の数学を使って求めることができる。実際,光子のエネルギー(E)は周波数(f)に比例(波長に反比例)していて,$E=hf$という式で求められるのだ。ただしhは1900年に物理学者のマックス・プランクが定めた普遍的な値で,プランク定数と呼ばれている。

チャンスをつかむ

量子力学の基本概念の一つに,ヴェルナー・ハイゼンベルクが定式化した不確定性原理がある。この原理によると,どんなに精密な道具を使っても,量子には波動の性質があるため,微細な粒子の場所と運動量を同時に正確に把握することはできない。つまり原子レベルでは,電子などをちゃんと場所が特定できるばらばらな粒子と見なすのはまちがいであって,むしろ,確率のシミのようなものと見なすほうが正しい。電子がいそうな場所までは突きとめられても,ここにある,と断言することはできないのだ。

量子力学では,あらゆる対象物の状況を数学的な波動関数で表し,これを使って,結果として得られ

そうな測定値を計算する。一般に量子の系は，実際に観察を行うまでは，考えられるすべての状態が「重なって」いると考えるのがいちばんよい。波動関数は，シュレーディンガー方程式（エルヴィン・シュレーディンガーにちなんでこう呼ばれている）の解である。

半分死んでいる猫

シュレーディンガーといえば，方程式ではなく架空の猫を連想する人も多いだろう。シュレーディンガーはアインシュタインに，ある思考実験を提示した。まず，放射性原子一つと一匹の猫を同じ箱に入れる。放射性原子が崩壊すると，それが引き金となって毒が噴出し，猫は死ぬ。ただし，原子がいつ崩壊するかは予測できず，可能性が半々だということしかわからない。つまり，猫が生きているか死んでいるかを突きとめる術はないのだ。量子理論によると，その原子の波動関数は，原子が崩壊していながら崩壊していないことを示す。ところが問題の箱を開けると，その時点で初めて原子の波動関数が崩壊して，原子の状態をきちんと確認できるようになる。つまり量子力学の数学によると，実際にこの目で見るまでは，猫は生きながらにして死んでいるのだ！

電子が結晶を通り抜けるときに干渉によってできた，さざ波のような模様。干渉は，波の主な特徴である。

波動 – 粒子二重性

わたしたちは光をはじめとするさまざまな形の電磁放射が波のようにふるまうと考えている。だから，光や電子レンジや電波の波長について語るわけだが，そのいっぽうで，電磁放射を光子と呼ばれる粒子の流れとして測定することもできる。つまり電磁放射は，「波動 – 粒子二重性」を見せているように思われる。早い話が，粒子としてのふるまいと波としてのふるまいを同時に見せるのだ。

ルイ・ド・ブロイは1923年に，途方もないことを思いついた。波動 – 粒子二重性はエネルギーだけでなく，物質の特徴でもあるのではないか。ド・ブロイの着想のポイントは，すべての物質の粒子に（電磁波と同じではないが）関連する波形がある，と考えるところにあった。粒子の動きが速ければ速いほど，その粒子に関連する波の波長は短くなる。物理学者のなかにはド・ブロイの着想をあざ笑う者もいたが，電子の流れを使って実験してみると，これらの粒子がまさにド・ブロイが予想したような波のふるまいを見せることが明らかになり，やがて，陽子や中性子や原子や分子でもこれと同じことがいえることがわかった。波動 – 粒子二重性はたしかに，物質およびエネルギーの特徴なのである。

80 ゲーデルの不完全性定理

数学者以外の人々にもっとも注目された現代数学の定理といえば，クルト・ゲーデルの名前がついたこの定理だろう。この定理は，さまざまな議論のなかで大胆な決意表明の裏付けとして引用され，人間の頭脳がコンピュータより「優れている」，「本当の意味では何も証明できない」，「神は存在する」，「神は存在しない」といった主張の根拠とされてきた。

ゲーデルの定理が主張していることは，上のどの主張とも関係がない。それでも，（少なくとも数学や哲学のいくつかの分野では）今なお影響力をもつ驚くべき理論であり続けている。ゲーデルは1931年に発表した論文で，数理論理学が「不完全」であるという事実を巡る二つの定理を紹介した。それらは，「ある種の単純な算術を表現するのに使うことができて，そのなかでいくつかの算術の基本的規則を証明できるような形式的な体系（＝ほぼすべての数学）」に関するものだった。これらの定理によると，まずすべての無矛盾な系（真であり偽でもあることが同時に証明できる言明を含まない系）には，その系では成り立つことも成り立たないことも証明できない言明が含まれる。しかもこのような系のなかでは，決してその系の無矛盾性を証明できない。

ゲーデルの定理の謎を解く鍵は，嘘つきに関する古代のパラドックスにある。ある人が「この言明（＝ここでいわれていること）は嘘だ」といったとする。もしその言明が本当なら，この言明は嘘になる。そこでその言明が嘘だったとすると，この言明は本当になって，やはり矛盾が起きる。ゲーデルの定理では，これと同じような自己言及の言明（ただし，真偽ではなく数学的な証明の可能性に関する言明）が分析されている。

ハイゼンベルクの不確定性原理が量子力学の限界を定めたのと同じように，ゲーデルの定理が数学の限界を定めた，ともいわれている。

定理1
初等算術（＝自然数論）を表現できるような理論はすべて，無矛盾で同時に完全ではあり得ない。特に，ある種の算術の真理を証明する無矛盾な形式体系すべてにおいて，真でありながらその理論では真偽を証明できないような算術に関する言明が存在する。

定理2
基本的算術の真理と形式的な証明可能性に関するある種の真理を含む，形式的で効果的に生成された（＝帰納的に可算な）理論すべてにおいて，その理論にそれ自体の無矛盾についての言明が含まれているのであれば，その理論は無矛盾でない。

ゲーデルのタイムマシン

これまでに何人かの数学者や物理学者が，アインシュタインの一般相対性理論を使って過去に戻るタイムマシンを提案してきたが，このような装置を先頭を切って提案したのがゲーデルだった。一般相対性理論の基本となるのは，光より早く移動できるものは存在しないという事実だ。実際，光速では移動する物体の質量が無限大になるため，光速に達するまで加速するには無限のエネルギーが必要となる。そのためこのような限界が生じるのだ。ところが，アインシュタインの方程式に光速を越える値を入れると，得られた解では物体が時間をさかのぼり始める。

ゲーデルは，光速という障壁を迂回するある方法を発見した。物体が光速で回転していると，まわりの時空間が攪乱されて時間と空間の性質がかなり似てくる。そしてこの回転が十分速くなると，空間の始点に戻るときに，同時に時間における出発点にも戻れるようになるのだ。ただしこれには一つ落とし穴があって，ゲーデルが思い描いた旅をするには，宇宙が回転していなくてはならない。ところがこの宇宙が回転しているという証拠はどこにもない。

81 チューリング・マシン

わたしたちの文明を根底から変えることになったコンピュータは，あるすばらしい数学者の思考実験から始まった。その架空の装置はけっきょく作られず，それどころか，そもそも作る予定もなかった。だがこれによって，数学を使えば，既存のシステムに従ってデータを変換するだけでなく，全過程を自動でコントロールすることができる，という事実が明らかになった。

チューリング・マシンのチューリングとは，しばしば「コンピュータの父」と呼ばれるアラン・チューリングのことである。チューリングは1936年に「自動機械」を考案した。もっともチューリングはデジタルな未来を思い描いていたわけではなく，ゲーデルの不完全性定理に照らしてアルゴリズムの限界を調べる，ヒルベルトの第10問題を解くための手立てとして，「自動機械」を考えたのだった。

1948年にはチューリング自身が，この装置は作れないと述べている。「……無限の記憶容量を得るには，正方形に仕切られた無限のテープを使えばよい。そのテープのそれぞれの仕切りには，記号を一つ印刷できる。どの瞬間をとっても，この装置には一つの記号が入っていて，これを「注目されている記号」という。さらにこの装置では「注目されている記号」を変えることができ，その記号によって装置のふるまいの一部が決まるのだが，テープのほかのところにある記号は装置のふるまいに影響しない。ただし，テープは装置のなかを前後に動くことができて，これが装置の基本操作の一つになる。テープ上のすべての記号に，やがて出番が回ってくる」。

この装置のふるまいを決めるのは，ある指示の行動一覧で，これらの指示，つまりアルゴリズムによって，ある特定の状況下で特定の「注目されている記号」をどうするかが決められている。チューリングが，この行動表自体を記憶用のテープに取り込めるという事実に気づいたことで，世界を変えることになる動きの第一歩が踏み出されたのだった。この装置はやがて，注ぎ込まれた計算機能を実行することができるユニバーサル・マシンへと進化した。チューリングは1938年にもう一人の「コンピュータの父」ジョン・フォン・ノイマンと出会った。第二次世界大戦後にフォン・ノイマンがブール代数に基づく継電器の基本設計を開発したことから，有限版のチューリング・マシンを動かせるようになった。ここに世界初のデジタルコンピュータが誕生したのである。

ACE（Automatic Computing Engine）というコンピュータのパイロット版。チューリングが英国国立物理研究所に提出した設計に従って1950年に作られた。

エニグマを解く

アラン・チューリングがコンピュータ技術の世界の立役者だったことを考えれば，第二次世界大戦中にナチスの暗号解読に関わることになったのも，当然といえよう。ナチスの暗号は，一つのメッセージを15,900穣（159×10^{30}）通りに暗号化できるエニグマと呼ばれる機械装置で暗号化されていた。暗号は，取り替え可能な三つのローターを使って作られ，これらのローターの組み合わせは1,054,650通りもあった。アラン・チューリングは，このなかから正しい組み合せ（＝鍵）を5時間以内で見つけることができる電気システムの設計に携わった。ドイツ陸軍は毎朝6時に暗号化された天気予報を送信しており，そのメッセージには「雨」などの単語が含まれていると思われた。そこでこれらの暗号をチューリングの装置に入れて，解読できた気象用語を手がかりに，残りの鍵を解明したのだった。

82 フィールズ賞

ノーベル賞にはなぜ数学がないのだろう，と不思議に思う人は多い。実際，数学がノーベル賞から「閉め出された」のは，ある数学者がアルフレッド・ノーベルの恋敵だったからだという噂があるくらいなのだ。

実は，ノーベル賞を受賞した数学者が一人もいないわけではなく，たとえばジョン・ナッシュはゲーム理論の業績で1994年の経済学賞を受賞している。しかし数学の世界では，カナダの数学者ジョン・チャールズ・フィールズにちなんだフィールズ賞が，最高の栄誉とされている。フィールズは1931年に新しい賞を作ってはどうかと提案した。そしてその翌年にフィールズが死ぬと，遺言書によっていくばくかの金が残されていることがわかった。

この賞は1936年から，4年ごとに開かれる国際数学者会議の場で授与されてきた。初めのうちは二つのメダルが授与されていたが，1966年以降はほぼ毎回4名が受賞している。ちなみにノーベル賞と違って，受賞対象者は受賞の時点で40歳未満でなくてはならない。なぜならこの賞は，過去の業績をたたえるとともに，その後の活躍を後押しするためのものでもあるからだ。第1回のフィールズ賞受賞者は，フィンランドのラース・ヴァレリアン・アールフォルスとアメリカ人のジェス・ダグラスで，どちらも表面に関する数学を研究していた。

83 ツーゼと電気式コンピュータ

バベッジが機械式コンピュータを考案した後も，コンピュータ技術の発展は決して失速したわけではなかった。産業化の時代が進むにつれて，潮汐を予測する装置や砲弾の軌跡を目標に定める機械などのさまざまな装置が作られていった。

機械式計算機はハンドルやホイールを手で回して動かしていたが，電力で動かせれば，そのほうが効率はよかった。米国政府は1890年に，近々発表する国勢調査のデータ処理に電動式計算機を使うことに決めた。ハーマン・ホレリス博士が考案した「タビュレータ」というパンチカードでプログラムを実行するこの電動式計算機のおかげで，それまで10年仕事だった作業は6週間で終了した。ホレリスの会社からは，かなり後になって，強大なIBM社が生まれることとなった。

時を同じくして，今日ではコンピュータ利用の一部として広く認められているブール代数や論理ゲート，コンピュータの内部のスイッチを使った機械装置のオンオフの二つの状態を0，1の2進法で表示する方法などの一連の技術が発展していった。世界初の近代的コンピュータの製作が始まったのは，1935年のことだった。ドイツの発明家コンラート・ツーゼが，機械式のスイッチを使って数を蓄積し，キーボードで打ち込

1941年にコンラート・ツーゼが作ったZ3は，チューリング・マシンを模した初の「チューリング完全（万能チューリング・マシンと同じ計算力をもつ）」な装置だった。

で、電球で答えを示す Z1 という機械を設計したのである。指示書自体を機械のメモリに蓄積できるという点も重要だったが、最大の進歩は、2進（デジタル）記数法でプログラムできるようになったことだった。なぜならこれによって、10進法を使った従来のコンピュータよりぐんと速度が上がったからだ。

科学の重要な進展ではよくあることだが、当初コンピュータは軍用目的で発展していった。実際、ドイツと英国と米国の政府はそれぞれ別個に、しかもしばしば秘密裏に作業を進めていて、1942 年に英国政府が作ったコロッサスというコンピュータは、ドイツの暗号エニグマを解くためにアラン・チューリングが設計したものだった。

技術が進歩すると、ギアに変わって真空管が使われるようになり、さらに、その真空管もトランジスタに取って代わられた。コンピュータの計算力と装置の大きさは、どちらも劇的に変化して、1970 年代には、（めったにないことではあったが）自分の家で使うコンピュータを買おうと思えば買えるようになった。そして今やコンピュータは、携帯電話からホテルのドアノブまで、いたるところで使われている。

電線や電球でいっぱいのこの部屋全体が、世界初の汎用電気式コンピュータ ENIAC だった。このコンピュータのプログラムは手動で、プログラミングは、技術者たちがスイッチを特定のパターンに接続するという形で行われた。

コンピュータの年表

1642 ブレーズ・パスカルが初の計算機を作った。六つの回転するギアとホイールを使って足し算と引き算を行う装置だった。

1679 ゴットフリート・ヴィルヘルム・ライプニツが2進法を確立。

1801 絹織物業者ジョゼフ・マリー・ジャカールがパンチカードを使って織り模様を制御するジャカード織機を発明。

1822 チャールズ・バベッジが階差エンジンの設計を始める。この装置は（正弦、余弦、対数を含む）数学の関数計算を6桁まで行えた。ちなみに何百ものギアが使われ、重さは2トンあった。

1833 チャールズ・バベッジが解析エンジンを設計。この装置には演算装置が一つと計算ユニットと入力装置（パンチカードを使用）とプリンタがついていて、メモリも蓄積できた。しかし実際に作られることはなかった。

1859 英国の統計局が、平均余命を予測するための保険数理表の計算を階差エンジンで行う。政府機関による初のコンピュータ利用。

1890 ハーマン・ホレリス博士がホレリス・タービュレータを作る。

1925 MIT のエンジニア、ヴァネヴァー・ブッシュと同僚たちが、数値を電圧として貯める電気モータ式のアナログ計算機を作製。これが初の近代的コンピュータだと考える人も多い。

1935 ドイツの発明家コンラート・ツーゼがコンピュータ設計に2進表記法を取り入れて、従来の10進記数法より速度を上げた。

1936 ツーゼが Z1 を設計。

1943 アラン・チューリングと同僚たちが、第二次世界大戦でドイツが使った暗号エニグマを解くためにコンピュータ、コロッサスを作製。

1950 アラン・チューリングが、チェスをシミュレートするために世界初のコンピュータ・プログラムを作製。

1956 IBM がハードドライブを初めて出荷。冷蔵庫二つ分の大きさで記憶容量は 5 Mb。

1958 テキサス・インストゥルメンツのジャック・キルビーが初の集積回路モデルを開発。同年、シーモア・クレイがトランジスタを用いた初のスーパーコンピュータを設計。

1969 インテルの M.E. ホフ・ジュニアが6分の1インチ×8分の1インチ以下のチップに 2,250 個のマイクロトランジスタを載せたプロセッサを設計。インテル 4004 は世界初のマイクロコンピュータとなった。

1975 ビル・ゲイツとポール・アランがマイクロコンピュータにコンピュータ言語 BASIC を取り入れることを決めて、自分たちの成果を市場に出すためにマイクロソフトを設立。

1977 8インチの情報蓄積メディアに匹敵する容量の 5¼ インチフロッピーが、8インチの記憶媒体に取って代わる。

1980 IBM が初のギガバイト・ハードドライブを導入。冷蔵庫くらいの大きさで重量は 500 ポンド（230 キログラム弱）。

1983 アップルが高解像度グラフィックスと多重タスク処理が可能なコンピュータ Lisa を公表。ヒューレット・パッカードが初のタッチスクリーン型コンピュータを発売。

1983 初の 3.5 インチハードドライブが売り出される。記憶容量は 10 Mb。

1991 初の 1.8 インチハードドライブが売り出される。記憶容量は 21 Mb。8月6日には一般向けのワールドワイドウェブ（WWW）が発足。

1998 グーグルが設立される。

2012 約20億人がインターネットにアクセスできる。

84 ゲームの理論

数学者たちは半世紀のあいだ，数学を数以外の概念の集まりに変えようと努めていた。だがコンピュータ時代が始まると，この新技術を活用するために，今度は概念を一連の数に変えるシステムが必要になったのだから，なんとも皮肉な話だ。この変化から生まれた理論の一つにゲーム理論がある。これは，これまでに考え出された応用数学の分野のなかでももっとも重大な分野の一つである。

数学とゲームには昔から深い関係があった。確率という分野が生まれるきっかけになったのは，さいころゲームでできるだけ効率的に賭けたいという欲であり，グラフ理論やトポロジーの始まりは，ケーニヒスベルグの橋の問題（プロセインの町で暇な人々が楽しんだ特別なルートを見つけるゲーム）だった。ぼんやりしているときに飛躍的な発展が起こる場合も多く，かと思うとディオファントスやルイス・キャロルのように，数学のパズルを作品として残した数学者もいる。

ジョン・フォン・ノイマンは世界を一変させるような業績をたくさん残しており，ゲーム理論はその一つでしかない。ノイマンはハンガリー生まれで，初期のデジタルコンピュータを設計し，マンハッタン・プロジェクトに関わった。

偶然とは何か

実際のゲームに関する数学は，偶然が絡む場合とそうでない場合の二つに分けることができる。偶然を含まない場合は，分析をすれば必勝戦略を見つけることができ，その戦略に従えば必ず勝つ。たとえば三目並べでは，必勝とは少し違うが，双方ともに最適な戦略を取れば引き分けに持ち込むことができる。いっぽう偶然が絡んだゲームの場合は，勝つ確率や負ける確率を計算する必要がある。1928年に米国の科学者ジョン・フォン・ノイマンによって作られたゲーム理論では，確率と戦略を現実世界の状況に応用する。

ゼロサムと儲け

ゲーム理論の基礎はゼロサム・ゲームで，この場合は，片方の利益がそのまま

米国の核兵器庫を維持するための「戦略空軍」の資源をどう割り振るかについて議論する，ランド・コーポレーションの数学者とエコノミスト。1950年代から1960年代の冷戦たけなわの頃には，ゲーム理論を使って，核兵器の威力を最大限にするような配置を決定していた。

キューバのミサイル危機

冷戦下で核兵器の均衡が保たれたのは，ゲーム理論のおかげだった。攻撃をしかけた側もしかけられた側と同じくらい悲惨な結果になる相互確証破壊（MAD）という戦略のおかげで，戦争を抑えることができたのだ。しかし1962年にソ連がキューバにミサイルを配備すると，ゲームの性質が変わった。ソ連が相手に報復の余地を与えずに数分で攻撃を行えるようになったのだ。その後13日間，世界は核戦争の瀬戸際に立たされたが，最後には双方ともに撤退に合意した。

相手方の損失になる。損得を足すと常にゼロになるから，相手と協調する必要はまったくない。参加者の行動がもたらすであろう結果や相手の行動は，右下の図のような利得行列で表される。この行列は，現職のマーサと対立候補のルースが市長選挙期間中に示す政策公約にどのような効果があるかを示している。この行列からいって，マーサにとっては，東側にスタジアムを建設するという公約を推し進めるのがベストで，いっぽうルースにすれば，スタジアムは建設しないという公約がベストで，もっとも多くの票を稼ぐことができる。

　今述べた戦略は互いに独立だから，このゲームは「決定された」ことになる。これとは別に，マーサの行動次第でルースにとってのベストな選択が変わる場合もあるだろう。その場合は，相手方の戦略の確率に基づいて，最大損失を最小にする「ミニマックス戦略」を使うことになる。さらに，ゲームがゼロサムでない場合，つまり両方が勝ったり両方が負けたりする可能性がある場合は，協調することも考えられる。こうなると今度は，相手が取り決めにどこまで忠実かが問題になる。

この行列から，たとえばマーサが西に建設するといいルースが東に建設するといった場合はマーサが45％の票を得る，というように，マーサが公約する新たな市営スタジアムの建設予定地がどれくらいの票に結びつくかがわかる。これはゼロサム・ゲームだから，残りの票はルースが得る。

		ルース		
		西	東	建設しない
マーサ	西	55%	45%	35%
	東	60%	65%	45%
	建設しない	45%	50%	40%

85 情報理論

　プログラムがどんどん複雑になり，データの流れがコンピュータのあいだを行き交い始めると，数学者たちは新たに計測すべきものが現れたことに気がついた。情報そのものが，計測の対象になったのである。

　コンピュータの世界でビット（bit）といえば，バイナリーディジットという言葉の略で，一つの0か1を表す（つまり可能性は二つに一つだ）が，これは1948年にクロード・シャノンが使い始めた言葉である。1956年にはヴェルナー・ブッフホルツが8ビットの塊をバイトと呼び始めた。キーボード上の文字やほかの記号を一つコード化すると1バイトになるが，コンピュータが一度に処理できるデータの最少量であるバイト（byte）は，ビットと混同しないように綴りが変えてある。1970年代になると，4ビットを表す言葉としてバイトより小さいニブル（かじる）という言葉が使われるようになった。

　クロード・シャノンは，世間からは忘れられた「情報理論の父」で，たとえば，データの破損を探知するパリティーコードという数学的手法を考案した。これは，オリジナルの情報の末尾に何ビットかを付け加えて送るコードで，左の例では，1ニブルの情報の右側に1ビット×3で3ケタのコードが付け加えられている。右側の3ケタのうちの最初の1ビットは，オリジナルの1，2，3ケタの和が偶数なら0，奇数なら1とし，次の1ビットは1，2，4ケタの和の奇偶から，最後の1ビットは2，3，4ケタの和の奇偶から，同じように定めている。

オリジナルの情報	送られた情報
0000	0000000
0001	0001011
0010	0010111
0100	0100101
1000	1000110
1100	1100011
1010	1010001
1001	1001101
0110	0110010
0101	0101110
0011	0011100
1110	1110100
1101	1101000
1011	1011010
0111	0111001
1111	1111111

86 測地線

　球面の上の測地線は，平面の上の直線に相当する。測地線の幾何学は，地球をとりまく経線の「大円」から時空間の重力曲線まで，じつにさまざまなところで使われている。そのうえ1949年には，20世紀を象徴するフラー・ドームという建設物に使われるまでになった。

　直線と測地線には一つ共通点がある。どちらも2点間のもっとも短い経路なのだ。そのため，平らな世界地図に飛行経路を描くと，それらの経路は中心の異なる円弧のように見える。飛行経路は子午線と呼ばれる地球の大円，つまり測地線に沿って延びている。したがって平らな地図を球に巻きつければ，経路はかなりまっすぐに見えるはずだ。

　そうはいっても，直線と測地線では似ている点より異なる点のほうが多い。直線は長さが無限だが，測地線は閉じている。つまり，ぐるっと円を描いて必ず元のところに戻るのだ。それに，2本の直線は平行になる場合があるが，2本の測地線は決して平行にならない。

地球上の経度は測地線だが，緯度は（赤道を別にすれば）測地線ではない。

惑星間をゆく旅人たち

　リチャード・バックミンスター・フラーは，1969年に発表した『宇宙船「地球号」操縦マニュアル』という著書のなかで，地球を宇宙船に，人類をその旅客にたとえた。そして，今ではいささか時代遅れな観点から，太陽がもたらすエネルギーが生物圏に行き渡って，文明の手で動力として利用され，人間が必要とするものを作った後で再び深宇宙に放射されるまでに，どのような形で地球の動力となっているのかを紹介した。フラーによると，地球に届くエネルギーは常に減っているが，人間の知識は常に増してきた。そして知識が増えるたびに，使える資源をうまく利用して集団全体の富や生活水準を上げてきたのだという。たとえ一部にせよ，技術の価値に関するフラーの予測が正しければ，そこからは，この惑星の運営マニュアルの新たな1章が生まれるはずだ。

モントリオール・バイオスフィアのジオデシック・フレームは，三角形のユニットからなっている。これ以外のドームのユニットは六角形である。

効率的な空間

　フラー・ドームの特許をとったのは，リチャード・バックミンスター・フラーだった。フラーは効率に関心をもっていて，構造物全体の重さを分散させられるようなプレハブ式の部品を設計した。つまり，非常に大きな空間を抱きこめるようなドームを作ったのだ。（フラー・ドームの差し渡しは，最大で216メートルある。）フラーはこのとき結晶構造を参考にしたのだが，フラーの死後2年経った1983年には，新たに切頂二十面体の形をした炭素が発見され，フラーにちなんでバックミンスター・フラーレンと命名された。

87 カオス理論

19世紀の中頃には，多くの人々が，宇宙に関する科学的な疑問のほとんどがすでに解けているか，もうじき解けるだろうと考えていた。ところが数学は，この心地よい見通しにけちをつけた。自然現象は，実はカオス的なのだ。

かつて，宇宙はよく手入れされた時計のようなものだと考えられていた。情け深い創造者が最初に動かしてからずっと今まで，物理や数学の法則に従って，長いあいだ勝手に動き続けてきたというのだ。このような見方は，アイザック・ニュートン卿自身や17世紀にニュートンが発表した運動や重力の法則にちなんで，ニュートン的宇宙観と呼ばれていたが，実はまだ未解決の問題も残っていた。たとえば三体問題もその一つで，ニュートンは，太陽と地球の両方から重力を受けている月の動きを巡るこの問題を解こうとしたが，うまくいかなかった。

1880年代末に，フランスの天才アンリ・ポアンカレが，のちにカオス理論と呼ばれることになる分野への最初の一歩を踏み出した。互いに重力を及ぼしあう三つの天体の速度と位置をほんのわずかに変えただけで，時とともにその差が拡大されてまるで異なるふるまいにつながる，ということに気づいたのだ。カオスの例としては，もう一つ，振動する点で支えられた振り子，いわゆる二重振り子がある。この振り子のふるまいは，振り子の揺れの周期と支点の振動の周期の二つの要素によって決まるが，そのうちのどちらか一方を変えると，振り子のふるまいがひどく変わるのだ。

カオス理論の説明には，しばしばバタフライ効果という言葉が登場する。これは1960年代にローレンツが作りだした言葉で，蝶が羽を1回打ったときの空気の動きのようなごく小さな変化によって，嵐のときの強風のような大きな結果が引き起こされることを意味している。

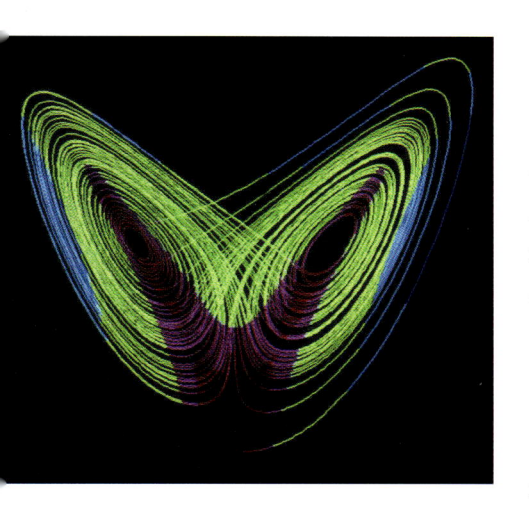

ローレンツ・アトラクタは，エドワード・ローレンツが気象予報のために調べた一連の微分方程式のカオス的解を図示したものである。そして同時に，初期のフラクタルの例でもある。

カオスの結果起こること

この問題に取り組もうとすると，さらにもう一つ別の壁が立ちはだかった。必要な計算をしようにも，計算力が足りなかったのだ。こうしてカオス理論は何十年も冬眠し続けることになった。ところが1961年に，原始的なデジタルコンピュータを使って気象系のモデルを考えていたアメリカの気象学者エドワード・ローレンツが，あらためてこの現象に出くわした。構築したモデルの初期条件を変えるたびに，まったく異なる結果が得られたのだ。同じモデルで別の反復を行ったときの処理データを使っただけで，結果が違ってくる。実は，コンピュータ処理で得られた数値と，丸められて印刷された数のほんのわずかな誤差が効いていたのだ。従来，このような些細な差は結果に影響しないと考えられていた。ところがローレンツは，カオス的な系では最初にわずかな差があるだけで，まったく異なる結果が生まれることを示したのだった。

ポアンカレのn体問題

アンリ・ポアンカレは1880年代に，三体問題（のちにはn体問題）を考えていて，カオスという概念に行き当たった。そして，カオスの軌道が周期的でなくなる（つまりそれぞれの循環の周期が一定でない）可能性があることを証明した。ところが天体は，突飛な行動をしながらも，特定の点には決して近づかなかったり，ある点から離れなかったりする。このようなカオス的動きを説明するには，どのような数学が必要なのか。ポアンカレは，n体問題を完全に解くことはできなかったが，この問題に大きな進展をもたらしたという理由で，1887年にスウェーデン国王から賞を授与された。

88 ひも理論

　20世紀のあいだじゅう，数学は物理の極小の理論と極大の理論が共倒れを起こさないように力を貸してきた。観察できないものや人間の知覚で確認できないものは，純粋な数学モデルとして表現された。そして1960年代に入ると，数学は物理学を一つにまとめる手段を提供することになった。

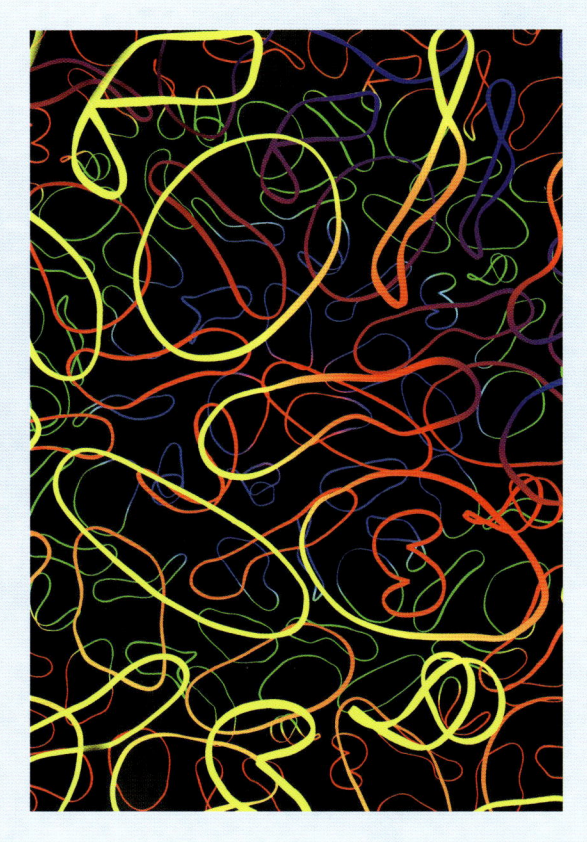

　光子という粒子が存在し，光をはじめとする放射エネルギーを運んでいる，というアルベルト・アインシュタインの主張によって，量子の世界に焦点が当たることとなった。いっぽう相対性理論は，きわめて大規模な宇宙の問題を取り扱う理論だった。これらすべてはひらめきと奮闘に満ちた10年間で作られ，アインシュタインはその後40年をかけて，これら二つの理論を統一する「万物の理論」を作ろうとした。つまり，重力や電磁気など自然の基本的な力をつなぎあわせる方法を見つけようとしたのである。

点とはひものこと

　「万物の理論」の探求は現在も続いているが，今のところ，その先頭を行くのは，1960年代末に，数学の群論やトポロジーと呼ばれる重要な分野の後押しで登場した「ひも理論」だとされている。この理論によると，原子より小さな粒子は0次元の点ではなく1次元の線，あるいはひもで表される。これらのひもの振動を数学を使って見ていくと，スピンやチャージなどのその粒子の性質が定まる。振動の多くはいわゆる「コンパクト次元」で起きていて，量子規模でのみ存在するこれらの次元があればこそ，ひもは同時に複数の方向に動くことができる。直近の理論では，このような「コンパクト次元」は11あるはずだという。

　当初この理論では，1968年に発表された双対共鳴模型の場合のように，基本的な力を伝達する役割を担う光子などの粒子（ボソン）に焦点が当たっていた。ところが1990年代になるとひもを拡張して，電子やクォークなどの物質に質量を与える粒子（フェルミオン）とボソンを結びつける超ひもを考えるようになった。質量がないボソンと質量をもつフェルミオンとのつながりは超対称性と呼ばれていて，おおいにもてはやされているヒッグス粒子が発見されたあかつきには，この分野をさらに念入りに調べることができるはずだ。〔2012年から2013年にかけて，ほぼヒッグス粒子と思われるものが見つかったという発表があった。〕

ひも理論といわれても，ふらふらする輪っかや線を思い描くのが関の山だ。コンパクト次元が付け加わると，1本のひもが多次元の表面，つまり多様体に変わる。そしてこれらの多様体が互いに時間をかけて作用しあい，「『世界面』とよばれるものを作る」のである。

大物が小物と出会う

　ひも理論やその考え方を継承する理論のことを，実験対象がないのだから科学理論ではなく哲学だ，といって批判する人は多い。この理論をもっとも簡単に試験できる場所といえば，かのブラックホールで，そこでは大規模の理論と小規模の理論が正面衝突する。ブラックホールとは，星が崩壊して本質的に一点になったもので，量子レベルでは，さまざまなひもがきわめて複雑に絡みあっている。しかも，ブラックホールは1点でしかないのに質量がきわめて大きく，重力も宇宙でもっとも強い。量子の不確定性によると，考えうるもっとも短い時間（10^{-43}秒）のあいだに，物質や反物質の仮想の粒子，つまりひもがいたるところに存在し，絶えず生じては互いに打ち消しあっている。ブラックホールの縁にのった相反する仮想粒子は，生じたとたんに重力によって引き離される。このためブラックホールからは1本のひもが放たれて，このひもが，ブラックホールの内部にある風変わりで原始的な物質について調べる際の鍵になる。

89 カタストロフ理論

　カタストロフ理論は，別に大惨事(カタストロフ)だけの理論ではない。この理論では，環境の小さな変化が急激で大規模なふるまいの変化を引き起こすしくみを調べる。たとえば，何千年ものあいだ安定していた山腹の斜面が，たった一度の降雨や地震で地滑りを起こす様子を思い浮かべればよい。

　このような大惨事(カタストロフ)や，これに似た氷河からの氷山の分離や株式市場の暴落などの現象を数学的に説明する場合は，まずその系を方程式で表す。こうしてできた方程式は，含まれる変数がどうふるまおうと，長いあいだ均衡を保ち続ける。このとき，この方程式のどの要素が分岐を引き起こす力（破滅的な出来事へとつながる突然の変化を引き起こす力）をもっているのだろう。

力をもっている変数

　フランスの数学者ルネ・トムは 1960 年代にカタストロフ理論の研究を始め，1970 年代に入ると，英国の数学者クリストファー・ジーマンによってその業績が世間に広められた。二人はカタストロフを引き起こす力がある変数の個数に基づいて，カタストロフをさまざまな種類に分類した。この数学の一部は，船の転覆や橋の崩壊やパニック買いなどの分析に応用されてきた。さらにこれとは別に「臨界点」と呼ばれるタイプのカタストロフがあって，このタイプでは，一つ以上のカタストロフを引き起こす力をもつ変数が危機的レベルまで蓄積して，ある点を超えたとたんに系に及ぼす影響が急激に増して抑制不能になる。このような現象は，人間が作りだした気候変動に関する現在のモデルのなかで，一つの理論として研究されている。

氷山は，気温が上がる極地の夏に氷床本体から割れて漂い出した氷床のかけらである。氷山が「分離する」速度の移り変わりを調べる際には，カタストロフ理論が使われる。ちなみに氷山が崩壊するまでの時間は，気候変化の指標になっている。

人によっては，株式市場での暴落こそがもっとも破滅的な出来事だと考えるかもしれない。暴落の場合は，いくつかの銘柄の価格がわずかに落ちたのを受けて，投資への信用を調整しようという動きが生じ，その結果，株価が激しく下降する。

90 四色定理

　地域ごとに別の色で塗り分けた白地図をカラーマップという。19世紀に国家が生まれて印刷技術が発展すると，カラーマップはたいへんカラフルになった。そこで地図制作者たちは，地図作りの手間を省いてコストを下げるために，いったい何色あれば地図を作れるのだろう，と考え始めた。

　マーク・トウェインの『トム・ソーヤーの探検』（1894年）という作品では，トムとハックルベリー・フィンが，ミズーリ州のセント・ルイスから東に向かう気球のなかで，今どのあたりにいるのかを話しあう。トムは風の速さからいってインディアナ州あたりだと思うのだが，ハックは違うという。「まだイリノイ州を越したばかりさ。ほら，インディアナ州は見えてもいないだろ。イリノイ州は緑色で，インディアナ州はピンクなんだ。ピンクなんかどこにもないじゃないか。」トムが反論しても，ハックは一歩も譲らず，「地図で見たんだ。絶対にピンクだった」とがんばる。

　ハックルベリー・フィンはさておき，誰もが知っているように，カラーマップは混乱を防ぐためのものだ。そして地図制作者たちは，わずかな直感と試行錯誤によって，必要な色が最大でも4色だということに気がついた。地域の境界がはっきりしている地図でありさえすれば，世界の国別でも都市の地域別でも，豪奢な宮殿の見取り図でも，どんな地図であろうとたった4色で隣り合う部分が同じ色にならないようにできるのだ。数学者のフランシス・ガスリーは1852年に，地図を各地域が面で境界が稜で三つ以上の地域が集まる点が頂点になっているグラフに見立てて，その理由を突きとめようとした。だが，地図制作者が5番目の色を必要としたことは一度もなかったにもかかわらず，誰も4色で十分だということは証明できなかった。この物語の幕が降りたのは1976年のことだった。いまだに緑豊かなイリノイ州で，ケネス・アッペルとヴォルフガング・ハーケンが大学の大型汎用コンピュータを使って，国の数が無限であっても，4色あれば十分だということを示したのである。

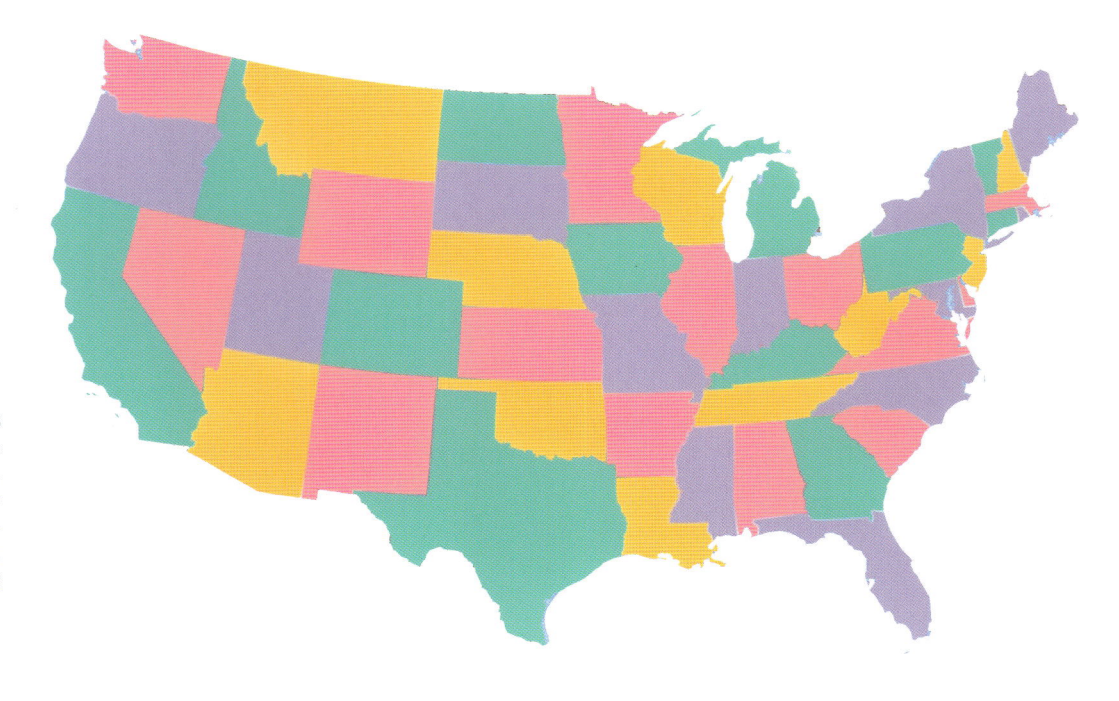

四色定理は米国の46州でも成り立つ。この地図を球に載せたとしても，やはり4色で十分だが，地球がドーナツ（もちろん食べることはできない）だと，7色必要になる。

91 公開鍵暗号法

コンピュータの威力が増すにつれて、各国政府や軍はコンピュータを重用するようになり、経済交流もコンピュータなしでは立ちゆかなくなった。こうしてデータを安全にやりとりできる手段が必要になったとき、救いの手を差し伸べたのは、数学だった。

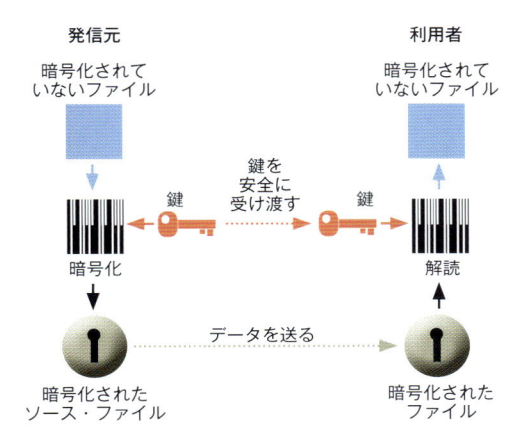

扱いに注意を要する情報や秘密のやりとりを盗聴から完全に守ることは、事実上不可能だ。そのため、データを守りたければ、暗号を使うしかない。ところが暗号の世界ではすでに、第二次世界大戦の際のドイツのエニグマ暗号解読のように、コンピュータを使った暗号解読が行われていた。

一方通行の数学

数学を活用したデータの暗号化の歴史をたどると、1874年までさかのぼることができる。この年に数学に秀でた経済学者のウィリアム・スタンレー・ジェヴォンズが、一方向にはわりと簡単に進めるが、逆方向に進むのはかなり難しくて、ひどく時間がかかるような数学的操作を作りだしたのだ。その100年後に、暗号学者のホイットフィールド・ディフィーとマーティン・ヘルマンが、ジェヴォンズのアイデアを取り入れて、ディフィー–ヘルマン鍵共有という手法を提案した。今、二人のあいだで秘密のメッセージを送りたいとしよう。南京錠をかけられる箱が一つあって、各自が自分専用の南京錠と、その南京錠を開ける鍵を持っている。このとき、一人目が二人目に開いた南京錠を送ってもらう。そして一人目はメッセージを箱に入れると、二人目の錠を使って箱を閉めて、二人目に送る。こうすれば二人目は、自分の鍵を使って南京錠を開けて、秘密のメッセージを読むことができる。実際の鍵共有では、このような作業を数学的に行うのである。

時計に逆らう

公開鍵暗号では、大きな数を因数分解する効率的な方法は存在しないという前提で、ひじょうに大きな数を使う。こうすると解読に莫大な時間かかるので、たとえ第三者がこれらのメッセージを解読できたとしても、その頃には情報の価値はなくなっている。2012年現在、もっとも優れたオンラインのセキュリティーには128ビットか256ビットの暗号が使われている。128ビットの暗号では、正しい数を探りだして秘密のメッセージを解読するために、2^{128}通りの組み合わせを調べなくてはならない。可能な組み合わせを片っ端から当たるというごりごりの腕力尽くでこの作業を行うと、149兆年かかることになり、さらに256ビットの鍵では、この2乗の時間がかかる！

ディフィー–ヘルマン・アルゴリズム

米国のホイットフィールド・ディフィーとマーティン・ヘルマンは1976年に、二人の人間が事前にいっさい鍵を交換せずに、暗号化された秘密のメッセージを送る方法を公開した。このシステムでは、モジュラー計算（合同算術）と素数の性質を利用する。

1. アンディーは、何か数を選んでそれを秘密にする。この数をA_1としよう。
2. ゼルダは別の鍵を選び、これを秘密にしておく。この数がZ_1。
3. 次にアンディーとゼルダがそれぞれ自分の数を$f(x)=a^x \bmod p$という関数に入れる。ただし、xは自分の数で、pは二人とも知っている素数で、aは誰にでも見える情報だ。アンディーはこの操作で新たに、a^xをpで割ったあまり（$=a^x \bmod p$）として、A_2という数を得る。そこでこの数をゼルダに送る。ゼルダも同じようにして得た新たな数Z_2をアンディーに送る。
4. アンディーは$Z_2^{A_1} \bmod p$を解いて、さらに新たな数C_Aを得る。
5. ゼルダは$A_2^{Z_1} \bmod p$を解いて、新しい数C_Zを得る。

すると驚いたことにC_AとC_Zは同じ数になり、これを使えば二人ともメッセージを解くことができる。

92 フラクタル

　古くからある幾何学では，直線や完ぺきな円が研究の対象となっていたが，このような図形は現実世界には存在しない。雲も木も岩も，砕けたり裂けたりして細かく入り組んでいる。自然なものはざらざら，でこぼこしているのだ。数学者は長いあいだ，現実世界のこのような形をうまく説明できずにいた。どうやら悪魔は，細部に宿っているらしかった。

　フラクタル（フラクション＝分割，断片）という名前からもわかるように，フラクタルの数学では，わたしたちが日常目にするぐちゃぐちゃざらざらしたものを研究する。ベルギーの数学者ベノア・マンデルブローは1975年に，「どの規模でも同じようにざらざらしている」新たな幾何学の研究全体をまとめて，フラクタルと呼ぶことにした。マンデルブローの出発点となったのは，海岸の測量に関するシンプルな問題だった。

　縮尺が大きい地図では，島の海岸線はかなり単純だ。なぜなら細部がきちんと表現されていないからで，縁を直線で表すこともできる。もっと細かく見るには地図を拡大しなくてはならないが，拡大したものを測ろうとするとさらに小さな定規が必要になり，測量に使う棒の長さも短くなる。こうして地図を拡大していくと，しだいに正確な海岸線の長さに近づいていく。ところがこの手順には終りがなく，拡大するにつれて値はどんどん大きくなる。そうやってついに地面と水との区別がつかなくなったとしても，これだ！という最終的な数値は得られない。

細部に迷って

　自然界の形の元になっているのは，実はこれらのいわゆる「病的な曲線」だ。人間の体もフラクタルに覆われていて，どの倍率で見ても同じように細かく複雑に見える。たとえば肺はとほうもなく効率的に空間を埋めていて，無数のひだや細かい突起物があるために，体積はきわめて小さいのに表面積は膨大だ。

　植物もまた，単純な法則に従ってとほうもない複雑さを生み出している。ロマネスコ・ブロッコリーの表面は絡み合った渦巻き状になっていて，面積を測るのは難しい。小さな花や巻き貝の場合も，近づけば近づくほど細かいところが見えてくる。ロマネスコ・ブロッコリーのように，ある一つの単位を異なる倍率で繰り返し加えていくような成長からは「自己相似」と呼ばれる現象が生まれる。

スウェーデンの数学者ヘルゲ・フォン・コッホは1904年に，自己相似な図形の作り方を発見した。「コッホ曲線」と呼ばれるその図形では，種となる形（シード・シェープ）から始まって，各辺の真ん中3分の1を元の図形の縮小版で置き換えていく。すると，種が正三角形であれば，第二段階で六角形の「ダヴィデの星」ができて，やがて雪片の形が現れる。

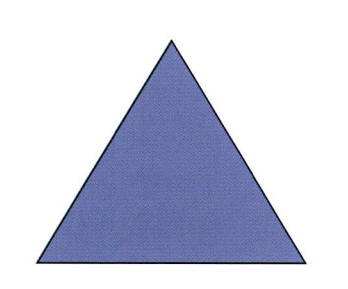

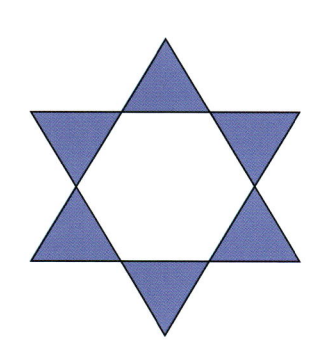

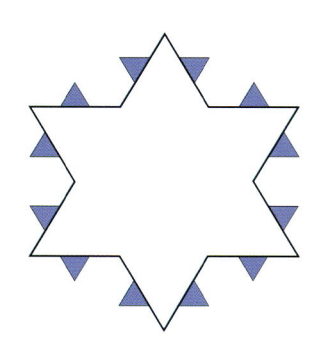

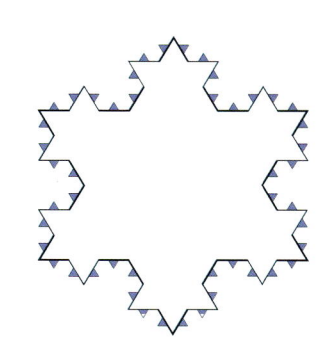

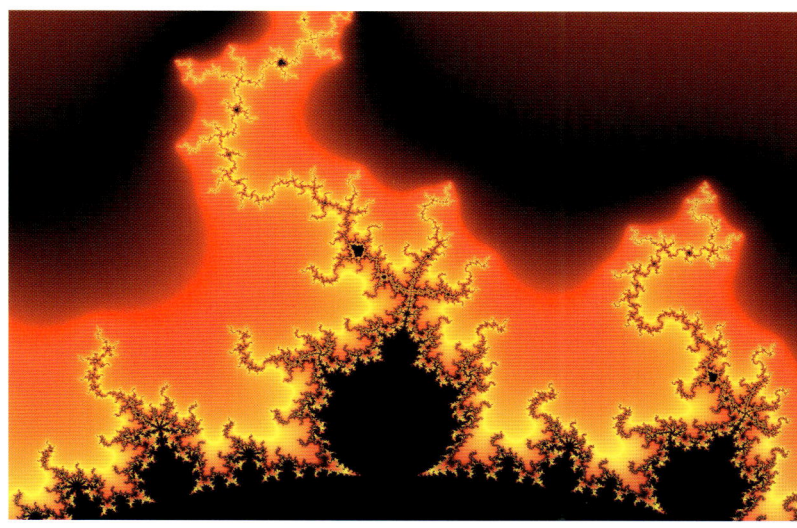

フラクタル図形には,自然界に見られる形を連想させるものが多い。マンデルブロ集合の細部(右)は巨大な貯水場の蜘蛛の巣状に入りこんだ細かな水路(左)とよく似ている。コンピュータ生成画像(CGI)では,フラクタル幾何学を使って風景や海の波を本物らしく見せる。

複雑さを封じ込める

　自己相似な形は,どの部分をどの倍率で見ても全体に似ている。コンピュータが登場するまでは,このような形を調べようとすると,手で描くほかなかった。数学の画像としてはもっとも多くコピーされているであろうマンデルブロ集合が登場したのは,実はコンピュータの力を使えるようになった1980年代以降のことだった。マンデルブロ集合はきわめて複雑な図形だが,この図形の裏にあるのはごく単純な数学である。具体的には,数の足し算とかけ算からなる$z=z^2+c$という1本の式があればよい。この場合に重要なのは反復で,この単純な規則をどこまでも際限なく適用し続ける。つまり,得られた値を改めてこの式に入れ直していくのだ。この現象を調べていたマンデルブローは1980年に(本人はこの図形をわが「大熊」と呼んでいた),zの出発点をどこに取るかによって,得られる値がどんどん膨らんだり,どんどん縮んでゼロに向かったりすることに気がついた。マンデルブロ集合は,実はこの二種類の数の境界線を示す図形なのだ。この線の外から始めると,zの値はやがて無限大に飛んでいくが,線の内側のzから始めると,図形の中に閉じこめられたままで,やがて消滅してしまう。そのうえこの境界のどこをどう拡大してみても,模様は常に同じになる。

　あらゆる対象物について,フラクタル次元を考えることができる。これはいわば統計的な「荒さの尺度」のようなもので,たとえばロマネスコ・ブロッコリーのフラクタル次元は約2.8である。海岸線は1.28,人間の肺は約2.97。さらに,図形の複雑さの尺度を使えば,まったく人工的に木や雲や山岳地帯の形を作ることができる。さらに科学者たちは,一見カオス的に見えるデータセットにフラクタルなパターンが潜んでいないかどうかを調べている。

ペアノ曲線

　イタリアのジュゼッペ・ペアノは1890年に,2次元平面上で永遠に伸びつづける1次元の線を発見した。コッホ曲線と同じような作り方で,前もって形を想定しながら一単位の長さを一単位の正方形に写し,さらに,端点をつなぎながらその手順を細かい区間で繰り返していく。そうすると,正方形の外にはけっして出ず,それでいて長さが無限な線を作ることができる。ペアノ自身は実際にこのような線を引いたわけではなく,直感に反するこの性質を,数学を使って証明した。

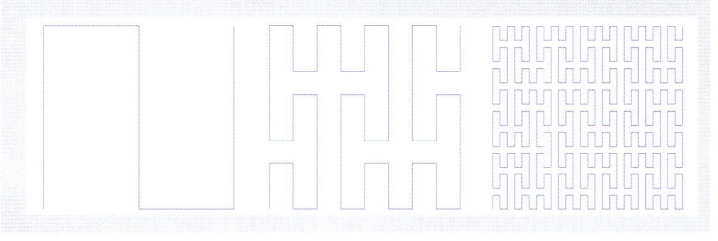

93　4次元以上

　4次元とは何だろう。アインシュタインの学生にそうたずねたら，きっと高さと幅と奥行きの計三つの空間次元に続く時間こそが第4の次元だと答えたにちがいない。だが数学者たちは，ほとんど物理法則に縛られることがない。だから当然，空間次元がさらに高い図形を考えた。たとえその図形を見ることができなくても，そんなことはどうでもよいのだ。

　イギリスの英文学の教師エドウィン・アボット・アボットは1884年に『フラットランド：多次元の冒険』を発表した。これは，ビクトリア朝の英国にはびこる不平等を皮肉り，次元と感覚の関係を明らかにする物語だった。今でもSFの世界で見られる，第4の次元が「ほかの世界」であり「より高い平面」だとする観点が生まれたのも，この本の影響といってよいだろう。

　フラットランドの人々は，その名の通り完全にぺしゃんこで，座標平面に乗っている。この物語では，まずスクエア氏がラインランドを訪れる。そこは，誰もが1次元の線か長さのないゼロ次元の点であるような世界だった。次に，今度は球が3次元の世界からフラットランドにやってくるが，スクエア氏の目には3次元の球も，フラットランドを抜けるたびに大きくなったり小さくなったりする円にしか見えなかった。さて，人間は3次元の生き物だから，空間の距離が理解できるし，3次元での物の変化を時間の経過として経験することができる。ところが今，仮にわたしたちが4次元の物体が空間を動いているのを見たとしても，ちょうど球を見ているスクエア氏のように，その物体が3次元で時とともに変化しているようにしか感じられない。

　1980年代には，ひも理論との関係で，再び余剰次元の幾何学がよみがえった。線分の始点と終点が x 軸上に載っていて，正方形が x 軸と y 軸の上に載っているのなら，立方体の端の点は x 軸と y 軸と z 軸に載っていることになる。だったら第4の次元として w 軸を付け加えるのはごく自然なことで，これによって4次元立方体，つまり超立方体ができる。こうして軸を1本加えるたびに次元が一つ上がり，代数的には n 多面体と呼ばれる，平面で囲まれた滑らかな n 次元の立体ができる。

1989年にパリのラ・デファンスに作られたグラン・アルク（大きなアーチ）はテッセラクトといって，4次元立方体（別名超立方体）を表している。超立方体には立方体の2倍の頂点があり，4倍の面と稜がある。

2次元に暮らす：アボット作『フラットランド』の登場人物

エドウィン・アボット・アボットは，「aの2乗」とも読めるA．スクエア（「一つの正方形」）という筆名で『フラットランド』を書いた。これは自分の名前が二重になっているのに引っかけたジョークだろうが，それがそのままスクエア氏という主人公の名前にもなっている。フラットランドにはさまざまな幾何学図形が住んでいて，労働者階級は三角で頂角が鋭い者ほど卑しいといった具合に，形がそのまま社会での地位を表している。たとえば兵隊や召使いは先がとがった細い三角で，正三角形は商店主や役人，この物語の語り手のような専門職は正方形で，ゆったりした五角形は紳士，もう一つ辺が多い六角形は貴族なのだ。この社会でもっとも高い地位を占めるのは僧侶で，辺の数がきわめて多く，事実上円になっている。アボットが女性を1次元の線にしたことについては，作品が発表されたとたんに非難がわき起こったが，これは19世紀の女性に課せられた社会的制約についてコメントするための設定であって，著者は女性が男性より単純に見えるといっているわけではない。フラットランドの表紙にはスクエア氏の家の見取り図が描かれているが，ここでは息子たちがその母の直線を加えて社会的階層を上がっていく，という点に注目してほしい。

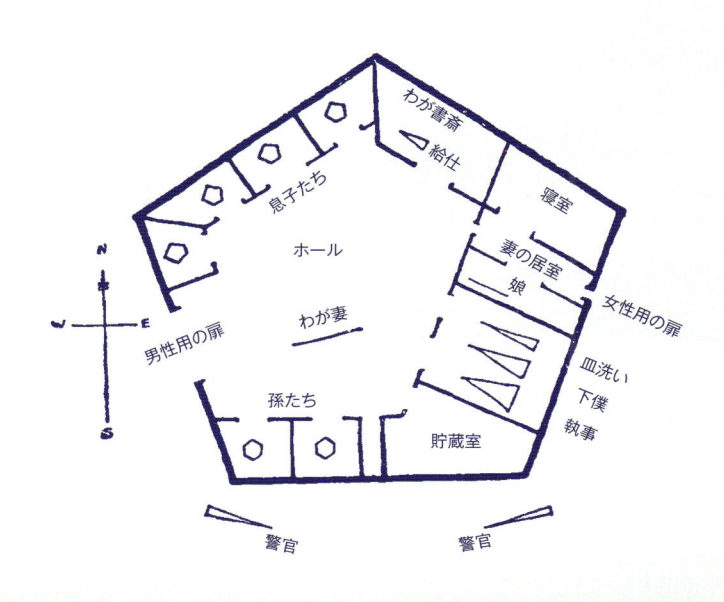

94 全有限単純群の分類

数学の世界にも，構成要素となるブロックが存在する。宇宙のあらゆる物質が化学元素で構成されているように，あらゆる有限群は，限られた数の単純群で構成されているのだ。

　数学や科学の世界で「群」がおおいに威力を発揮していることから，すべての有限単純群を分類することが，20世紀数学の一大プロジェクトとなった。このプロジェクトには100名以上の数学者が参加し，500以上の論文が生まれ，ついに1985年に完了した。結論としては，有限単純群はたったの18種類と，あとは26個の孤立した独特な群しかないことがわかった。孤立した群のなかでもひときわ有名でもっとも大きいのが，「モンスター」と呼ばれる群だ。数学者は誇張とは無縁な人種で，実際この群はモンスターの名にふさわしく，とほうもなく大きい。正確には，196,883次元の808,017,424,794,512,875,886,459,904,961,710,757,005,754,368,000,000,000個の要素からなっている。モンスターはぽつんと佇んで，有限単純群の分類がすべて終わったことを保証しているだけなのだが，まったく別の分野であるモジュラー形式の研究者の目には，薄気味悪くなるほどなじみのある姿に見えた。さらに調べてみると，この二つの分野が深くつながっていることがわかり，そこから量子理論に新たな意義深い光が当てられることとなった。

95 自己組織化臨界現象

1987年に発表された『自己組織化臨界現象，$\frac{1}{F}$ノイズの説明』という論文は，この宇宙のもっとも不思議な側面の核心に迫るものだった。その論文によると，わたしたちを取り巻く世界は不可解としかいいようがないほど複雑なのに，その複雑さを説明する方程式はかなり単純だという。

パー・バクとチャオ・タンとクルト・ウィーゼンフェルドがまとめたこの論文が，数学関係の論文のなかでももっとも多く引用されたものの一つとなったのには，ちゃんとわけがある。わたしたちが，たとえば天気に影響する法則をすべて知っていて，強力なコンピュータを使うことができて，気象条件も十分に観察していたとしても，今後50日間の天気予報がすべて当たる可能性はゼロといってよい。バクとタンとウィーゼルフェルドは，セル・オートマトン（単純な自律システム）の研究から，広範な初期条件に対して，外側の影響とはまったく独立に，当然のこととして複雑なふるまいが起きるという事実を示したのだった。

この理論は，戦争や地震に関する法則や，砂漠の砂丘が同じ形になる理由や，もっと小さな規模でいうと砂浜にさざ波のような模様ができる理由など，広い範囲の変化の過程の説明に使える可能性がある。

96 フェルマーの最終定理

数学者以外の人々の想像力をこの定理ほど強くとらえた問題は，まずないといってよい。ついにこの定理が証明されると，そのニュースが新聞の一面を飾り，ベストセラーが生まれ，くだんの英国人数学者にはナイトの称号が授けられた。しかもそれは，$x^n + y^n \neq z^n$という一見きわめて単純な問題だった。

この定理の物語は1630年代に始まり，なんと360年ものあいだ続くこととなった。なぜこんなに長くなったのかというと，この定理の裏に潜む数学がとほうもなく複雑だったからだ。1994年に証明を成し遂げたアンドリュー・ワイルズは，この定理を真っ暗闇に沈む大きな家（どこかに答えがある邸宅）にたとえた。「第一の部屋に入ると，あたりは真っ暗だ。そこでよろよろと進んでいくと，初めは家具にぶつかったりするが，次第に家具の配置がわかってくる。そして6カ月くらい経った頃に，ついに灯りのスイッチがどこにあるかがわかり，それをひねると突然すべてが明るくなる。今，自分がどこにいるかがわかるんだ。そこで次の部屋に進むと，またしても6カ月間，闇のなかで過ごすことになる……。」ワイルズに名声をもたらしたのは，ディオファントスの独創的な著書『アリトメチカ』の85ページの余白に書き殴られたあるメモだった。その本の持ち主は南仏の弁護士ピエール・ド・フェルマーで，フェルマーのメモには，「nが2より大きな整数なら，$x^n + y^n = z^n$を満足させるような整数は0以外に存在しない」とあった。主張するのは簡単だ

フェルマーは究極の数学パズル・マニアだった。

が，ほんとうにそうなのだろうか。メモにはさらに，「じつにすばらしい証明を見つけたが，余白が狭すぎて書ききれない」とあった。

判じ物と証明

　フェルマーはしばしば数学に関するこのような気の利いた思いつきをパリの友人に送り，数学好きの聖職者マラン・メルセンヌがそれを仲間内に広めていた。フェルマーはアマチュアの数学者だったから，証明をつけなくてはならないとは考えず，このような書簡はただの愉快な挑戦課題でしかないと思っていた。そして，自分は答えを知っていると主張しながら，けっきょく誰も解を見つけられず，自分でも答えを示せないことがしょっちゅうだった。

　この最後の謎が書簡という形で世に広まったことを示す記録は残っていない。このメモの存在が明らかになったのは，フェルマーの死後，1665年に息子のサミュエルが，父の書いたものをまとめて発表しようと考えたからだった。サミュエルはこのメモを見つけると，問題の証明を探したが，どこにも見あたらなかった。その後何百年ものあいだプロの数学者たちが証明を見つけようと苦心惨憺したことを考えれば，たとえフェルマーが証明を知っていたとしても，その証明は不完全だったはずだと主張する人は多い。アンドリュー・ワイルズの論文『モジュラー楕円曲線とフェルマーの最終定理』が決定的な証明として受け入れられたのは，1995年のことだった。ワイルズは8年にわたってこの証明の完成に全力を注ぎ，フェルマーが余白に書ききれなかったことを100ページ以上かけて説明した。

1993年に楽しそうにフェルマーの最終定理の証明について講義するアンドリュー・ワイルズ。だが，最後の最後である矛盾が判明したために，証明が受理されるには，さらに1年間の手直しが必要だった。

97 コンピュータによる証明

　発見は，なんとなく特別な感じがする。虫の知らせから始まって，理屈を越えたところから訪れる想像力が必要になる。発見には，たいへん人間的なところがあるのだ。少なくとも，数学の問題が初めてコンピュータ・プログラムで解かれた1996年までは，証明は人間的なものだった。

　機械を使って証明された最初の問題は，ブール代数の二つの公理の互換性を巡るロビンズ予想だった。これは1933年にハーバート・ロビンズが提示した予想で，この分野の一流の学者が何人も証明を試みたが，けっきょくうまくいかなかった。1990年代になると，米国のアルゴンヌ国立研究所の科学者ウィリアム・マッキューン（というよりマッキューンが作ったEQPというプログラム）が，実際にロビンズの公理からブール代数ができることを証明した。EQPとは「等式証明器」の略で，その後もいくつかの自動化された定理証明プログラムが作られたが，それらが扱えるのは，公理から派生した問題ではなく，公理自体に基づく第一階論理という基本的なタイプの問題だけだった。今のところ，コンピュータは，いわばそのような問題を解くための腕力を提供しているにすぎない。しかし，やがてコンピュータの名前がついた予想が登場する日がやってくるかもしれない。

98 ミレニアム問題

ダーフィト・ヒルベルトは1900年に開かれたパリの会議で，来たる世紀に向けて23の数学の問題を発表した。その100年後，再びパリに集まった数学者たちに向かって，今度は21世紀に取り組むべき数学の問題が示された。

ミレニアム懸賞問題と呼ばれる七つの問題を提示したのは，その前年に裕福なパトロン，ランドン・T. クレイがマサチューセッツに設立したばかりのクレイ数学研究所（CMI）だった。これらの問題には，それぞれ100万ドルの賞金がかけられている。アンドリュー・ワイルズやアーサー・ジャフ〔量子論に関連する数学が専門〕などの著名人が名を連ねたCMIの諮問委員会は，かつてのヒルベルトのように，もっとも建設的な結果を生むであろう七つの問題を選んだ。P対NP問題，ホッジ予想，ポアンカレ予想，リーマン予想（ヒルベルトの問題から持ち越された唯一の問題），ヤン–ミルズ方程式と質量ギャップ問題，ナヴィエ–ストークス方程式の解の存在と滑らかさ，そしてバーチ–スウィナートン・ダイヤー予想。ちなみに，2014年現在，解決済みなのはポアンカレ予想だけである。

クレイ数学研究所のロゴは「八の字の結び目」で，「3次元の双曲空間の商として与えられるオービフォールドX」を表している。

99 ポアンカレ予想

フランスの数学者アンリ・ポアンカレは，1904年に数学における最大の難問の一つを提示した。ポアンカレが正しかったことが証明されたのは，98年後のことだった。

数学者の世界の導き手でありカオス理論の父でもあったポアンカレは，厳密な規則に従って，朝2時間，夕方2時間仕事をした。こうすれば，さまざまな概念を巡る頭脳の重労働で生じた緊張を，無意識の力で緩める時間が確保できるはずだった。ひょっとするとポアンカレはこのような休み時間に，どの次元でも球こそがもっとも単純な図形なのかもしれない，と思いついたのかもしれない。

単連結

数学の問題では，まず用語を定義しなくてはならない。そこでポアンカレは，2次元のループを使って3次元図形の単純さを表すことにした。ある空間上のどんな輪でも縮めると常に1点になるとき，その空間は「単連結」だという。たとえば，つるつるしたボールに縄をかけて引き結びにすると，どんなふうに縄をかけても，けっきょくは縄にひとつ結び目ができることになる。ところがドーナツ型では，結び目を締めていっても，真ん中の穴に邪魔されて最後まで締めきれない場合がある。つまりドーナツは単連結ではないのだ。ポアンカレは，3次元以上でもこれと同じことがいえるかどうかを

ポアンカレ予想は2002年にロシア人グレゴリー・ペレルマンによって証明された。ペレルマンはそれ以来，この重大な業績に対する賞をすべて断っている。

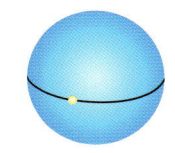

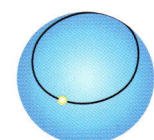

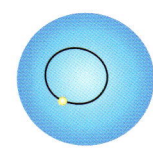

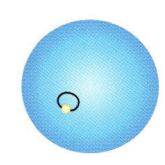

考えた。常に球がもっとも単純な図形なのか。それとも次元が高くなると球とは異なる単連結の図形があるのか。

すべてを見る

この未解決の予想は，100年近くも一流どころの攻撃をはね返し続け，クレイが示した3番目のミレニアム問題となった。ところがその2年後に，ロシア生まれの数学者がこの問題を解いた。グレゴリー・ペレルマンは，2002年から2003年にかけて発表した3本の論文で，このトポロジーの問題を「手術つきリッチフロー」（リッチフロー・ウィズ・サージェリー）という手法で解いた。その後いくつかの数学者チームがこの結果を確認し，ペレルマンはこの証明でクレイ研究所の賞金100万ドルと2006年のフィールズ賞を受けることとなった。ところがペレルマンはどうやら自分の業績にあまり心を動かされなかったらしく，これらの賞を辞退した。本人によると，「3次元の閉じた単連結の多様体というと複雑に聞こえるが，まじめな話，いったん見えてしまえばすべてが見える」のだという。ポアンカレ予想から生まれる副産物を日常レベルの例で説明するのは，そう簡単なことではない。だがこの数学を使うと，ビッグバン以降膨張し続けている宇宙の形を理解できる可能性がある。

周が点に縮むから，球は単連結。

ペレルマン，賞を断わる

金や名誉に無関心なグレゴリー・ペレルマンは，数学におけるノーベル賞ともいわれる2006年のフィールズ賞を辞退し，クレイ数学研究所がポアンカレ予想にかけていた100万ドルの賞金も辞退した。ペレルマンはサンクト・ペテルブルクで母親と暮らし，ジャーナリストとは話をするつもりがないという。なぜなら本人いわく，「ジャーナリストは，100万ドルを辞退した理由と，爪はちゃんと切っているのか，という点にしか関心がないから。」ペレルマンの言葉としては，「わたしは動物園の動物のような見せ物にはなりたくはない」という引用がもっとも有名である。ペレルマン自身は自分の成し遂げたことの重要性について，今回の証明の基礎となったリッチフローの手法を編み出した米国の数学者リチャード・ハミルトンの業績と並ぶ程度だと考えている。目標へ向かうペレルマンの純粋な態度と謙虚さには，世界中から賞賛の声が集まったが，賞金を辞退した時点でこの天才は知恵と袂を分かった，と考える人も多い。

100 メルセンヌ素数捜し

インターネットでつながったある数学の共同体が，今も17世紀フランスの聖職者が出した素数の問題を解き続けている。

$$M_p = 2^p - 1$$

フランスの聖職者マラン・メルセンヌは，パリで科学サロンを開き，デカルトやフェルマーやガリレオなどの業績を紹介したことで有名だ。このサロンは，のちにヨーロッパの偉大な科学アカデミーのモデルとなった。だがメルセンヌはもう一つ，ある種の素数にその名を残している。2のp乗から1を引いてできた数が素数なら，それをメルセンヌ素数という。このような素数はそう簡単には見つからず，1996年にGIMPS（Great Internet Mersenne Prime Search［一大インターネット・メルセンヌ素数捜し］）が始まった。これは，コンピュータを使っている人々に，所有しているパソコンの処理時間を寄付して素数捜しを助けてもらおうというプロジェクトだ。GIMPSでは毎秒68兆の計算が行われ，2009年に最新のメルセンヌ素数が発見された。今までに見つかったメルセンヌ素数はたったの47個で，桁数は最大で1,300万桁近くになる。〔2014年1月に桁数が1,700万桁を越える48個目の素数が見つかった。〕

メルセンヌ素数を見つけるには，この公式に素数を放りこんで，試行錯誤を繰り返すしかない。mersenne.orgでは，現在48番目の素数捜しが続いている。〔2014年1月以降は49番目の素数捜しが継続中。〕

数学用語集

西洋の数学では，ふだん使っているのと同じ単語を厳密に定義し直して使っていることが多いが，日本では，むしろ数学のために特別な用語を作ってきた。ここでは本文に登場する用語をはじめとする基礎的な用語を簡単に紹介しておく。

因数：約数のこと。

円周：円を形づくる線，つまり周のこと。

階乗：ある数以下の正の整数すべての積。4 の階乗は 4！で，1×2×3×4＝24。階乗は，すぐに値がとほうもなく大きくなる。

関係式：二つ以上の量や文字の関係を表す式。

関数：入力した値や式などを一つ以上の操作で結果に変える，定義された手順。

完全数：それ自身の約数すべての和と等しい数のこと。今のところ，完全数は 47 個しか見つかっていない。最大の完全数は 25,956,377 桁で，これらはすべて偶数だ。奇数が完全数になるかどうかはまだ不明で，今も探求が続いている。

基数：位取り記数法の基礎となる数。

基数点：数を基数の分数で表記するときに使われる点。小数点とも。基数が 10 なら 10.1 は 10 と $\frac{1}{10}$，つまり 10 と 10 分の 1 だが，基数が 2（2 進）なら，10.1 は 2 と $\frac{1}{2}$，つまり 2 と 2 分の 1 を表す。

逆数：元の数で 1 を割ったときに得られる数。4 の逆数は 0.25（$\frac{1}{4}$）。

鏡映：空間のなかの点を，平面に対して面対称な点に写すこと。

群，環，体：かけ算や足し算のような演算が決められていて，単位元（かけ算のときの 1 や足し算のときの 0 のように，その元をかけたり足したりしても影響がない元）や逆元（かけ算のときの逆数や足し算のときの反数のように，その元をかけたり足したりすると単位元になるような元）が存在する代数的な構造。群は一種類の演算が定められたもっとも基本的な構造で，群の一部でそれ自体も群になっているものを部分群という。環や体には二種類の演算が定められていて，環は片方の演算で群になり，体は両方の演算で群になるというように，順番に条件がきつくなっている。

系：システム，なんらかの関係でつながった一つのもの。

係数：代数的な表現のなかで，変数の項にかけられている変動しない値。$c=2\pi r$ の場合はたとえば 2π が係数になる。

弦：円周上の一点から別の点に引いた直線。直径は，円の中心を通る弦。

言明：一定の意味をもつ述べられた事柄。

弧：円周などの曲線の一部。

公式：具体的な値を計算するのに使われる等式。円の面積の公式は，面積＝πr^2

合成数：それ自身と 1 以外の数でも割り切れる数。合成されていない数が素数。

数学用語集 ◆ 115

合同：幾何学では，形も大きさも同じで，ぴったり重なり合うこと。

恒等式：どのような値を入れても常に成り立つ等式。

勾配：xとyの比率に基づく，線の傾きの尺度。$x=y$なら勾配は1，$3x=y$なら勾配は3で，xが1増えるごとにyは3増える。

三角法：正弦（sin），余弦（cos），正接（tan）などの三角比を使って三角形の角の大きさや辺の長さなどを調べる幾何学的手法。三角比の数値を表にしたのが三角表であり，三角比を関数として見たのが三角関数。

指数，べき：その数をかけた回数のこと。普通は上付文字で表す。

集合：そこに入っているかどうかといったことがきちんと区別できるようなものの集まり。集合の一部で，それ自身も集合になるのが部分集合。

10進記数法：10をもとにした記数法。小数の場合は，整数でない数を10分の1，100分の1，1,000分の1に分けて表す。

循環小数：ある決まった数の列が無限に繰り返される小数。

正方形	
辺の数	4
一つの角の大きさ	90°
内角の和	360°
対角を結んでできる三角形の数	2
対角線	2本

順序数，序数：順番を示す数。1番，2番，3番など。

商：割り算の結果。

シンメトリー（対称性）：図形や式などの，回転したり折り返したりといった変換を行っても見かけが変わらない，という性質。

垂直：線や面がもう一つの線や面と90度の角度で交わっていること。

数字（デジット）：デジットという言葉には手や足の指という意味もある。たぶん人間は最初に指を数えたのだろう。

正～：幾何学では，辺の長さが等しく，角の大きさが等しいことを示す。

正規分布：統計で現れる，中心が盛り上がった釣り鐘型の分布。

整数：半端がないプラスやマイナスの数。よって分数，小数は含まれない。ゼロは，半端がない数でも分数でもないが，一般に整数に含まれる。

積：かけ算の結果。

接線：円上の2点を結ぶ切線の，片方の点をもう片方の点にどんどん近づけたときに，この切線が近づく先の線。接している線。

線形：片方が倍になったらもう片方も倍になるという比例の関係。そうなっていないものが非線形。

相似：図形の対応する角の大きさと辺の比が同じで，大きさが異なっていること。

測地線：球などの曲面の上の2点を結ぶ最短の距離を与える線。

正三角形	
辺の数	3
一つの角の大きさ	60°
内角の和	180°
三角形の数	1
対角線	0本

正五角形	
辺の数	5
一つの角の大きさ	108°
内角の和	540°
対角を結んでできる三角形の数	3
対角線	5本

第一階論理：数理論理学の数学的モデルの一つで，命題論理を拡張したもっともシンプルなもの。

対数：数そのものではなく，その数の指数を使って数を表すやり方。9の$\log_3$つまり$\log_3 9$は2（$3^2=9$），逆に$\log_3$が3になるのは27（3^3）である。

代数：実際の変わりうる数を一般化して（たいていはxとyで置き換えて）数の関係や性質や計算法則を調べる分野。

代数方程式：未知数に関する多項式からなる等式で，未知数に特定の数値を入れたときにだけ成り立つもの。

体積：3次元の物体が占める空間の大きさ。

多角形：直線だけでできた平らな図形。長さが等しい辺でできた正多角形は無数にある。

多項式：項がいくつか集まってできた式。

多面体：直線と平面だけでできた3次元の立体。正多面体は五つしかない。

短軸と長軸（楕円の）：楕円の中心を通る2本の軸のうちの短いほうが短軸で長いほうが長軸。

正六角形	
辺の数	6
一つの角の大きさ	120°
内角の和	720°
対角を結んでできる三角形の数	4
対角線	9本

頂点：図形の線や稜が集まる点のこと。多角形，多面体，グラフなどは頂点の集まりである。

正七角形	
辺の数	7
一つの角の大きさ	128.57……°
内角の和	900°
対角を結んでできる三角形の数	5
対角線	14本

直方体：六つの長方形の面からなる立体。六つの正方形からなる直方体は立方体である。

直角：90度のこと。

直径：円上の1点から中心を通って逆側の1点までの直線距離。直径は半径の2倍。

定数：式のなかに出てくる変ることのない興味深い数。πは数学的な定数。

点：空間の中の位置。大きさはない。

度：角の単位。記号は°。全円は360度。

等式：なにかとなにかが等しいことを表す表現。ある数学的な表現が別の数学的表現と等しいことを示す。

等辺：辺の長さがすべて等しいこと。

二項係数：2種類のもののなかからいくつかずつ選びだすときの組み合わせの数。

2進記数法（バイナリ）：0と1の二つの数を使った記数法。

二等辺三角形：二つの辺が等しくて残りの辺が等しくない三角形。

濃度：集合の要素の個数を表す数。

倍数：その数に何かをかけた数。6（＝2×3）は2の倍数であり、3の倍数。

半径：円の中心から円周上の点までの距離。

反数：符号をプラスからマイナスへ、あるいはその逆に変えた数。たとえば、3の反数は−3。

微分：関数の値の変化の割合を求める操作。二階微分は変化の割合が変化する割合を求めることになる。

不等式：なにかとなにかが等しくないことを示す表現。

不等辺三角形：どの辺もどの角も等しくない三角形。

分母：分数の下側の数。すべての分母は、最小公倍分母に変換できる。$\frac{1}{2}$と$\frac{1}{3}$の最少公倍分母は6で、$\frac{1}{2}$は$\frac{3}{6}$に、$\frac{1}{3}$は$\frac{2}{6}$になる。

平行線：どこまで伸ばしていっても互いに交わらない直線。

平方：同じ数を2回かけること。2乗。指数2を表す言葉。

平方根：2乗するとその数になるような数。4の平方根（√）は2（$2^2=4$）。

平面：2点間の最短距離が直線になるような平らな面。

変化率：変化の割合。

変換：同じ関数にさまざまな数などを入れて同じ手順で変えること。たとえば、すべての長さを半分にするという単純な関数による変換では、2×2の正方形が1×1の正方形になる。

正八角形	
辺の数	8
一つの角の大きさ	135°
内角の和	1,080°
対角を結んでできる三角形の数	6
対角線	20本

ポリトープ：4次元以上の直線と平面でできた幾何学的な図形。

無限：果てしなく限りない、決して手の届かない量。$\frac{1}{x}$という分数はxが0に向かうと、無限に向かう。

面積：その面が覆っている領域を平方単位で測ったもの。

約数：その数を割りきる数。因数ともいう。

ラジアン：角を測る単位。弧の長さが半径と等しくなるような角度が1ラジアンで、全円は2πラジアンになる。

立方：指数3を表すのに使われる言葉。2の立方は8（$2^3=8$）。

量：測って得られた、ものの容量や数量や重さ。

累乗（るいじょう）：ある数を何回かかけ合わせる操作。10^nは、10をn回かける。

正多角形	
辺の数	n
一つの角の大きさ	$(n-2)\times\frac{180°}{n}$
内角の和	$(n-2)\times180°$
対角を結んでできる三角形の数	$n-2$
対角線	$\frac{n(n-3)}{2}$本

いろいろな証明

　反例が一つでも示されれば，その定理がまちがっているという証拠になる。したがって，その定理が常に成り立つわけではないという結論になるが，ある条件の下でその定理が成り立つ可能性は残っていて，今度はそれが解決すべき問題となる。

　数学の定理は，証明されたときに初めて正しいものとして受け入れられる。証明は，その定理があらゆる場合に（あるいは，ある条件の下で）正しいという証拠なのだ。その証明がさらに完成された最終的な証明の踏み台になっている場合は，その定理を補題と呼ぶことがある。証明にはいくつかの種類があるが，それらはすべて証明する必要がない公理に基づいている。

直接的な証明：公理と他の定義に基づき，演繹によってその申し立てが普遍的に正しいことを示す。

数学的な帰納法による証明：ある事柄が一つ（か複数）の場合に成り立つことを示し，さらにほかのすべての場合（か，ある条件の下で）も正しいことを示す。

置き換え（対偶）による証明：「B でなければ A でない」ことを示して，「A なら B」が正しいという結論を導く。

矛盾による証明：ある言明の結論を否定すると論理的な矛盾が生じることを示して，元の言明（つまり，可能性のある唯一の選択肢）が正しいことを示す。背理法ともいう。

構成による証明：ある性質をもつ例を実際に作ることで，その性質が成り立つことを示す。

取り尽くしによる証明：膨大な計算を行って，矛盾する結果がいっさい出てこないことを示す。

確率を用いた証明：確率を用いて，そこに述べられているような性質をもつ例がたしかに存在することを示す。

組み合わせ論的証明：ある事実を組み合わせ論の観点で解釈して，その事実が成り立つことを示す。

非構成的証明：ある数学的な性質を取り出す方法を明らかにすることができなくても，推論によってその性質が存在するはずだということを示す。

純粋数学における統計的な証明：暗号学や，確率的数論などの純粋数学の分野で，統計を使ってある問題の解が正しいかまちがっているかを示す。

コンピュータを使った証明：コンピュータの処理能力を利用して，取り尽くしによる証明や人間の数学者の手に負えないセルフチェックを行う。

目で見ればわかる証明

　ここでは図を使った問題とその証明を紹介しよう。
　ヒポクラテスの三日月と呼ばれるこの問題によると，三角形の辺の上に書かれた三つの半円の三日月型の面積の和は，三角形の面積と等しい。

ヒント：1 行目から 2 行目がいえるのは，ピタゴラスの定理が成り立つから。定理の正方形のかわりに半円を考えると……

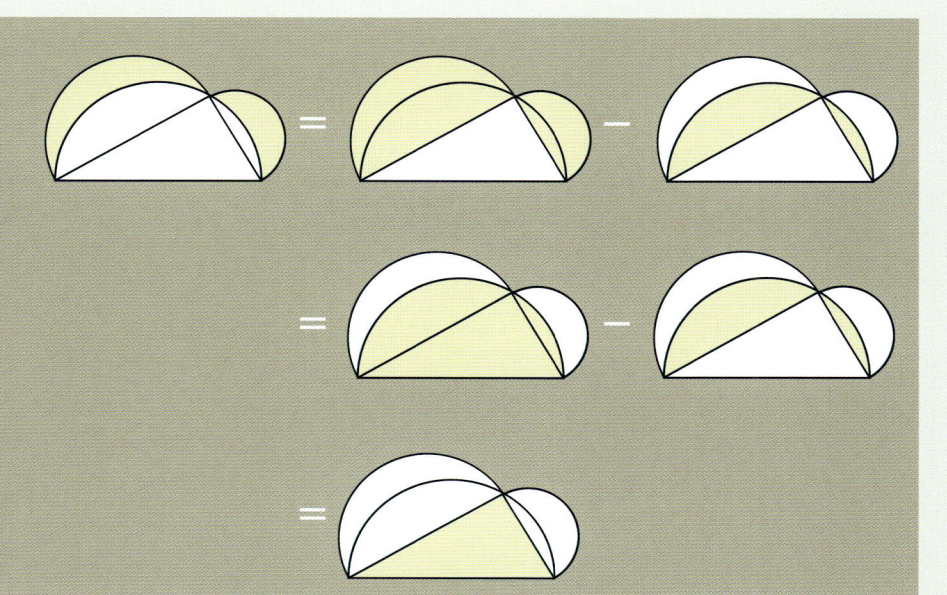

いろいろな数

数は無限に存在するが，そこには無限の数からなる集合がいくつかあって，互いに入れ子になっている。それらの集合もまた無限に存在するが，ここではその一部を紹介しておく。

6. 虚数 虚数は−1の平方根から生まれた。実数を平方すると常に正になる。（同じ符号を2回かけると正になる。）このため1（実数の単位）の平方根が1であるのに対して，−1の平方根はiになり，これが虚数の単位となる。虚数も，実数同様数直線や軸の上の点として表すことができるが，実数とは軸が違う。虚数の直線と実数の直線は，ゼロの一点だけで交わっている。ゼロにはなにをかけてもゼロになるから，iに0をかけても$0i=0$になるのだ。iは実数ではないが，実数と同じように，このルールをはじめとするさまざまなルールに従う。だから虚数のなかにも，代数的な数と超越数がある。

7. 複素数 「複」というのは，この数が実と虚の複数の部分で成り立っているからだ。複素数の集合には，これまでのすべての数が含まれている。では，複素数そのものも，さらに大きな別の数の集合の一部なのだろうか。

1. 自然数 手の指や足の指，さらには頭の力を使って勘定するときに使う数。時間があればどこまでも数え続けることができるが，そうすると，無限にあるほかの数を見逃すことになる。

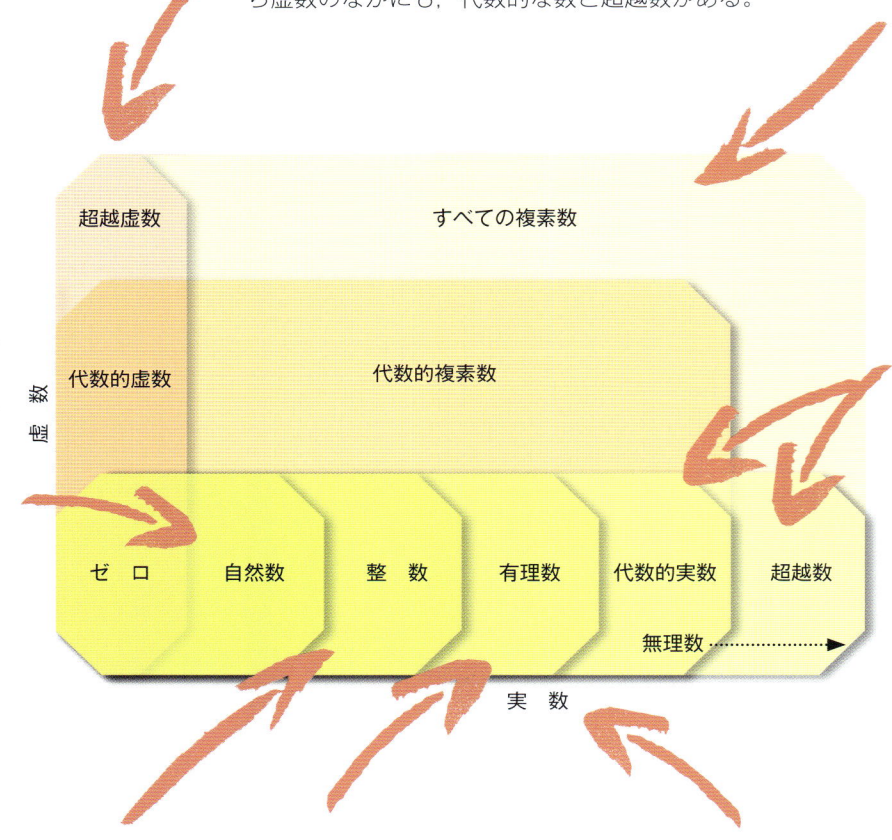

図中ラベル：超越虚数／すべての複素数／代数的虚数／代数的複素数／虚数／ゼロ／自然数／整数／有理数／代数的実数／超越数／無理数／実数

4. 無理数 無理数とは，有理数でない数のことだから，当然，分数では表せない。無理数を10進小数で表すと，どこまでも果てしなく，しかも繰り返しのパターンがまったく現れない。無理数のなかには，代数方程式の解として表現できるものがあって，それらは代数的な数とか構成可能な数と呼ばれている。代数的な解として表現できない無理数は，超越数と呼ばれる。

2. 整数 整数には，自然数と負の数とゼロが含まれる。負の数は自然数とたいへんよく似ているが，数字が大きくなるにつれて値が小さくなる点が違っている。

3. 有理数 有理数は分数で表せる数で，$\frac{1}{2}=0.5$, $\frac{7}{4}=1.75$, $\frac{97}{29}=3.3448275$……のように整数をほかの整数で割った商になっている。整数の片方が負なら，有理数も負になる。（整数のかけ算と割り算では，同じ符号同士なら答えは正に，違う符号同士なら負になる。）すべての整数は，$\frac{2}{2}=1$, $\frac{9}{3}=3$, $\frac{64}{4}=16$というふうに分数で表せる。

5. 実数 無理数と有理数を合わせたものが実数だ。なにが「実」なのかというと，これとまったく同じような数の集合で，存在しないものがあるからだ。けれども数学者たちはそこで立ち止まることなく，今度は1を数えるかわりにiを数えることにした。

無限へ，そしてさらにその先へ

複素数で話が終わるわけではない。それどころか，これはほんの始まりでしかない。複素数は実部と，iを含むもう一つの部分からなっている。すべての実数がグラフのx軸上の点を表すとすれば，虚数はその軸と直交するy軸上の点を表す。それならさらにj, kの2本の数直線を加えて次元を二つ増やすことができるはずだ。こうしてできた四つの部分からなる複素数を，四元数という。これら四つの部分の関係は，下の図の通り。さらに，八つの数の集合からなる複素数は八元数……という具合に，この操作をどこまでも続けることができる。

×	1	i	j	k
1	1	i	j	k
i	i	−1	k	j
j	j	k	−1	i
k	k	j	i	−1

記数法

10進法	ローマ	16進法	2進法
1	I	1	1
2	II	2	10
3	III	3	11
4	IV	4	100
5	V	5	101
6	VI	6	110
7	VII	7	111
8	VIII	8	1000
9	IX	9	1001
10	X	A	1010
50	L	32	110010
100	C	64	1100100
500	D	1F4	111110100
1000	M	3E8	1111101000

ギリシア文字

		名前
A	α	アルファ
B	β	ベータ
Γ	γ	ガンマ
Δ	δ	デルタ
E	ε	エプシロン（イプシロン）
Z	ζ	ゼータ
H	η	エータ
Θ	θ	テータ
I	ι	イオタ
K	κ	カッパ
Λ	λ	ラムダ
M	μ	ミュー
N	ν	ニュー
Ξ	ξ	クサイ
O	o	オミクロン
Π	π	パイ
P	ρ	ロー
Σ	σ	シグマ
T	τ	タウ
Y	υ	ウプシロン
Φ	ϕ	ファイ
X	χ	カイ
Ψ	ψ	プサイ
Ω	ω	オメガ

数学の謎

数学といえばまじめ一徹，というわけではなく，数遊びがきっかけとなって世の中を変えるような発見が生まれることもよくある。ここからは，奇妙で取るに足りないかもしれないが，しばしば美しく，おうおうにして意義深く，どれもおもしろい問題を紹介していこう。

フーパーのパラドックス

フィボナッチ数列には秘密の関係がいっぱいつまっている。たとえばこれは，ウィリアム・フーパーが1794年に『推論の娯楽』で初めて紹介したパーティーゲームだ。

フィボナッチ数列の連続する三つの項には奇妙な関係がある。第1項と第3項をかけた数と真ん中の数の2乗の差が常に±1になるのだ。たとえば5，8，13の場合は $5 \times 13 = 8^2 + 1$ になる（自分で確かめてみてほしい）。同じことを別のやり方で示してみると，たとえば 8×8 の正方形から 5×13 の長方形を作ることができる。こうしておいて二つの図形の面積を数えると，いつのまにか1平方単位だけ増えていることがわかる。この余分はいったいどこから来たのだろう。

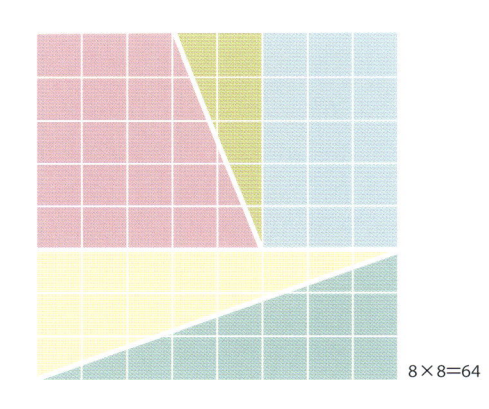

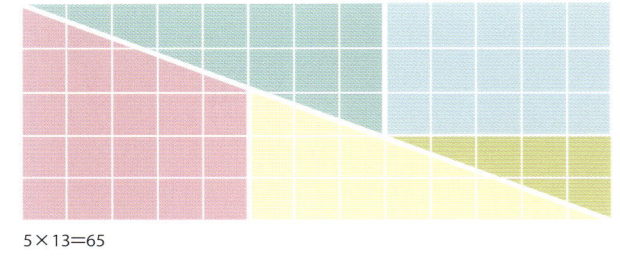

$8 \times 8 = 64$

$5 \times 13 = 65$

（答え：この図形はきちんとつながっておらず，わずかな隙間を寄せ集めたものが，余分な1平方単位になっている。）

幾何学的なふるい

紀元前2世紀にギリシャの哲学者エラトステネスが，素数を浮かび上がらせる数学的「ふるい」を作ったことはよく知られている。以来2,200年の間に，このふるいは幾度となく形を変えてきた。ここで紹介するのは巨大な放物線を使ったふるいで，これを見ると，連続するかけ算が合成数として弾かれていき，神秘的な素数だけが手つかずで残る様子がわかる。

1. 横にした放物線（$y^2 = x$ のグラフ）の二つの腕の真ん中に水平に軸を引いて，1より大きい正の整数，つまり自然数の目盛りを打つ。1をはぶいたのは，1が素数でも合成数でもないからだ。（それでも1は，すべての数の元になる単位である。）
2. 水平軸上の平方数から上下に垂線を伸ばして，放物線と交わるところに点を取る。たとえば，水平軸上の4から上下に垂線を延ばすと，放物線との交点は $y = 2$ になり，9から引いた垂線と放物線は $y = 3$ で交わり，16からの垂線は $y = 4$ で放物線と交わる。
3. 水平軸上のすべての平方数と放物線上の数を結び終わったら，次に片方の腕の上のすべての点ともう片方の腕の上のすべての

点を結んでいく。すると，それらの線と水平軸の交点が腕の上の二つの数の積になる。たとえば，2と3を結ぶ線は6で水平軸と交わるのだ。

4. こうしてすべての線を引き終わったときに，放物線から出た線が1本も通っていない数が，素数になる。

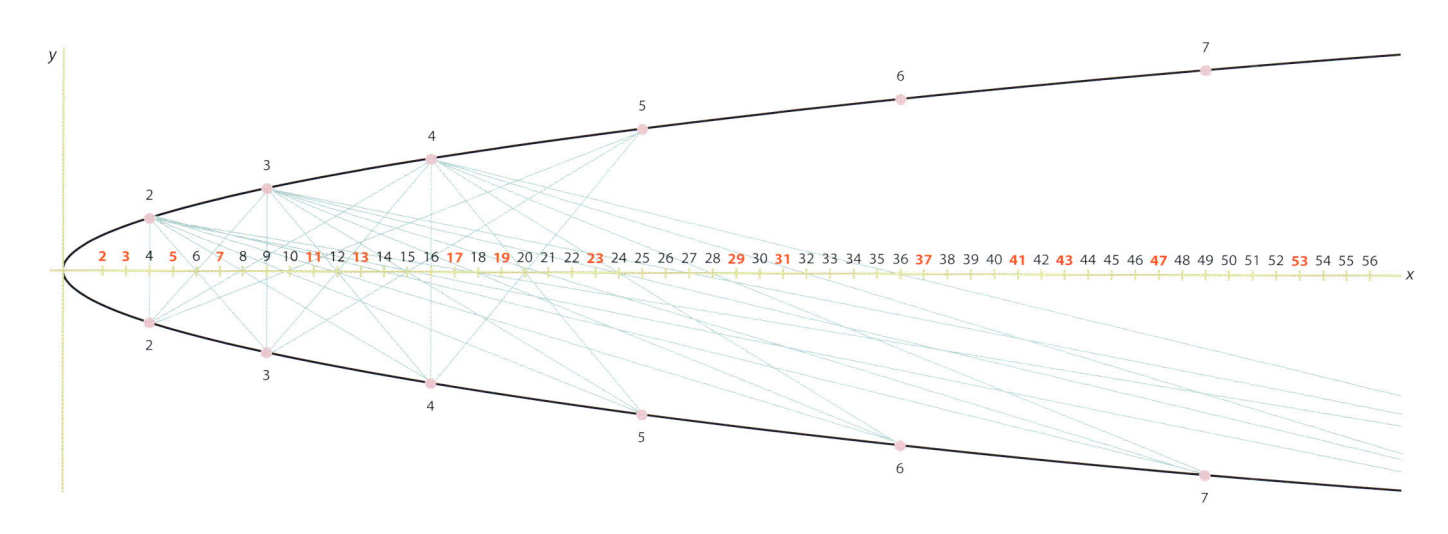

ピタゴラス数

ピタゴラスとその弟子たちは，すべてが数で始まり，数で終わると信じていた。古代の数学者たちは，数学と迷信に基づいて，独自の数の類や一族を決めていた。それによると……

自然数は四つの種類に分かれていた
- 偶数のなかの偶数：半分にしても偶数になるような偶数
- 偶数のなかの奇数：半分にすると奇数になる偶数
- 奇数のなかの偶数：奇数で割ったときに偶数になる奇数
- 奇数のなかの奇数：奇数で割っても奇数になる奇数

空間のなかの数
ピタゴラス学派の言葉では，約数のない数（つまり素数）を線数(リニア・ナンバー)という。

平面の二つの辺と見たてて二つの数の積を平面数(プレイン・ナンバー)という。

（空間での）立体の三つの稜(りょう)と見たてて三つの数の積のことを立体数(ソリッド・ナンバー)という。

平方数とは，数にそれ自体をかけた積のことである。

立方数とは，それ自体を3回かけた積のことである。

数の構造
不足数（輪数）とは，それ自身を除いた約数の和よりも値が小さい数のことである。4はそれ自身を除いた約数が1と2しかないから不足数である。

過剰数（豊数）とはそれ自身を除いた約数の和よりも値が大きい数で，たとえば12は，1，2，3，4，6を足すと16にな

数の一族

三角数
1　3　6　10　15

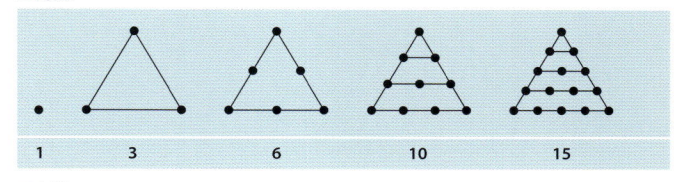

四角数
1　4　9　16　25

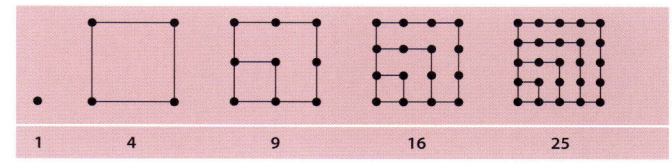

五角数
1　5　12　22　35

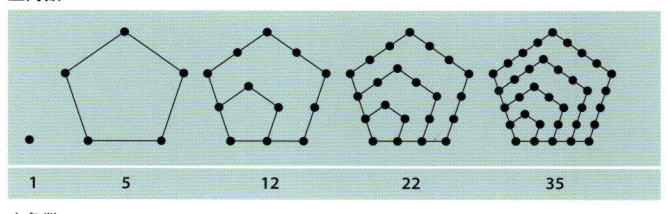

六角数
1　6　15　28　45

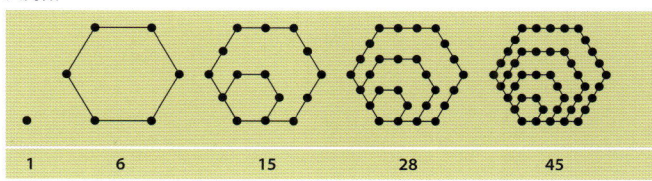

るから過剰数である。

　完全数とは，6＝1＋2＋3 のように，それ自身を除いた約数の和と値が等しい数のことである。

友数（親和数，親愛数）

　互いが相手のそれ自身を除いた約数の和に等しいような二つの数。ピタゴラス学派では，220 と 284 だけが知られていた。

284＝1＋2＋4＋5＋10＋11＋20＋22＋44＋55＋110（220 の約数の和）

220＝1＋2＋4＋71＋142（284 の約数の和）

テッセラクトの回転

　これらの図を，少しのあいだじっと見てほしい。テッセラクトとは 4 次元の超立方体のことである。線が 1 次元，正方形が 2 次元，立方体が 3 次元なのだから，さらに次元を増やしてもかまわないはずだ。しかも思ったとおり，4 次元の図形にはおもしろい性質がある。

　人間の知覚だけでは，4 次元の構造を想像するのは難しい。3 次元の立方体を 2 次元の紙の上に表すだけでも，絵を描く才能が必要になるくらいで，4 次元のものを 2 次元で表現するとなると，その困難は倍になる。（それとも 2 乗になるのだろうか？）ではここで，超立方体の内側の立方体（ちょっとゆがんで見える）がそのまわりの四つの立方体とともに表に出てきて外側の立方体になるところを想像してみよう。ここまでは，いいですか？　次に，テッセラクトの角や辺や面がどのような位置にあるかを考えれば……あなたはまさに 4 次元に足を踏み入れたことになる。

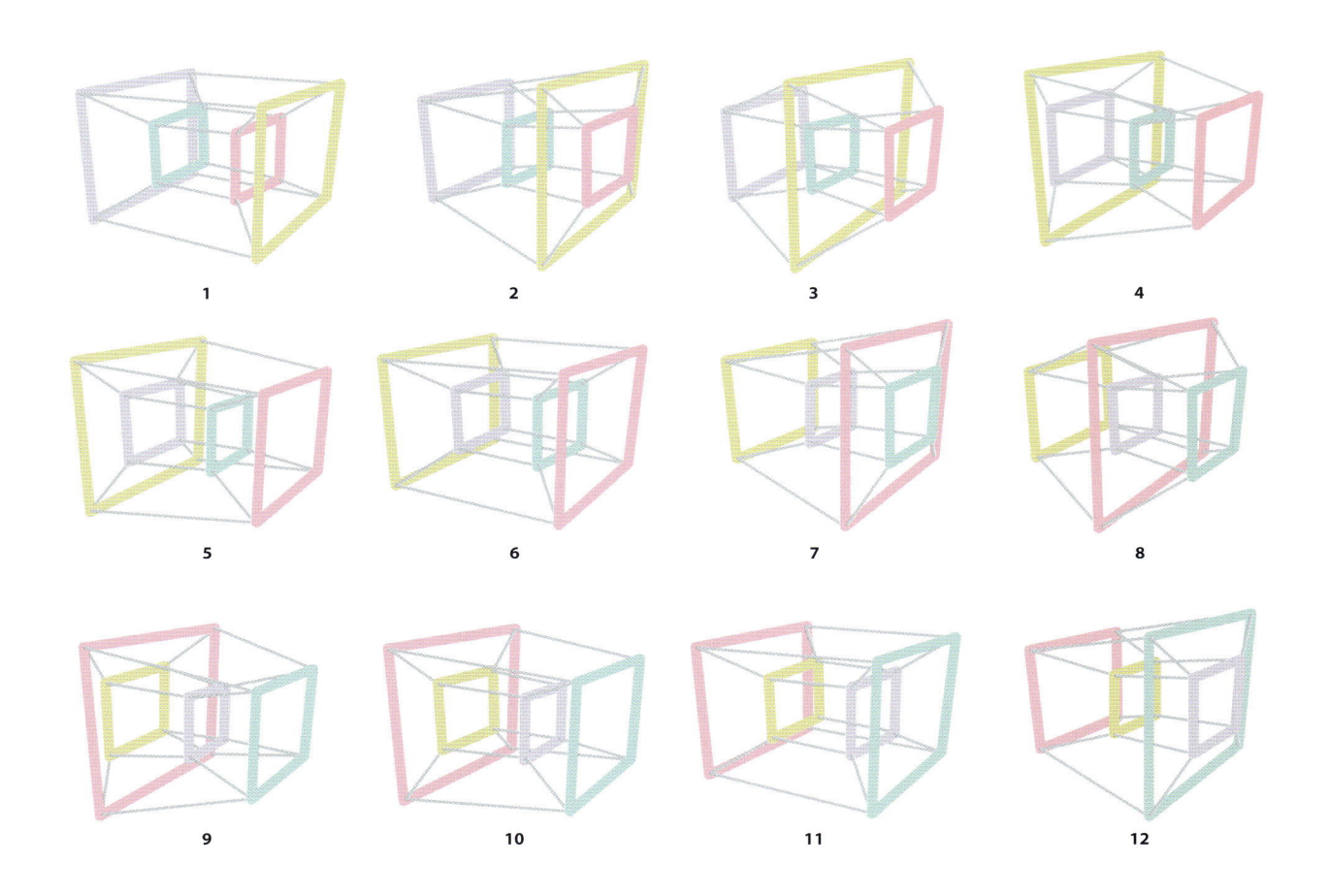

マンデルブロ集合

　このフラクタル図形には癖になる美しさがあって，しかもサイケデリックなので，ヒッピー文化が流行した1960年代に登場したように思えるが，この図形が初めてコンピュータのプリントアウトして実際に目に見えるようになったのは，1978年のことだった。フルカラーの図が登場するのは，さらにその10年ほど後のことだ。というわけで，とくと実物をご覧あれ！

まだ答えが見つかっていない問題

数学の物語は決して終わることがない。なぜなら無数のパターンが，発見されるのを待っているのだから。ここでは，まだ答えが見つかっていない問題をいくつか紹介しよう。このほかにも，未解決の問題はたくさんある。それに，たとえこれらの問題が解けたとしても，さらなる謎が待っている。

完ぺきな箱は存在するか
（パーフェクト・ボックス）

こんなことに興味をもつのは数学者だけだろう。始まりは，辺の長さやそれぞれの面の対角線がすべて整数になるような直方体，いわゆる「オイラーの煉瓦」だった。最小のオイラーの煉瓦は，辺の長さが240，117，44で対角線の長さは267，244，125になる。このようなオイラーの煉瓦のなかで，空間対角線（煉瓦の正対する頂点を結んだ真ん中の対角線）が整数になるものを「完ぺきな箱」と呼ぶ。2009年に，完ぺきな平行六面体（ゆがんだ箱）が存在することがわかったが，完ぺきな箱があるかどうかはまだ明らかでない。しかし，完ぺきな箱探しはあきらめられたわけではなく，2012年にこの問題をコンピュータで解析したところ，一番長い辺が100京（＝10^{18}）以下の完ぺきな箱は存在しないことがわかった。

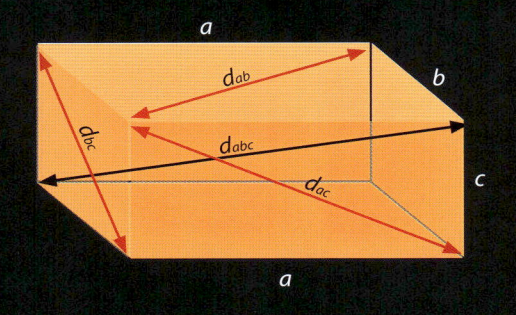

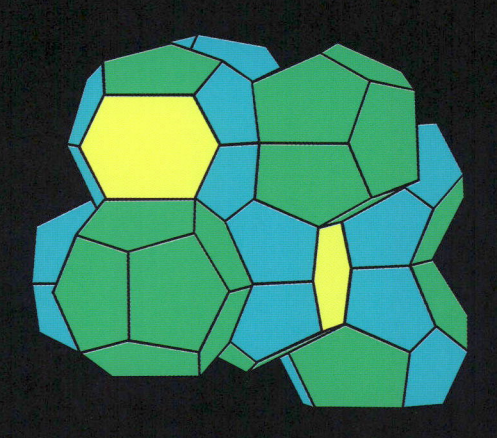

理想的な泡は存在するか

この質問を額面通りにではなく，数学の立場からながめてみよう。ここでいう理想の泡とは，熱力学の法則を打ち立てたあのケルヴィン卿が，かなり前（なんと1887年！）に出した問題の答えである。このスコットランド貴族は，エネルギーの性質に関する仕事を成し遂げて自分の名前を永遠のものにすると，次に老人の手慰みとして，泡の形についてあれこれ考え始めた。泡の体積がすべて同じであるとき，これらをもっとも効率よく詰め合わせるとどんな形になるのだろう。ケルヴィン卿は面取りした八面体（頂点が少し切り落とされて正方形の切り子面ができている）のような十四面体がもっとも効率的だと考えた。これらの立体がぎゅっと詰まると，ケルヴィン構造と呼ばれるものができる。だが1993年にダブリンの2人の研究者が，これをしのぐ結果を得た。デニス・ウィエアと学生のロバート・フェランはまず，2枚の六角形と12枚の五角形でできたテトラカイデカヘドロンという図形をぎっちり詰めると，接触面が小さくなることに気づいた。しかもそのうえ，この不規則な十四面体と不規則な十二面体を組み合わせるとさらに表面積が減って，わずか0.3パーセントだがケルヴィン構造より小さくなることを示したのだ。そしてここでもご多分に漏れず，自然は科学者たちの先をいっていた。互いの隙間に入り込んだ形をとるクラスレート化合物というタイプの有機分子は，ウィエア-フェラン構造とよく似た構造になっている。ただし，この構造がもっとも効率的だと証明されたわけではない。

コラッツ予想

　この問題は，ぜひご自分でやってみていただきたい。1930年代にローター・コラッツが出したこの問題にはHOTPO手順なるものが登場する。HOTPOとは，子どもでもわかる単純なアルゴリズム，「半分か3倍足す1」の略なのだが，この手順の謎はいまだに解明されていない。規則は単純そのもので，ある数字（x）から出発して，それが偶数なら半分にし（$\frac{x}{2}$），奇数なら3倍して1を加えて（$3x+1$），あとはひたすらこの手順を繰り返す。コラッツは，こうすると必ず最後は1になると主張した。だが，ひょっとするとどこかに1にはならない数があるかもしれない。コラッツの同時代人だったポール・エルデシュは，1にならない数を見つけた人に500ドル出そうと言った。それから80年以上が経った今，この賞金は微々たるものになったが，最後が1にならない数が存在することをきちんと証明できれば，自然数を結びつける新たなパターンが見つかって，予想外の展開につながる可能性がある。

素数にパターンはあるのか

　数学者たちはこれまでずっと素数のパターンを追い求め，ひょっとすると隠れた公式があるのかもしれない，と考えてきた。素数の謎を解き明かした暁に，人がどのような数学の力を手に入れるかといったことは，あくまでもSFの世界の話でしかないが，それをいえば宇宙旅行も潜水艦もロボットも，昔はSFのなかにしか存在しなかった。フランスのアルフォンス・ド・ポリニャックは1849年に，「nを正の偶数としたときに，間隔がnになるような連続した二つの素数の組が無限に存在する」というパターンがありそうだ，と主張した。いいかえれば，どんな偶数に対しても，無限の素数が存在して，それらの素数に問題の偶数を加えるとその和も素数になり，しかもその素数までのあいだにはいっさい素数が割り込まないようにできるというのだ。間隔が2の素数は双子と呼ばれ，間隔が4の素数はいとこ，間隔が6の素数はセクシーな素数（ラテン語の 6（セクス）からきているだけで，深い意味はない）と呼ばれている。

5 6 **7**
双子

7 8 9 10 **11**
いとこ

11 12 13 14 15 16 **17**
セクシーな素数

まだ答えが見つかっていない問題

ゴールドバッハの予想

ロンドンの出版社トニー・フェイバーは，(ちょうどクレイ財団がミレニアム問題を発表したのと同じ) 2000年に，この古くからの趣ある数学パズルを解いた人に100万ドル出そう，という太っ腹な提案をした。ただしこの賞金には，『ペトロス伯父と「ゴールドバッハの予想」』という小説の英語版が刊行されてから数えて2年，という期限が設けられていた。この宣伝の効果はさておき，1742年に提示されたこの予想は，失敗とはほぼ無縁だったレオンハルト・オイラーを筆頭に，最高の頭脳をもつもっとも聡明な人々を煙に巻いてきた。クリスティアン・ゴールドバッハが示したこの予想によると，2より大きな偶数はすべて，二つの素数の和になっている。実際，今のところ，偶数をどこまでたどっていっても，この予想の反例は出てきていない。しかも，これより力がないという意味で「弱いゴールドバッハ予想」と呼ばれるものまで登場していて，この弱い予想によると，5より大きい奇数はすべて三つの奇数であるような素数[＝2以外の素数]の和になっているらしい。強弱どちらの予想もいかにも正しそうに感じられるが，いまだに証明はされていない。

100 = **3+97** であり
100 = **11+89** であり
100 = **17+83** であり
100 = **29+71** であり
100 = **41+59** であり
100 = **47+53** である。

道を探せ

バルネット予想はわたしたちを，いささか奇妙なグラフ理論の世界に誘う。カリフォルニア大学のデヴィッド・バルネット教授の名前がついたこの問題は，ある種のグラフで経路を見つける際の普遍的な法則を求めるものだ。ここでグラフといっているのは，2本の軸を使って図示した表ではなく，頂点（ノード）とそのあいだを走る辺（エッジ）からなるネットワークのことだ。この予想によると，一つの頂点を3本の辺が通っているような2部多面体グラフにはハミルトン閉路があるという。ちなみにグラフ理論の多面体グラフとは，3次元の図形の頂点と稜を表す平面の上の図形のことで，2部というのは，各辺の始点と終点の色が異なるように頂点に色をつけると，すべての頂点に2色のいずれかが割り当てられるということだ。この予想によると，条件を満たすグラフには，必ず各頂点を1回だけ通って一周できる経路（いわゆるハミルトン閉路）が存在する。今のところ，頂点が86個以下のすべてのグラフでこの予想が成り立つことが確認されている。

ハッピーエンド問題

　文字通り子どもの遊びのようなこの問題は，戦前のブタペストで開かれた非公式な若い数学者の集まりでクレイン・エシュテルによって初めて示された。それによると，五つの点をどうとっても，必ず凸な四辺形，つまりへこみのない四辺形を成すような4点が含まれるという。その会に出席していたセケレシュ・ジョルジーとポール・エルデシュは，なぜそういえるのかを考えた。そして，点が九つなら必ず凸な五角形が，17個なら必ず凸な八角形が含まれていることに気がついた。しかし，なぜ常にそうなるのかはまだ解明されていない。若いジョルジーがエシュテルのパズルに興味をもったのには，ほかにも理由があったらしく，3年後，この二人は結婚した。だから「ハッピーエンド」問題なのである。

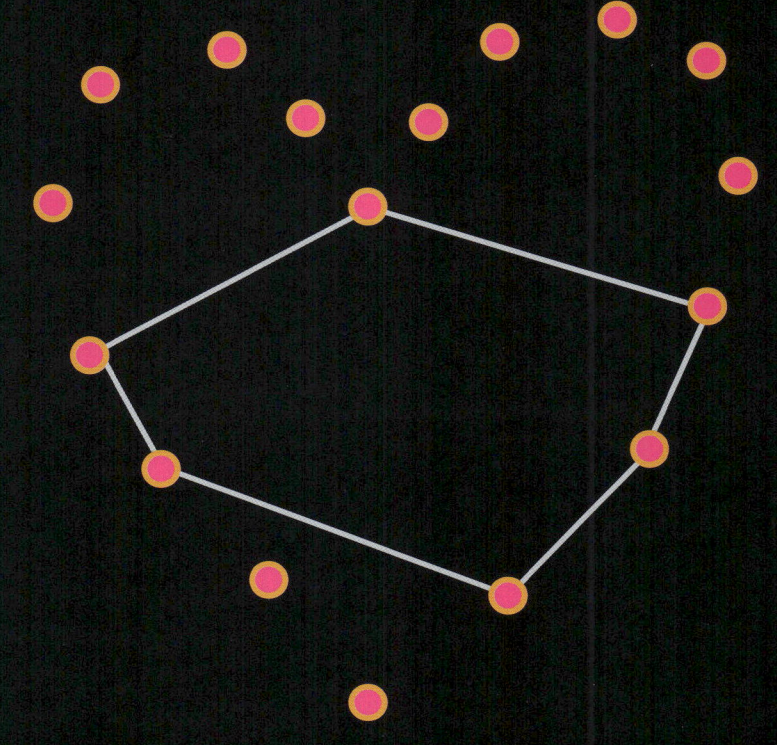

図形を覆う

　ヒューゴ・ハドヴィガーの名前がついた予想はいくつかあるが，ここで紹介するのは組み合わせ幾何学に関する予想だ。具体的には，一つの大きな図形を覆うのに，小さい相似形がいくつ必要か，という問題である。形はまったく同じだが大きさだけが違う図形を相似という。大きな三角形をきちんと覆うには，相似な三角形が3枚必要で，四角形なら4枚必要だ。ハドヴィガーの予想によると，nを次元の数とすると，必要な枚数は常に最大でも$2n$におさまる。このため2次元の正方形では4枚のコピーが必要だが，3次元の立方体では小さな立方体が6個必要になるのだ。2次元の場合のこの予想は証明されているが，3次元以上はまだ証明されていない。つまり，それだけでは覆いきれない奇妙な図形が存在する可能性が残っているのだ。

偉大なる数学者たち

多くの人にとって，数学はややこしすぎて理解の範囲を超えている。だから，数やパターンが織りなす無限の風景を探っていくことのできる人々が尊敬されるのも，当然なのかもしれない。これらの人々はさまざまな意味で普通の人だが，同時に，途方もない逸話のもち主でもある。

アルキメデス

生　年	紀元前290～280年（287年）頃
生誕地	シチリアのシラクーサ
没　年	紀元前212/211年
重要な業績	パイの値を初めて細かく計算した

このギリシアの科学者兼エンジニアが，現在のギリシアに行ったことがあるかどうかは定かでない。アルキメデスは古代ギリシアの植民地，シチリア島のシラクーサで暮らし，アレキサンドリアのエラトステネスのもとで学んだ。アルキメデスは，他に抜きんでて多くのことを成し遂げた。数学のほかにも，水をもち上げるアルキメデスのねじ（らせん水揚げ機）や，船を沈めるための「アルキメデスの鉤爪」と呼ばれる戦闘用クレーンや，不思議な熱線を放つ武器（鏡で太陽の光を集めて強烈な光線を作る装置だったらしい）などを作り，そのうえ浮力と密度に関するアルキメデスの原理を打ち立てた。

アル＝フワーリズミー

生　年	西暦780年（あるいは800年）頃
生誕地	中央アジアのホラーサーン
没　年	845（あるいは850）年頃
重要な業績	代数を発明

この（ラテン語読みでは「アルゴリスミ」という）ペルシアの科学者は，アラル海の南東のホラーサーンで生まれたという。フワーリズミーが活躍した9世紀当時，この地方は急成長するイスラム帝国の最前線として栄えていた。ホラーサーンは今ではウズベキスタンに属し，この人物はウズベキスタンの国民的英雄となっている。アル＝フワーリズミーは，当時学問の中心だったバグダードの「知恵の館」で研究をしていた。代数やアルゴリズムをさらに発展させただけでなく，星を観測するためのアストロラーベという装置や日時計を設計し，当時としてはもっとも正確な世界地図を作ったことでも知られている。

ヴィエト，フランソワ

生　年	1540年
生誕地	フランスのフォンタネイ・ル・コント
没　年	1603年12月13日
重要な業績	代数の記号の導入

ヴィエトが導入した x や y といった数学の言語に苦戦している皮肉屋からすれば，やっぱり！といいたくなるが，この人物は実は法律家で暗号研究者だった。つまり物事をできるだけ複雑にして本来の意味を隠す仕事を専門としていたのだ。ヴィエトは，スペイン当局からのメッセージを解読して，スペイン王がフランスのアンリ4世を退位させようとしていることを突きとめ，フランス王室から優れた暗号解読者としてのお墨付きを得た。暗号に絶対の自信をもっていたスペイン人たちは，この計画が明るみに出ると，ヴィエトが黒魔術を使ったにちがいないといって，法王に泣きついた。

エウクレイデス（ユークリッド）

生 年	紀元前 300 年頃が全盛期
生誕地	エジプトのアレキサンドリア
没 年	不明
重要な業績	『原論』をまとめた

「幾何学の父」とも呼ばれるユークリッドの生涯は謎に包まれている。『原論』の翻訳の多く（初の英訳も含めて）では、『原論』はメガラのエウクレイデスの作だとされていた。メガラのエウクレイデスは、『原論』の作者より1世紀ほど前のソクラテスの弟子である。数学者のエウクレイデスは、紀元前4世紀から3世紀にかけてアレキサンドリアで活躍し、できたての大図書館の蔵書を利用したとされている。アルキメデスによると、エジプトのファラオだったプトレマイオスの個人教授を務めたエウクレイデスは、王が近道をしたがると「幾何学に王道なし」といって諭したという。

オイラー，レオンハルト

生 年	1707 年 4 月 15 日
生誕地	スイスのバーゼル
没 年	1783 年 9 月 8 日
重要な業績	グラフ理論の創始者

オイラー（Euler）というのは、数学者のなかでもいちばん発音をまちがえやすい名前だが、本人は、グラフ理論や自然対数や無限小解析の創始者で、論理学や光学や構造工学にも手を染めていた。スイスで生まれたので、ベルヌーイ一家の第2世代と仲がよく、長男に個人教授を受けたこともあった。オイラーは、主にサンクト・ペテルブルクとベルリンで仕事をした。生涯の後半にひじょうに目が悪くなったことを思うと、オイラーの業績のすばらしさが改めて実感される。

エラトステネス

生 年	紀元前 276 年頃
生誕地	リビアのキレネ
没 年	紀元前 194 年頃
重要な業績	地球の大きさを算出

アレキサンドリアの大図書館の館長だったエラトステネスは、世界に冠たるこの巨大な情報源をいつでも利用することができた。だからそれを活用して、かの有名な地球の測定をした。この偉業もあって、エラトステネスは地理学の創始者と呼ばれるようになった。地理学という言葉も、エラトステネス自身が作ったものである。この科学者は昔から平等主義でも知られており、「ギリシア人は『蛮族』の人々との結婚を慎んでギリシアの地を純潔に保つべきだ」というアリストテレスの主張を批判した。本人も北アフリカの出身だったから、アリストテレスの出自に関する基準には達していなかった。

オートレッド，ウィリアム

生 年	1574 年 3 月 5 日
生誕地	英国，バッキンガムシャーのイートン
没 年	1660 年 6 月 30 日
重要な業績	計算尺を発明

数学ではさまざまな発明が行われてきたが、x の累乗の記号と計算尺を作りだしたのは、ウィリアム・オートレッドだった。さらに、それほど有名ではないが、三角関数の sin, cos という略記号を導入したのもオートレッドである。オートレッドは、学がある人々の伝統に従って聖職者として働き、占星術とオカルトに強い関心をもっていた。そして晩年には教師となったが、その教え子には、たとえばロンドンのセント・ポール大寺院やグリニッジの王立天文台やオクスフォード大学のシェルドニアン・シアターを作った建築家クリストファー・レンがいた。

ガウス，カール・フリードリヒ

生　年	1777年4月30日
生誕地	ドイツのブランシュヴァイク
没　年	1855年2月23日
重要な業績	いくつかの分野の中心人物

「数学の王」とも呼ばれるこの人物の出自は，王者とはほど遠いものだった。両親は無学で，ガウスが生まれたという記録すら残っていなかった。母親によると，ガウスが生まれたのはイースターの40日後のキリスト昇天の日の8日前の水曜日だった。そこでガウスは，過去未来のあらゆる年のイースターを計算する方法を編み出し，自分の誕生日の正確な日付を突きとめた。小さい頃から数学に非凡な才能を発揮したガウスは，ブラウンシュヴァイク公から資金の援助を得て，ゲッチンゲンのカレッジに入った。それ以来死ぬまで，ガウスはこの町で暮らすことになった。そして，数学界の当代きっての大物として，幾何学や素数や統計の研究に貢献したのだった。

カントール，ゲオルク

生　年	1845年3月3日
生誕地	ロシアのサンクト・ペテルブルク
没　年	1918年1月6日
重要な業績	集合論の基礎を築く

カントールはロシア帝国の宝石ともいわれたサンクト・ペテルブルクに生まれたが，実はこの町では少数派のドイツ人だった。両親は移民してきた商人だったが，やがてロシアの気候に絶望して，ゲオルクが11歳のときにドイツに移った。学業に秀でたゲオルクは，弱冠34歳で西ベルリン大学の数学の員外教授になった。そしてじきに集合論を発表して数学界の注目を一身に集めた。しかし50代で鬱に苦しみ始め，しばしば入院することになった。退職後は貧しい暮らしを強いられて，第一次世界大戦中は食うにも困ったという。

ガリレイ，ガリレオ

生　年	1564年2月15日
生誕地	イタリアのピサ
没　年	1642年月8日
重要な業績	落体と振り子の法則を定義

この科学者は，なんといっても天文学者や物理学者として有名だが，同時にそれらの研究に初めて数学を応用した人物でもあった。音楽家兼数学者だったヴィンチェンツォの息子ガリレオは，科学者となる道を選んだが，たえず商売の機会を探っていた。なぜなら，一家は常に金銭トラブルに見舞われていたからだ。そして，手っ取り早く金持ちになるために望遠鏡を作り，さまざまな年金を手に入れた。ところが望遠鏡で見た宇宙を説明するために太陽中心説を提唱したことから，教会と衝突した。意見の撤回を迫られたガリレオは，投獄を避けて収入を確保するためにも，教会の要求を呑むしかなかった。

ゲーデル，クルト

生　年	1906年4月28日
生誕地	オーストリア・ハンガリー帝国のブリュン(現在のチェコ共和国のブルノ)
没　年	1978年1月14日
重要な業績	不完全性定理の確立

チェコのブルノ（1906年当時は，崩壊の瀬戸際にあったオーストリア・ハンガリー帝国の一部だった）で少数派ドイツ人の家庭に生まれたクルトは，若くして勉学のためにウィーンに向かった。そして25歳のときに，ゲーデルの代名詞となる不完全性定理を発表した。その数年後，ゲーデルが信頼していたユダヤ人の師がナチスに殺されたことから，ゲーデルは神経を病むようになった。そのまた数年後に戦争が始まると，友人のアルベルト・アインシュタインの勧めで米国のプリンストンに逃げた。ゲーデルは生涯精神の病に苦しみ，妻の作ったものしか食べなかったが，その妻が入院すると，食事を摂るのを拒んで飢え死にした。

偉大なる数学者たち ★ 131

ステヴィン，シモン

生 年	1548年
生誕地	フランドルのブリュッヘ（現在のベルギーのブリュージュ）
没 年	1620年
重要な業績	10進法の共同創始者

　数学を意味するマセマティクスという言葉は普遍的で，ヨーロッパ域内の言葉であればそう変わらないように思えるが，オランダ語では「確かなものの学問」を意味するWiskundeになる。これは，シモン・ステヴィンというフランドルのエンジニア兼科学者が使い始めた言葉で，直径を意味するオランダ語のmiddlellijnという言葉も，ステヴィンが使い始めた。ステヴィンはさらにオランダという国のために揚水ポンプを改良し，大水の排水を改良し，風力を使った陸上ヨットと呼ばれる高速の乗り物を発明した。

デカルト，ルネ

生 年	1596年3月31日
生誕地	フランス，トゥレーヌ県のラ・エー
没 年	1650年2月11日
重要な業績	平面座標を発明

　ルネ・デカルトの「我思うゆえに我あり」という言葉は含蓄ある自己の存在証明であって，世界一頻繁に引用されるいい回しでもある。デカルトはさらに，思考があれば疑いがあると説いた。自分の考えを疑うのであれば，疑う主体が存在するはずで，かくして我の存在は十分に証明された，というのだ。デカルトは堅実なローマ・カトリック信者だったが，あえて新教主義の勢力が強いオランダの領土内に住み続けた。だが同時代のガリレオが異端としてバチカンで裁判にかけられると，最初の重要な著作『世界論』を棚上げにした。だがその内容の多くは，のちの傑作『方法序説』に含まれることになった。

チューリング，アラン

生 年	1912年6月23日
生誕地	英国のロンドン
没 年	1954年6月7日
重要な業績	デジタルコンピュータの創始者

　アラン・チューリングはアスペルガー症候群で，ほかの人に共感するのが難しかったのかもしれない，といわれている。ところが皮肉なことに，チューリングは人工知能のためのテストを作った。コンピュータがこのテストに受かるには，人間のように考えて人間をだまさなくてはならないが，今のところ，そのようなコンピュータは存在しない。チューリングは英国政府の科学関係者のなかで重要な位置を占めていたが，同性愛の行為で捕まり（1950年代初頭，同性愛は犯罪だった），機密情報へのアクセス権を失った。そのためハイレベルな仕事をすることができなくなり，毒入りリンゴをかじって自殺した。

ニュートン，アイザック

生 年	1642年12月25日（新しい暦では，1643年1月4日）
生誕地	英国，リンカーンシャーのウールソープ
没 年	1727年3月20日（新暦の3月31日）
重要な業績	微分積分学の共同開発者

　ニュートン自身が光学や微分積分学で得た成果に基づく運動と重力の法則は，近代物理学の基礎となった。300年後に月へと向かう経路を描けるようになったのも，これらの法則のおかげなのだ。ニュートンは幼少時代に父を失い，母に受け入れてもらえなかったために，無口で自分勝手で執念深かった。かの有名なリンゴのエピソードが生まれたのは，町中に蔓延していた疫病から逃れようと，リンカーンシャーにある一族の家に滞在していたときのことだったという。ニュートンは自分の発見を慎重に守ろうとして，得られた結果を何十年も発表しないでおくことが多かった。

ネイピア，ジョン

生　年	1550 年
生誕地	スコットランド，エジンバラ近郊のマーキストン・キャッスル
没　年	1617 年 4 月 4 日
重要な業績	対数を発明

　スコットランドのマーキストンの第 8 代領主ジョン・ネイピアは風変わりな貴族で，居城（エジンバラのネイピア大学の一部として現存）で隠れるように暮らしていた。外出するときは常にトレードマークの黒いマントをはおり，黒い雄鶏を連れていたので，ネイピアは魔術師だという者もいた。ネイピアは使用人全員に，すすを塗って黒くした自分の雄鶏をなでるよう命じて，紛れこんでいた盗人を突きとめたという。実際には使用人たちに，この魔法の鶏が罪人の手に印をつけるだろう，といっただけだったのだが，これを聞いた罪人は雄鶏に手を出せず，いっぽうやましいところがない人は，鶏をなでて無実を証明することができたのである。

バベッジ，チャールズ

生　年	1791 年 12 月 26 日
生誕地	英国のロンドン
没　年	1871 年 10 月 18 日
重要な業績	機械式コンピュータを発明

　バベッジは学生の頃に，ケンブリッジ大学の数学教育に失望したという。そしてライプニツやラグランジュの業績に刺激を受け，（天文一家の）ジョン・ハーシェルたちとともに「アナリティカル・クラブ」を作った。当時の科学者にとってはごく普通のことだったのだが，バベッジは同時に超常現象を調べる「ゴースト・クラブ」の中心人物でもあった。人間の数学者たちがまちがうのを見たバベッジは，機械式計算機を設計しようと思い立った。しかしその装置には精密なギアが大量に必要で，法外な金がかかることがわかった。

パスカル，ブレーズ

生　年	1623 年 6 月 19 日
生誕地	フランスのクレールモン＝フェラン
没　年	1662 年 8 月 19 日
重要な業績	初期の機械式計算機を製作

　ブレーズ・パスカルは，その天分が幼いときにもっとも明るく燃えさかり，中年になると自然に消えるタイプだったらしい。パスカルが計算機を手がけたのはまだ 10 代の頃で，数でできた三角形を用いて二項理論の展開を完成したのは 30 歳のときだった。そしてその時点ですでに，最終的には相対性理論につながるはずの真空に関するある発見をしていた。だが 1654 年に強烈な宗教的ビジョンを経験したことから，科学の研究に終止符を打ち，残りの人生を神学に捧げることにした。

ハミルトン，ウィリアム

生　年	1805 年 8 月 4 日
生誕地	アイルランドのダブリン
没　年	1865 年 9 月 2 日
重要な業績	四元数を発見

　このアイルランドの数学者兼天文学者は，自分の業績を文字通り刻み込んだとされている。ダブリンの石橋に四元数の公式を刻み込んだというのだ。ハミルトンは子ども時代から数学に並外れた才能を見せ，12 歳のときに米国のゼラ・コルバーンというサヴァン［障がいをもちながら，特定の能力が並はずれている人］がダブリンで（すさまじい速さで複雑な計算を行うという）演し物を披露すると，これを真似て，そこそこの成功を収めた。また，子ども時代に数カ国語を習得した。ハミルトンは，生涯ダブリンのトリニティー・カレッジで学究生活を送り，光学から運動法則の再公式化まで，ありとあらゆることを研究した。

ヒッパルコス

生年	不明
生誕地	ニケーアのビチュニア（現トルコのイズニク）
没年	紀元前 127 年以降
重要な業績	三角法の展開

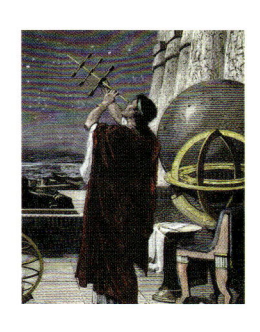

　ヒッパルコスはどちらかというと天文学者として有名だが，自身が観測した天体の動きを説明するために，のちに三角法と呼ばれることになる分野を開発した。ヒッパルコスはその生涯のほとんどをエーゲ海のロードス島（トルコの海岸に近いが，ギリシアの一部だった）で過ごした。本人は，惑星が太陽のまわりを動いていると直感し，その動きを初めて計算した。ところが，惑星が完全な円を描いていないということを示す結果が得られたため，太陽のまわりを回るという説は明らかなまちがいだと判断して，この説を捨てた。なぜなら宇宙は完ぺきで，その動きもまた完全であるはずだったからである。

ヒルベルト，ダーフィト

生年	1862 年 1 月 23 日
生誕地	プロシアのケーニヒスベルグ（現ロシアのカリーニングラード）
没年	1943 年 2 月 14 日
重要な業績	20 世紀に解くべき 23 の問題を提示

　このドイツ人数学者がこれほどまでに有名になったのは，20 世紀の夜明けに同僚たちに偉大なる挑戦課題を突きつけたからだ。そうはいってもヒルベルトは，偉大なる教師で数学の推進者であるだけでなく，数学におけるきわめて重要な発見も行っている。東プロイセンに生まれ，成人してからはガウスの母校であるゲッチンゲン大学で仕事をした。引退後，ナチスがゲッチンゲンの学部からユダヤ人を追放すると，ヒルベルトは新しい教育相に向かって，この大学における数学の研究は完全に終わった，と抗議した。

ピュタゴラス（ピタゴラス）

生年	紀元前 570 年頃
生誕地	ギリシア，イオニアのサモス島
没年	紀元前 500 年から 490 年
重要な業績	ピタゴラスの定理と音楽の数学

　ピタゴラスがどのような生涯を送ったのか，直接の証拠はいっさい残っていない。ほかの人々の記述からわかることがすべてで，そのかなりの部分はプラトンの記述によるものだ。ピタゴラスに関する事実と信仰と哲学を分けるのは不可能といってよく，ピタゴラスはそもそも一人の人物ではなく，一連の考え方の人格化であると主張する学者がいるくらいだ。伝説によると，ピタゴラスはサモス島に生まれ，広く（おそらくインドまで）旅をして，バビロンやエジプト以遠の数学を吸収し，その後，南イタリアのクロトンに落ち着いて，ピタゴラス学派を作ったという。

フィボナッチ

生年	1170 年頃
生誕地	イタリアのピサ？
没年	1240 年以降
重要な業績	フィボナッチ数列を定義

　ピサのレオナルドとかレオナルド・ボナッチと呼ばれるこの人物は，父の名前にちなんだ「フィボナッチ（ボナッチの息子）」という愛称でよく知られている。今ではすっかりおなじみのこの名前（とその数列）が広く使われるようになったのは，死後ずいぶん経ってからのことだった。レオナルドの数学の知識がどこから来たのかを調べると，現在のアルジェリアで過ごした子ども時代に行き着く。（商人である父はベジャイアという町でピサの交易場を運営していた。）当時は広く数学は実業をより良く行うための手段とされていたので，成人したレオナルドは，数学の業績を買われてピサ共和政府に雇われることになった。

フェルマー，ピエール・ド

生　年	1601年8月17日
生誕地	フランスのボーモン・ド・ロマーニュ
没　年	1665年1月12日
重要な業績	「最終定理」で有名

　古今東西のもっとも偉大なアマチュア数学者とされるピエール・ド・フェルマーは，南フランスの眠ったような町で弁護士をしていた。だがさまざまな資料からすると，別に広く賞賛されるような法廷技術を身につけていたわけではなかったらしい。当時のフランスでは宗教絡みの暴力が頻発し，公の生活が身の危険を招きかねない時代だったため，慎重で引っ込み思案なフェルマーは無名でいることを望んだ。そのため業績はほとんど公表せず，その全貌が明らかになったのは死後のことだった。証明（当時は必須でなかった）はほとんど残さず，もっとも有名な定理は，ほかの人々によって証明された。

フーリエ，ジョゼフ

生　年	1768年3月21日
生誕地	フランスのオーゼール
没　年	1830年5月16日
重要な業績	複雑な波の裏にひそむ数学を展開

　尼僧たちに育てられた孤児フーリエは，貴族の子弟のみを対象とするフランス軍隊の兵団には入れなかった。そこでフーリエは，砲術の数学を主とする軍の数学の教職につくことにした。革命後，かつて自分も砲術将校だったナポレオンは，フーリエをエジプトの総督にした。のちにフーリエはジャン・フランソワ・シャンポリオンにロゼッタ・ストーンを見せ，シャンポリオンはそこに書かれているヒエログリフを解読した。フーリエは，太陽光のエネルギーが大気に閉じ込められる「温室効果」と呼ばれる現象を最初に発見した。

フォン・ノイマン，ジョン

生　年	1903年12月28日
生誕地	ハンガリーのブタペスト
没　年	1957年2月8日
重要な業績	ゲーム理論と計算の開発者

　ヤーノシュ（が生まれたときの名前）・ノイマンは，明らかに小さい頃から利発な子どもだった。6歳で古代ギリシア語を話し，8桁の割り算ができた。ブタペストからチューリッヒ，ベルリンと，さまざまな学校にすべて最年少のもっとも優秀な生徒として入学し，1930年代にプリンストン大学に入った。そしてジョンと改名すると，アインシュタインやゲーデルと仕事をした。フォン・ノイマンのゲーム理論は冷戦に必須の武器となり，数学者たちはICMBミサイルのような防衛戦略の展開に関わるようになった。

ブール，ジョージ

生　年	1815年11月2日
生誕地	英国のリンカーン
没　年	1864年12月8日
重要な業績	ブール代数と論理を発明

　この英国の天才論理学者は，その天分を早くから発揮した。生家は貧しく，父や家族の友人からカリキュラム外の学校教育を受けたが，ほとんど自学自習で，本を読んで数力国語を習得し，（最後には）微分積分学をマスターした。弱冠16歳で教師となると，一家の稼ぎ頭になった。教師として成功したので，当然注目を浴びるようになり，1849年にはアイルランドのコークに新設された大学の最初の数学教授になった。そしてそこで記号論理学の著作を完成した。

ペアノ，ジュゼッペ

生年	1858年8月27日
生誕地	サルディニア王国（今のイタリア）のクネオ
没年	1932年4月20日
重要な業績	数学の公理の定義

　このイタリアの数学者は，数理哲学の業績だけでなく，近代集合論で用いられる記号や表記法を導入したことでも有名だ。それというのも，この分野の数学を使って自分の公理を表現していたからである。そして，ユークリッドが打ち立てた数学の基礎を書き直すと，今度は『原論』そのものに取って代わるはずの『フォルミュラリオ・マテマティコ』の作成に取りかかった。これは，それまでにわかっていたすべての公式や定理を，統一された同一の表記体系でまとめた総目録だった。さらに，数学の概念を広めるために，ラテン語に基づくまったく新たな普遍的言語を開発し始めたが，この言語はまるで流行らなかった。

ベルヌーイ，ダニエル

生年	1700年2月8日（古い暦では1月29日）
生誕地	オランダのフローニンゲン
没年	1782年3月17日
重要な業績	流体力学の分野を展開

　スイスのバーゼルに住んでいたベルヌーイ一家は，他に例を見ない数学一家だった。ダニエルの叔父のヤーコブは e の値を突きとめ，父ヨハンは微分積分学に貢献し，物体がある場所から別の場所に弧を描いて動くときに現れる最速降下線という曲線（厳密には円ではない）の謎を解明した。そしてダニエル自身は，流体力学の数学に関する業績で名をあげた。実際，飛行機が地上から飛び立つことを可能にする浮力の原理にも，ベルヌーイの名が残っている。そのうえ，いとこや兄弟や何人かの甥やその息子たちも著名な数学者だった。

ベイズ，トーマス

生年	1702年
生誕地	英国のロンドン
没年	1761年4月17日
重要な業績	統計と確率の向上

　牧師として，ロンドンの南東にあるこじんまりとした町，ターンブリッジウェルズの長老派教会で信徒たちの世話をしていたトーマス・ベイズ師は，30代で数学をかじり始めた。そして1742年には，微分積分学に関する業績で王立協会に推挙された。ニュートンやライプニツが業績をあげてからまだ数十年しか経っておらず，微分積分学は数学の分野としては新しかったのだ。いっぽうベイズの名前を今に伝える確率論は，実はベイズが晩年の数年間に関心をもった問題から生まれたもので，ベイズの定理の草稿も，本人が死んだあとに発表された。

ポアソン，シメオン

生年	1781年6月21日
生誕地	フランスのピティヴィエ
没年	1840年4月25日
重要な業績	確率論の中心人物

　ポアソンの名前がついた統計分布は，ほかの人々のおかげもあって非常に大きな業績とされているが，ポアソンの研究テーマは，実はきわめて広い範囲に及んでいた。フランス革命の時代に育ったポアソンは，1798年に最悪の政治争乱が収まると，その後も勉強を続けた。そして革命が終わると，新たな体制ができてはつぶれるなかで，その身を科学に捧げることに決めた。ポアソンは勤勉な教師で，300ページ以上の論文を発表しており，その多くは，磁気や光といった物理学の問題に数学を応用したものだった。男爵に取り立てられたが，その称号はめったに使わなかった。

ポアンカレ，ジュールズ・アンリ

生 年	1854年4月29日
生誕地	フランスのナンシー
没 年	1912年7月17日
重要な業績	トポロジーの中心人物

「多才」とは，まさにポアンカレのためにあるような言葉だ。ポアンカレといえばトポロジーの分野が連想されるし，実際ポアンカレはこの分野を打ち立てるのに一役買った。（その予想は約100年間，ずっと未解決のままだった。）だがこのほかにも，特殊相対性理論や量子力学や重力の問題，カオス理論の元となったテーマや電磁気学にも取り組んだ。家族からジュールズと呼ばれていたポアンカレは，きらびやかな学術一家のもっとも明るい星だった。ポアンカレは経歴の大部分を鉱山監督官として過ごし，数学は（非常に生産的な）副業でしかなかった。

ライプニツ，ゴットフリート

生 年	1646年7月1日（旧暦では6月21日）
生誕地	ドイツのライプツィヒ
没 年	1716年11月14日
重要な業績	微分積分学の共同開発者

ライプニツは，ユーモアがあって魅力的で，ヨーロッパ中にファンがいて，どこからどう見てもアイザック・ニュートンとは正反対だった。数学に手を染めたのは人生の後半で，初めはマインツ選挙候の外交官だったが，微分積分学を巡るニュートンとの争いが激しくなった頃，（じきに大英帝国王ジョージとなった）ハノーファーのゲオルクに仕えることになった。こうしてライプニツは，ニュートンの国の絶対王制の強力な助言者となったが，この新たな力も，二人の争いにはほとんど影響しなかった。ライプニツは高い地位に就いたが，すぐに失脚して，ひっそりとこの世を去った。

マンデルブロー，ベノア

生 年	1924年11月20日
生誕地	ポーランドのワルシャワ
没 年	2010年10月14日
重要な業績	フラクタル幾何学の中心人物

マンデルブローは，コンピュータの力を借りて数学の境界を押し広げようとする新たな数学者世代の先頭に位置していた。若い頃は，ナチスの脅威を逃れるために引っ越しを繰り返した。11歳のときにワルシャワからパリへ移り，第二次世界大戦中はフランスのなかでは比較的安全なヴィシー政府の統治下に移った。初めのうちは応用数学のきわめて多種多様なテーマで業績を上げていたが，やがて，それらすべてに現れる自己相似な構造に魅せられていった。そしてこれがきっかけとなって，フラクタル幾何学にたどり着いた。

ラッセル，バートランド

生 年	1872年5月18日
生誕地	ウェールズ，モンマスシャーのトレレック
没 年	1970年2月2日
重要な業績	一流の数理哲学者

ラッセルは，ヘンリー8世の時代から英国の政治的エリートとして活躍してきた裕福で強力な一族の出で，ラッセル自身も伯爵の身分を受け継いだ。出自は特権的だったが，若きバートランドは孤独な青年で，自殺を考えたこともあった。しかし数学や哲学に自らの天職を見いだし，30代で世界的な著名人となった。だがそれが経歴のピークだったわけではない。ラッセルは断固たる平和主義者だったから，第一次，第二次世界大戦では，自らの地位を利用して良心的徴兵拒否者を擁護した。さらに1950年代から60年代には，優れた反核運動家となった。

ラプラス，ピエール・シモン

生 年	1749 年 3 月 23 日
生誕地	フランス，ノルマンディーのボーモン・アン・オージュ
没 年	1827 年 3 月 5 日
重要な業績	いくつかの分野の中心人物

　このフランスの科学者は，貴族となり，さらには帝室科学者へとのぼりつめた。これほどの変化を生き抜いた人物はまずおらず，科学の発展にこれほど多くの貢献をした人物もまれである。ラプラスは，（のちにギロチンの露と消えた）友アントワーヌ・ラヴォワジェとともに，熱力学を研究した。さらに，ぐるぐる回っている熱い星雲から太陽系ができたという説を最初に発表した。そして，ナポレオンになぜ著書の中で神に触れなかったのかと問われると，「わたくしにはそのような仮説は必要ございませんので」と答えた。数学の世界では，確率と統計と力学の分野で根本に関わる業績をあげた。

リーマン，ベルンハルト

生 年	1826 年 9 月 17 日
生誕地	ドイツ，ハノーファーのブレゼレンツ
没 年	1866 年 7 月 20 日
重要な業績	楕円幾何学とゼータ関数の創始者

　このドイツの数学者は，貧しい大家族で騒然とした子ども時代を過ごした。幼くして母を亡くしたために，ひどい恥ずかしがりになり，人前で話すことを恐れるようになった。学者として仕事をしているあいだは，そのような性格もある程度許されたが，それでも職務上，ゲッチンゲン大学で講義をしなければならなかった。そして，リーマンが話すことには多くの人々が注目した。リーマンの楕円幾何学はアインシュタインを触発することとなり，リーマンのゼータ関数は，これまでのところ，素数のパターンの発見にもっとも近い業績とされている。

ラーマーヌジャン，シュリーニヴァーサ

生 年	1887 年 12 月 22 日
生誕地	インドのイーロードゥ
没 年	1920 年 4 月 26 日
重要な業績	数論の展開

　このインド人は，荒削りな天才だった。正式の教育はほとんど受けたことがなく，数学は，実家に下宿していた二人の数学の学生に教えてもらったり，本を借りたりして独学した。13 歳になると自分の定理を生みだし始め，偉大な人々がすでに得ていた結果を自己流で再発見していった。やがてそれらの結果を世界の数学者たちに送るようになり，27 歳でケンブリッジにポストを得ると，素数を研究した。子ども時代に天然痘にかかったときは，どうにか生き延びたものの，32 歳で結核に倒れた。

ワイルズ，アンドリュー

生 年	1953 年 4 月 11 日
生誕地	英国のケンブリッジ
没 年	―
重要な業績	フェルマーの最終定理の証明

　学校からぶらぶらと家に歩いて帰る途中で図書館の本に載っていたパズルを見て以来，フェルマーの最終定理を解くことがアンドリュー・ワイルズの夢となった。ケンブリッジで生まれ育って教育を受け（さらにオクスフォードでも数年間教育を受け）たワイルズは，海を渡ってパリやプリンストンでキャリアを積んだ。それでも，フェルマーの最終定理の証明を発表するときには，ケンブリッジに戻った。ワイルズはこの偉大な業績によって多くの賞を受け，英国女王からナイトの称号を授かった。だが数学の最大の賞であるフィールズ賞（40 歳未満という制限がある）をもらうには，少しだけ年をとりすぎていた。

訳者あとがき

　この本は，Ponderables というシリーズの "Mathematics: An illustrated history of numbers" の翻訳です。原書はちょっと大きめのいわゆるコーヒーテーブルブックで，一家に一冊，居間に置いて，子ども（この場合は中学生くらい）も大人もぱらぱらと気軽にめくって楽しむための本です。そして中身はというと，ヒトがものを数え始めてから今日までの，長い長い「数の理屈を使って考えてきた」歴史と現在の「数学」という学問が，100 の項目と豊富な図版で紹介されています。

　ヒトが自分を取り巻く世界をただながめているだけなら，きれいだ，汚い，好きだ，嫌いだ，と感じているだけですむのでしょうが，外界を筋道立てて理解したり，自分が住みやすいように変えたりするには，数や量が必要になります。もっといえば，外界を数や量でとらえて理屈で理解する手法が発展したからこそ，今のような社会や生活があるといえます。そして，その手法の発展の歴史をコンパクトにまとめたのが，この本なのです。

　そうはいっても，数の理屈を使ってさまざまな事象を理解する手法にはそれこそ何万年もの歴史があります。ですから当然，この 150 ページ強の本でそのすべてをなぞることはできず，もっとも重要と思われる要点だけを，ざっとかいつまんで述べるので精一杯なのです。でも，ほんとうは 100 ある項目のひとつひとつに，研究者が一生を捧げて研究するに値する内容と歴史があり，さまざまな本や DVD なども出ています。ですから，もし一つでも興味を引かれる項目が見つかったら，ぜひインターネットで情報を探し，図書館で本をめくってみてください。

　ところで，原タイトルの "Mathematics" というのは日本語にすると「数学」ですが，本文の「はじめに」にもあるように，英語の "Mathematics" の元になったギリシャ語の "μαθημα" は，「知るべきもの，学ばれたもの」というふうに，今よりずっと幅広いものを意味していました。今でこそ，「数学」は「物理学」や「天文学」とは別の学問とされ，大学にも別々の教室がありますが，この「数学」の本には天文学や物理学などの発見が登場し，いわゆる「数学者」ではない人々も登場します。なぜなら，わりと最近まで「数学」と自然科学との垣根は低く，自然科学の刺激で数学が発展し，逆に数学の成果が自然科学の業績に直結することがしばしばあったからです。現代の「数学」は，自然科学からはかなり独立した独自の価値観をもつ分野とされています。しかし，本文にも登場するマクスウェルが電磁波の正体を突きとめたときも，数学の知識を使って数式を導いたところ，実はその式が現実の電磁気のからくりを示していることがわかったのであって，数学が培ってきた推論や思考の方法は，自然科学の必須の武器といえます。数（学）の理（屈）を駆使したこれらの推論を網羅するには，「数学」という言葉よりも「数理科学」という言葉のほうがぴったりくるのかもしれません。「現代数学」的な流れを "クラシックなマセマティクス" と呼び，「数理科学」的な流れを "ロマンチックなマセマティクス" と呼んだ人もいるくらいで，最近は，互いに独自の進化を遂げて疎遠になっていた「数学」と「自然科学」に改めて橋をかけ，どちらにとっても実り多い新たな展開を推し進めようという動きがさかんになっています。数学の未解決問題は山ほどあり，数（理科）学者たちの腕は鳴りっぱなしなのです。ある数学者によると，「数学者とは，どこにでも数学の種を見つける人」だといいますから，どうやらこの世の終わりが来るまで，数学の問題が尽きる心配はなさそうです。

　どうかみなさんが，古い歴史をもちながら常に新しいことを模索していく数学，そして数理科学の歴史を楽しまれますように。

2014 年 5 月

冨　永　　星

索 引

※特に詳しい解説が記載されているページは太字で示した。

■欧数字

2進（記数）法　**52**, 96, 116, 119
4次元　**108**
4次元立方体　**108**
10進（記数）法　28, 44, 53, 97, 115, 119
10のべき　**23**
16進（記数）法　119
60進（記数）法　7, 27

e　39, **54**, 72
GIMPS　113
HOTPO　125

■あ行

アインシュタイン，アルベルト　73, 88, 90, 102
アバカス　**7**
アーメス　20
アーメス・パピルス　**10**
アラビア数字　27
アラン，ポール　97
アリスタルコス　36
アリストテレス　15, 43
『アリトメチカ』　26, 110
アリヤバータ　21
アル＝キンディー　29
アル＝フワーリズミー，ムハンマド・ブン・ムーサー　28, 30, **128**
アルガン，ジャン＝ロベール　41, 62
アルキメデス　20, 21, **128**
アルゴリズム　18, **28**, 75
アルベルティ，バッティスタ　33
アレフ・ゼロ　78
暗号　105
暗号学　4, **29**

「イシャンゴの骨」　6, 19
一般相対性理論　**90**
因数　114
インド・アラビア記数法　**27**
インド数字　27

ヴァインベルグ，ヴィルヘルム　89
ウィエア，デニス　124
ウィエア‐フェラン構造　124
ヴィエト，フランソワ　36, **128**
ウィーゼンフェルド，クルト　110
ヴェーバー，エルンスト・ハインリッヒ　74
ヴェーバー‐フェヒナーの法則　74
ウォリス，ジョン　48, 78
ウサギ問題　**31**
閏 年　24

エウクレイデス　**129**
エウドクソス　77
易 経　53
エシュテル，クレイン　127
エディントン，アーサー　90
エニグマ　95
エラトステネス　18, 22, **129**
エルディシュ，ポール　127
演繹法　15, 48
遠近法　**32**
円グラフ　83
円 周　114
円錐曲線　37
円の正方化　21

オイラー，レオンハルト　19, 56, 58, **129**
オイラー数 ⇨ e
オイラーの等式　**58**
オイラーの煉瓦　**124**
黄金比　**12**, 31
黄金分割　12
黄金らせん　**13**
応用数学　4
オドネル歯車式計算機　44
オートレッド，ウィリアム　40, **129**
音楽の数学　**11**
温室効果　134

■か行

海王星　73
階差エンジン　44, 65
階 乗　114
ガウス，カール・フリードリヒ　41, 47, 62, 70, **130**
ガウス分布 ⇨ 正規分布
カエサル，ユリウス　24
カオス　101
カオス理論　5, **101**, 112
確 率　4, 46, 59
可算無限　79
カタストロフ理論　**103**
ガリレイ，ヴィンチェンツォ　34
ガリレイ，ガリレオ　34, 43, **130**
カルダーノ，ジロラモ　41
ガロア，エヴァリスト　67
環　114
感 覚　74
関係式　114
関 数　114
関数解析　5
完全数　114
カントール，ゲオルク　78, 80, **130**
カントール集合　81
カントールの無限　79
完ぺきな箱　124
幾何学　5, 16, 22, 42
　　新しい──　**86**
　　柔らかい──　84
幾何学的遠近法　32
『幾何学の基礎』　86
基 数　53, 78, **114**
基数点　114
帰納法　48
キャヴェンディッシュ，ヘンリー　51
逆 数　114
鏡 映　114
虚 数　118
キリング，ヴィルヘルム　82

偶 然　46, 59
グーゴル　78
グーゴルプレックス　78
クネーザー，ヘルムート　62
グノーモン　12
位取り記数法　**7**
クラインの壺　84
クラスレート化合物　124
グラフ理論　5, 56, 84, 126
クレイ数学研究所　112
グレゴリウス13世　25
グレゴリオ暦　25
クロネッカー，レオポルド　6
群　109, 114
群 論　4, 66

系　114
計算機　44
計算尺　39, 40, 44
係 数　114
ゲイツ，ビル　97
ケイリー，アーサー　66
ケイリーの表　66
結 晶　67
ゲーデル，クルト　**130**
ゲーデルの不完全性定理　87, 90, **94**
ケトレー，アドルフ　70
ケトレー指数　70
『ケーニヒスベルクの七つの橋』

56
ケプラー，ヨハネス　36
ゲーム理論　4, **98**
弦　114
原子爆弾　88
言 明　114
『原 論』　12, 16, 19, 28, 68, 77, 129
弧　114
公開鍵暗号法　105
公 式　114
合成数　114
合 同　115
恒等式　115
勾 配　115
五角数　121
個人誤差　60
コッホ，ヘルゲ・フォン　106
コッホ曲線　106
コペルニクス，ニコラウス　36
暦　24
コラッツ予想　125
ゴールドバッハの予想　**126**
ゴルトン，フランシス　83
コンパクト次元　102
コンピュータ　44, 65, 104, 105
　アナログ──　40
　電気式──　96
コンピュータ・グラフィックス　**17**
コンピュータ・プログラミング　75
コンピュータによる証明　111

■さ行

最大公約数　28
三角数　121
三角法　5, 23, 28, **115**
算 術　4, 87
三体問題　**57**
三段論法　15
算 盤　44
算盤机　7
『算板の書』　**27**, 31

ジァフ，アーサー　112
ジェヴォンズ，ウィリアム・スタンレー　105
シェルピンスキ・カーペット　81
四角数　121
四元数　41, **71**, 119
自己組織化臨界現象　110
シーザー暗号　29
指 数　115
指数関数　54
自然数　72, 118

自然対数　39
実数　118
質量エネルギー　88
ジーマン，クリストファー　103
ジャカール，ジョセフ・マリ　65, 97
シャノン，クロード　75, 99
周期ゼミ　19
集合　115
集合論　5, 80
　　素朴な——　80
集団遺伝学　89
重力　50
重力井戸　91
シュレーディンガー，エルヴィン　93
シュレーディンガーの猫　93
シュレーディンガー方程式　93
循環小数　115
順序数　115
順序理論　4
商　115
小数点　39
乗積表　66
焦点　37
情報理論　5, 99
証明　117
序数　115
ジョルジー，セケレシュ　127
ジラール，アルベール　62
神聖な比 ⇨ 黄金比
シンメトリー　67, 115

垂直　115
数字　115
数理哲学　5
数論　4
ステヴィン，シモン　131

正規分布　64, 70, 115
整数　6, 72, 115, 118
正多面体　14
成長の数学　13
積　115
接線　115
摂動理論　63
ゼロ　10, 27, 118
ゼロサム・ゲーム　98
線遠近法　32
線形　115
線形方程式　34
選言　75

相似　115
測地線　100, 115
素数　18, 113
　　——の幾何学的なふるい　120
　　——のパターン　125
そろばん　7

■ た行
体　114

第一階論理　115
対称群　82
対称性　67, 115
対数　38, 54, 115
代数　4, 28, 30, 115
代数学　36, 42
代数幾何学　5
代数的虚数　118
代数的実数　118
代数的複素数　118
代数の基本定理　62
対数表　38
代数方程式　26, 115
体積　115
タイムマシン　94
楕円　36
楕円幾何学　69
多角形　115
多項式　26, 115
タービュレータ　96
多面体　115
ダランベール，ジャン・ルロン　62
タン，チャオ　110
短軸　115
単純リー群　82

知恵の館　30, 128
地球　22
中心極限定理　64
チューリング，アラン　95, 97, 131
チューリング・マシン　28, 95, 96
超越虚数　118
超越数　72, 118
長軸　115
頂点　115
超立方体　108, 122
直線　100
直方体　116
直角　116
直径　116
直行座標　42

ツェノンのパラドックス　72
ツーゼ，コンラート　96
釣り鐘曲線 ⇨ 正規分布

ディオファントス　26, 110
ディオファントスの方程式　26, 87
定数　116
ディフィー，ホイットフィールド　105
ディフィー－ヘルマン・アルゴリズム　105
ディラック，ポール　30
デカルト，ルネ　30, 62, 131
デカルト座標　42
テッセラクト　108, 122
デデキント，リヒャルト　77, 79
デデキント切断　77
デューラー，アルブレヒト　18, 32
点　116
天球の音楽　11
度　116
ド・ブロイ，ルイ　93
ド・モアブル，アブラーム　47
導関数　55
統計　4, 83
統計力学　76
等号　36
等式　116
等式証明器　111
等辺　116
時計　35
トポロジー　5, 84
トム，ルネ　103

■ な行
ナイチンゲール，フローレンス　83
ナヴィエ－ストークス方程式の解の存在と滑らかさ　112
ナッシュ，ジョン　96

二項係数　45, 116
二項分布　64
二等辺三角形　116
ニブル　99
ニュートン，アイザック　48, 50, 63, 101, 131

ネイピア，ジョン　38, 54, 132
ネイピア数 ⇨ e
「ネイピアの骨」　40, 44
熱力学　76

ノイマン，ジョン・フォン　95, 98
濃度　116

■ は行
パイ（π）　20
倍音　11
倍数　116
ハイゼンベルク，ヴェルナー　92
バイト　99
パイの詩　20
バク，パー　110
パスカリーヌ　44
パスカル，ブレーズ　44, 45, 46, 48, 97, 132
パスカルの三角形　45
バタフライ効果　101
バーチ－スウィナートン・ダイヤー予想　112
パチョーリ，ルカ　13
バックミンスター・フラーレン　100

ハッピーエンド問題　127
ハーディー，G. H.　89
ハドヴィガー，ヒューゴ　127
ハドヴィガーの予想　127
波動－粒子二重性　93
パーフェクト・ボックス　124
バベッジ，チャールズ　28, 65, 97, 132
ハミルトン，ウィリアム・ローワン　41, 71, 132
ハミルトン，リチャード　113
ハミルトン閉路　126
パリティーコード　99
バルネット，デヴィッド　126
バルネット予想　126
半径　116
反数　116

ピアソン，カール　83
ピエムス　20
ヒエログリフ　134
非可算無限　79
非線形方程式　34
ピタゴラス　3, 8, 11, 34, 72, 133
ピタゴラス学派　9, 14, 77
ピタゴラス数　121
ピタゴラスの定理　2, 8
ビット　99
ヒッパルコス　10, 23, 133
否定　75
微分　52, 116
微分幾何学　5
微分積分学　5, 48, 77
微分方程式　5
ヒポクラテスの三日月　117
ひも理論　82, 102, 108
非ユークリッド幾何学　68, 90
ピラミッド　21
ビルーニー，アル　23
ヒルベルト，ダーフィト　78, 86, 133
ヒルベルトの23の問題　86
ヒルベルトのホテル　78
頻度分析　29

ファイ（φ）⇨ 黄金比
フィボナッチ　27, 30, 31, 133
フィボナッチ数列　31, 45, 87, 120
フィールズ，ジョン・チャールズ　96
フィールズ賞　96, 173
フェヒナー，グスタフ　74
フェラン，ロバート　124
フェルマー，ピエール・ド　19, 26, 46, 110, 134
フェルマーの最終定理　26, 110
フェルマーの小定理　19
フェルミオン　102
フォン・ノイマン，ジョン　134
不確定性原理　92, 94

不完全性定理　　*94*
複素数　　***41***, ***118***
フーコー，レオン　　*35*
ブッシュ，ヴァネヴァー　　*97*
ブッフホルツ，ヴェルナ―　　*99*
不等式　　*116*
不等辺三角形　　*116*
プトレマイオス　　*2*
フーパーのパラドックス　　***120***
フラー，リチャード・バックミンスター　　*100*
ブラーエ，ティコ　　*36*
フラクタル　　***5***, ***17***, ***106***
ブラックホール　　*91*
『フラットランド：多次元の冒険』　　*108*
プラトン　　*8*, *14*
プラトンの立体　　***14***, *37*
ブラーフミー数字　　*27*
プランク，マックス　　*92*
プランク定数　　*92*
フーリエ，ジャン・バティスト・ジョゼフ　　***64***, ***134***
フーリエ解析　　*64*
振り子の法則　　*34*
ブリッグス，ヘンリー　　*38*
『プリンキピア』　　*49*
『プリンキピア・マテマティカ』　　*90*
ブール，ジョージ　　*15*, ***75***, ***134***
ブール代数　　***75***, *95*, *111*
ブルネレスキ，フィリッポ　　*32*
分母　　*116*

ペアノ，ジュゼッペ　　*82*, *108*, ***135***
ペアノ曲線　　*107*
ペアノの公理　　***82***
平均人　　***70***
平行線　　*116*
平行線の公準　　*17*
ベイズ，トーマス　　*59*, ***135***
ベイズの定理　　*47*, ***59***
ベイディアス　　*12*
平方　　*116*
平方根　　*116*
平面　　*116*
平面幾何　　*68*
べき　　*38*, ***115***
ベーコン，フランシス　　*52*

ベッセル，フリードリヒ　　*60*, *66*
ベッセル関数　　***66***
ベルヌーイ，ダニエル　　*66*, *76*, ***135***
ベルヌーイ，ヤーコブ　　*47*, *55*
ヘルマン，マーティン　　*105*
ペレルマン，グレゴリー　　*84*, *112*
変化率　　*116*
変換　　*116*
ベン図　　*80*

ポアソン，シメオン＝ドニ　　*70*, ***135***
ポアソン分布　　*64*, ***70***
ポアンカレ，ジュールズ・アンリ　　*84*, *101*, *112*, ***136***
ポアンカレのn体問題　　***101***
ポアンカレ予想　　***112***
ホイヘンス，クリスティアーン　　*35*
『方法序説』　　*131*
ボソン　　*102*
ホッジ予想　　*112*
ボディマス指数　　*70*
ボヤイ，ファルカシュ　　*69*
ボヤイ，ヤーノシュ　　*69*
ポリトープ　　*116*
ポリニャック，アルフォンス・ド　　*125*
ボルツマン，ルートヴィヒ　　*76*
ボルトキエヴィッチ，ラディスラウス　　*71*
ホルバイン，ハンス　　*33*
ホレリス，ハーマン　　*96*
ホワイトヘッド，アルフレッド・ノース　　*90*

■ま行
マクスウェル，ジェームズ・クラーク　　*76*
マクスウェル−ボルツマン分布　　***76***
マスケリン，ネヴィル　　*60*
マッキューン，ウィリアム　　*111*
魔法陣　　***18***
　洛書の――　　*18*
マルコフ，アンドレイ　　*89*
マルコフ連鎖　　***89***

マルサス，トーマス・ロバート　　*60*
マルサスの学説　　***60***
マンデルブロー，ベノア　　*17*, *106*, ***136***
マンデルブロ集合　　***107***, *123*
マンハッタン距離　　*9*, *69*
ミニマックス戦略　　*99*
ミリアード　　*23*
ミレニアム問題　　***112***
無限　　***78***, *116*
　カントールの――　　*79*
　無理数の――　　*79*
　有理数の――　　*79*
無理数　　***77***, *118*
　――の無限　　*79*

メビウスの帯　　*85*
メルセンヌ，マラン　　*111*, *113*
メルセンヌ素数捜し　　***113***
　一大インターネット・――　　*113*
メレ，シュヴァリエ・ド　　*46*
面積　　*116*

モース，サミュエル　　*52*
モンティ・ホール問題　　***47***

■や行
約数　　*116*
ヤン−ミルズ方程式と質量ギャップ問題　　*112*

有限単純群　　***109***
有理数　　*72*, ***77***, *118*
　――の無限　　*79*
ユークリッド　　*12*, *16*, *19*, *28*, *77*, ***129***
ユリウス暦　　*25*

四色定理　　***104***

■ら行
ライプニッツ，ゴットフリート・ヴィルヘルム　　*48*, *52*, *84*, *97*, ***136***
落体の法則　　*43*
ラグランジュ，ジョゼフ・ルイ　　*57*

ラジアン　　*116*
ラッセル，バートランド　　*81*, *90*, ***136***
ラッセルのパラドックス　　***81***
ラプラス，ピエール・シモン　　*63*, *64*, *66*, ***137***
ラプラスの方程式　　*66*
ラブレイス，エイダ　　*28*, *65*
ラーマーヌジャン，シュリーニヴァーサ　　***137***

リー，ソフス　　*82*
リウヴィル，ジョゼフ　　*72*
リウヴィル数　　*72*
理想的な泡　　*124*
立方　　*116*
リヒター・スケール　　*39*
『リブチ・アバチ』⇨『算板の書』
リーマン，ベルンハルト　　*69*, ***137***
リーマン球面　　*41*
リーマン予想　　*87*, *112*
劉徽　　*21*
流体力学　　*4*
量　　*116*
量子力学　　*92*
臨界点　　*103*
リンデマン　　*21*
リンド・パピルス　　*10*, *20*

ル・ヴェリエ，ユルヴァン　　*73*
累乗　　*116*

レコード，ロバート　　*36*
連言　　*75*

ロゼッタ・ストーン　　*134*
六角数　　*121*
ロビンズ，ハーバート　　*111*
ローマ数字　　*27*, *119*
ローレンツ，エドワード　　*101*
ローレンツ・アトラクタ　　*102*
論理　　*15*
論理学　　*5*

■わ行
ワイルズ，アンドリュー　　*110*, *112*, ***137***
和音　　*11*
惑星　　*37*

1961年 エドワード・ローレンツがカオスを再発見する。こうからやがて、気象のような予想不可能な自然現象の動向や株式市場の動向を説明するのに役立つカオス理論が展開した。

1972年 ルネ・トムが、数学を使って些細な変化がいかに大きな結果に結びつくかを説明するカタストロフ理論を発表する。

1975年 ベノア・マンデルブローがフラクタルという言葉を定義する。

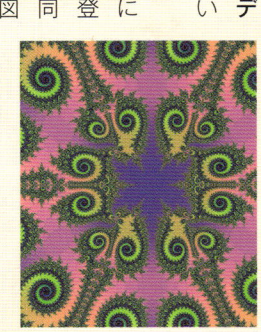

1976年 コンピュータによる新しい種類の証明が登場する。「隣り合う領域が同じ色にならないように地図を塗り分けるには色が何色必要か」という単純な問題を解決するには、けっきょくコンピュータを使って可能性のある解をすべてチェックしなければならなかった。

1977年 RSA公開鍵暗号アルゴリズムの発明により、インターネットのデータのやりとりが安全になる。

1985年 何百人もの数学者が30年間力をあわせて取り組んできた有限単純群の分類がついに完成する。

1987年 いくつかの同じ単純な法則から複雑で多様な宇宙が生まれうる理由は自己組織化臨界性にある、とする論文が発表される。

1995年 アンドリュー・ワイルズがフェルマーの最終定理を証明する。

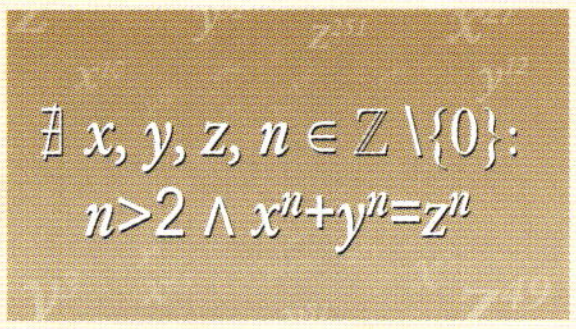

1996年 等式証明器と呼ばれるコンピュータプログラムが、初めて数学の定理の証明を見つけだす。

2000年 クレイ数学研究所が、それぞれ100万ドルの賞金がかかった七つのミレニアム問題を出す。

2006年 グレゴリ・ペレルマンが第1のミレニアム問題だったポアンカレ予想を解くが、すべての賞を辞退する。

2011年 インターネットの検索エンジン大手グーグルがライバルの特許に$π×10$億ドルの値をつける。

フェルマーの最終定理
$$\nexists\, x, y, z, n \in \mathbb{Z}\setminus\{0\}:\ n>2 \wedge x^n+y^n=z^n$$

フラクタル

1981年 米国でスペースシャトルが初めて打ち上げられる。

1984年 エイズ患者が発見される。一般向けの携帯電話が発売される。

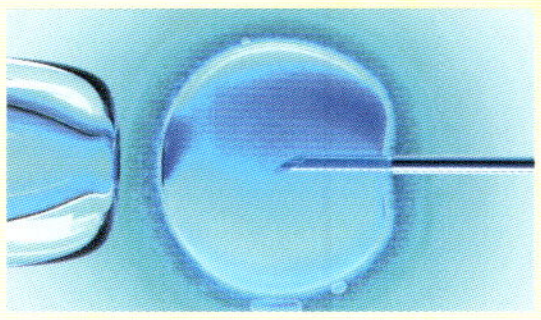

1988年 スティーヴン・ホーキングが『ホーキング、宇宙を語る』を出版する。この本によって、天文学や物理学が身近なものとなった。

1989年 シドニー・アルトマンとトマス・R・チェックが、遺伝におけるRNAの触媒的な働きの解明によってノーベル賞を受賞する。

1996年 ティム・バーナーズ=リーがワールドワイドウェブ(WWW)を提案する。

1997年 惑星探査機が火星に降り立つ。

1998年 地球の軌道上で国際宇宙ステーションの建設が始まる。

2000年 ヒトゲノムの解読がほぼ完了する。

2008年 素粒子を加速するための大型ハドロン衝突型加速器(LHC)が、スイスのジュネーブ近郊で稼動を開始する。

2011年 これまでに地球にもっともよく似た惑星ケプラー22bが、はるかかなたで発見される。

大型ハドロン衝突型加速器

スティーヴン・ホーキング

試験管内での受精

危機が起きる。

1963年 米国大統領J・F・ケネディがテキサス州ダラスで暗殺される。

1965〜73年 ベトナム戦争。

1968年 映画『2001年宇宙の旅』が公開される。

1979〜89年 ロシアによるアフガニスタンの侵攻。

1980年 イラクがイランに対して宣戦布告する。この戦争は1988年まで続いた。ニューヨークのダコタ・ハウスの外で、ジョン・レノンが殺害される。

1986〜87年 ソ連の書記長ミハイル・ゴルバチョフが自由な経済改革として、グラスノスチとペレストロイカを提唱する。

1989〜90年 ベルリンの壁が壊され、東西ドイツが統一される。

1994年 南アフリカ共和国で差別法撤廃後初の選挙が行われ、ネルソン・マンデラが大統領に当選する。

2001年 9・11──テロリストが、ハイジャックした飛行機をニューヨークのワールド・トレード・センターに衝突させる。

2006年 ジャクソン・ポロックの「No.5,1948」が、約1億4000万ドルで落札される。

2008年 米国の金融恐慌から世界的な不況が起きる。

2009〜10年 新型インフルエンザが世界的に流行する。

米国公民権運動の指導者マーティン・ルーサー・キングが暗殺される。

ジョン・レノン

数学の歴史年表 * (8)143

1905年 アインシュタインが、数学を使って質量とエネルギーを結びつける有名な方程式 $E=mc^2$ のもとになる特殊相対性理論を発表する。

1906年 マルコフが、すぐ前の状態にのみ依存し、その前の状態とは無関係な過程を説明するためのマルコフ連鎖を導入し、論文を発表する。

1908年 ハーディーとヴァインベルクが、（グレゴール・メンデルの遺伝法則が実際にどのように機能するのかを説明する）集団遺伝学の基礎となる法則を発見する。

1913年 バートランド・ラッセルが、数学を一連の論理原則に還元する著作を完成する。

1926年 シュレーディンガーが、（原子より小さい世界での物理を数学で説明する）量子力学の基本方程式となる波動方程式を発表する。

1931年 クルト・ゲーデルが、どのような形式的公理系にも決定不能な言明が含まれるから、数学には決して答えのでない問いがあるという不完全性定理を発表する。

1936年 アラン・チューリングが、アルゴリズムによって動く仮想の機械を提案する。これが現代のデジタルコンピュータへとつながった。

1944年 フォン・ノイマンが、（数学を経済的な競争や軍隊の戦術や政治に応用する）ゲーム理論の基礎となる共著を完成させる。

ジョン・チャールズ・フィールズが、数学のノーベル賞ともいうべき、もっとも優れた数学者を顕彰するメダルの基金を作る。

1948年 シャノンが、(2進数を使ってデータを送り、それがついたらパリティーコードを使って正しいことが確認できる)といった情報理論のもとになる論文を発表する。

アラン・チューリング

バートランド・ラッセル

アルベルト・アインシュタイン

1911年 ハリウッドのスタジオ第1号が建設される。

1912年 タイタニック号が大西洋上で氷山に衝突し、その3時間後に沈没する。この事故では1500名あまりが命を落とした。

1914~18年 第一次世界大戦。

1914年 パナマ運河が開通する。

1917年 ロシア革命が起きる。

1918~19年 全世界でスペインかぜが大流行し、2000万人もの死者が出る。

1919年 国際連合の前身である、国際連盟が設立される。

1922年 英国放送協会（BBC）がラジオ放送を開始する。

1926年 ジョン・ロージー・ベアードがテレビの公開実験に成功する。

1927年 ヴェルナー・ハイゼンベルクが不確定性原理を提唱する。

1928年 アレグザンダー・フレミングがペニシリンを発見する。

1929年 エドウィン・ハッブルが宇宙は膨張し続けていることを示す法則を発見する。

1932年 サウジアラビア王国が樹立される。

1935年 石油からナイロンが合成される。

1939~45年 第二次世界大戦。

1945年 広島と長崎に原子爆弾が投下される。

エルヴィン・シュレーディンガーが思考実験「シュレーディンガーの猫」を発表する。

1945~80年 アジアやアフリカで、ヨーロッパの植民地支配に対する独立戦争が起きる。

1950年代 経口避妊薬の導入により、社会が変わり始める。

1953年 フランシス・クリックとジェイムズ・ワトソンが、DNAの構造を解明する。

1953~59年 朝鮮戦争。

1955年 ソーク・ジョナスがポリオ（小児麻痺）のワクチンを発表する。

1960年代 ザ・ビートルズが全世界で人気を博す。

1961年 ロシアのユーリー・ガガーリンが、初めての有人宇宙飛行を成功させる。

ベルリンの壁が建造される。

1962年 キューバ革命。

1969年 アポロ11号が有人月面着陸を行う。

1974年 微生物の遺伝子改変技術がもたらす危険に気づいたポール・バーグが、自らの研究を中断し、遺伝子工学の国際的なガイドラインづくりを呼びかける。

1974~83年 スブラマニヤン・チャンドラセカールがブラックホールの存在を理論から予測。

1976年 超音速旅客機コンコルドが定期的な運航を始める。

1979年 初の体外受精児が生まれる。

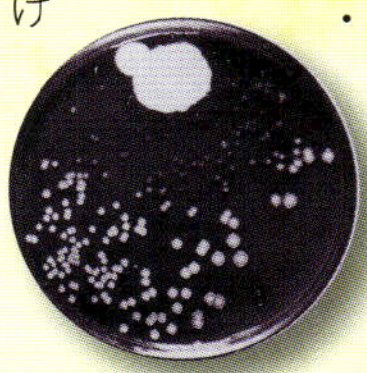

ユーリー・ガガーリン

フレミングのシャーレ

第一次世界大戦

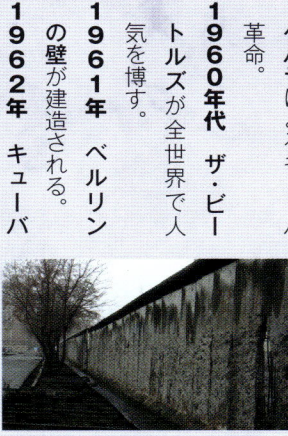

ベルリンの壁

数学の歴史年表

1837年 シメオン・ドニ・ポアソンが落雷や馬に蹴られる事故などの単発的な出来事がどのような分布になるかを説明する。

1843年 ウィリアム・ハミルトンが、実数がどういう形で複素数に含まれるかのあらましを述べる。

1846年 ル・ヴェリエが、数学を使ってもっとも遠い惑星、海王星の位置を特定し、これが望遠鏡での海王星の発見につながる。

1847年 ブールが『論理学の数学的分析』で、日常の問題を数学で表現できるブール代数を発表する。

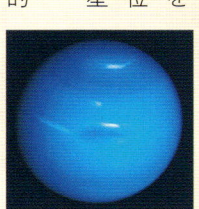

1858年 アウグスト・メビウスが、のちにメビウスの帯と呼ばれることになる面が一つしかないねじれた帯を発見する。

1859年 ベルンハルト・リーマンが短い論文のなかで、素数分布のパターンを示すと思われるゼータ関数についての予想を提示する。2013年現在、この予想はまだ未解決である。

1871年 ボルツマンが、平衡状態にある気体の分子の速度分布を表すマクスウェル-ボルツマン分布を得る。

1872年 リヒャルト・デデキントが、ほかの数の比では表せない無理数を定式化する「デデキント切断」を発表する。

1874年 ゲオルク・カントールが、無限集合にはさまざまな大きさがあるという論文を発表する。

1888年 ジュゼッペ・ペアノが、自然数の基本規則に関する数理論理学の初の著作を発表する。

1889年 フランシス・ガルトンが、回帰や相関といった統計概念を紹介する論文を発表する。

1895年 ポアンカレが、図形のゆがめても変わらない性質を扱うトポロジーの大きな柱となる概念を紹介する。

1900年 ダーフィト・ヒルベルトが次の100年間で解くべき23の問題を示す。

リヒャルト・デデキント

海王星

1861年 ジェイムズ・クラーク・マクスウェルが初のカラー写真の撮影に成功する。マクスウェルはのちに、電気と磁気との関係性を説明した「マクスウェルの方程式」を用いて電気と磁気との関係性を説明した。

1866年 アルフレッド・ノーベルがダイナマイトを開発する。

1869年 ドミトリー・メンデレーエフが元素周期表を発表する。

1869年 グレゴール・ヨハン・メンデルが、形質の遺伝に関する法則を発表する。

1876年 アレクサンダー・グラハム・ベルが電話機を発明する。

1877〜83年 トマス・エジソンが、蓄音機や実用可能な電球を発明する。

1887年 ハインリヒ・ヘルツが電磁波の存在を証明する。

1895年 ヴィルヘルム・レントゲンがX線を発見する。

1895年 ルイ・リュミエールが映画撮影用カメラを発明する。

1900年 マックス・プランクが量子論を導入する。

1901年 第1回目のノーベル賞が授与される。

グリエルモ・マルコーニが大西洋をまたいだ無線

内燃機関が発明される。

チャールズ・ダーウィンの風刺画

リュミエールが発明した映写機

アレグザンダー・グレアム・ベル

1850年代〜 大英帝国が繁栄する。

1854年 クリミア戦争のさなか、フローレンス・ナイチンゲールが看護師という職業を改革する。

1861年 凄惨をきわめたソルフェリーノの戦いののち、赤十字が組織される。

1861〜65年 南北戦争。この結果、米国の奴隷制は廃止に向かう。

1865年 米国大統領のアブラハム・リンカーンが暗殺される。

1867年 米国がロシアからアラスカを購入する。

1869年 スエズ運河が開通する。

1877年 初のテニスの大会であるウィンブルドン選手権が、英国で開催される。

1879年 アメリカン・フットボールのルールの基礎が定められる。

1880年頃 ヨーロッパ諸国が、どの国がどの地域を植民地にするかを決めて、アフリカ分割を始める。

1886年 フランス人からの寄贈により、ニューヨークに自由の女神像が建造される。

1891年 バスケットボールが考案される。

1893年 ニュージーランドで世界で初めて女性の投票権が認められる。

1909〜12年 パブロ・ピカソとジョルジュ・ブラックがキュビズムを展開する。

南北戦争

ウィンブルドン選手権

数学の歴史年表 * (6) 145

1703年 ライプニッツが、古代から知られていた2進数を研究して『2進算術の説明』をまとめ、デジタル革命への道を開く。

1731年 レオンハルト・オイラーが、公に成長や崩壊の様子を説明する定数を e で表し始める。

1736年 オイラーがケーニヒスベルグの七つの橋の問題を解き、グラフ理論を作る。

1747年 ジャン・ダランベールとアレクシス・クレローが、互いに影響を与えあう三つの天体、たとえば月と地球と太陽の動きはニュートンの法則では説明できないという論文を提出し、長期間の動きは正確に予測できないことが明らかになる。

1748年 オイラーが、1、e、i、$π$ という数学の鍵となる数の関係を表す等式を得る。

1763年 出来事の確率を原因の確率と結びつけるトーマス・ベイズの定理が発表される。

1796年 高名な天文学者ネヴィル・マスケリンが、人為的ミスの不確かさを数学を使って正す。

1798年 トーマス・マルサスが、人口が等比数列的に増えるのに食べ物の供給は等差数列的にしか増えず、そのため飢餓はむしろ自然なことなのだと主張する。

1799年 カール・フリードリヒ・ガウスが、すべての多項式に一つは解があることを証明する。代数学の基本定理の誕生。

1822年 ジョゼフ・フーリエが、音や光の波の複雑な波形を一連の単純な正弦波に変換できるという論文を発表する。

1823年 チャールズ・バベッジが初の機械式コンピュータを設計する。

バベッジのコンピュータ

1829年 ロバチェフスキーが、ユークリッド幾何学だけでなく、直線が曲がっているような新たな幾何学が存在することを発見する。

1835年 アドルフ・ケトレーが人々に数学を応用して、平均人を定義する。

レオンハルト・オイラー

業革命が始まる。

1776年 ジェイムズ・ワットが従来の蒸気機関のピストン部分とチャンバー部分を分離し、エネルギーロスの少ない業務用蒸気機関を完成する。

1794年 エドワード・ジェンナーが世界で初めて天然痘を予防するための予防接種を行う。

1800年 アレッサンドロ・ボルタが電池を発明する。

1820年代 史上初の写真撮影が成功する。

1825年 英国で、世界初の公共の鉄道が営業を開始する。

1829年 ミシンが発明される。

1834年 ルイ・ブライユが点字表記の体系を完成。

1837年 世界初の実用的写真技術であるダゲレオタイプが開発される。

1844年 サミュエル・F・B・モールスが、世界で初めて電信を送る。

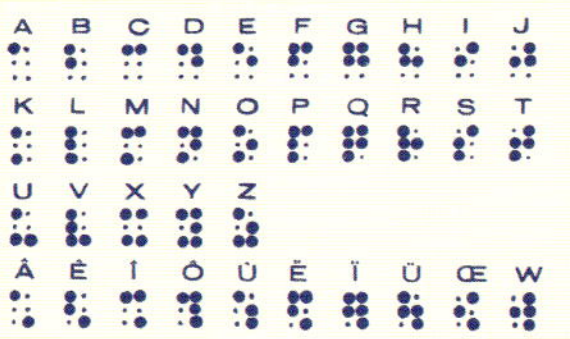

1850年 世界初の海底ケーブルが、英国－フランス間に整備される。

1855年 ロベルト・ブンゼンが現在ブンゼン・バーナーと呼ばれている形のガスバーナーを発明する。

ヘンリー・ベッセマーが転炉と呼ばれる溶鉱炉を発明し、鋼鉄の大量生産が可能になる。

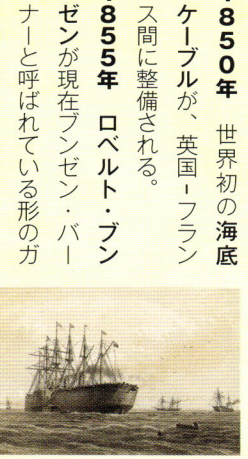

1859年 チャールズ・ダーウィンが『種の起源』を出版し、進化の原理を発表する。

海底ケーブルの設置

点字表

産業革命

演奏される。

1750年代 アフリカの奴隷貿易が最盛期を迎える。

1750～1820年 ヨーロッパでクラシック音楽が発展し、ベートーヴェンやモーツァルト、ハイドンといった偉大な作曲家たちが活躍する。

1757年 プラッシーの戦いに勝利した英国が、インド支配を本格化させる。

1775～83年 アメリカの独立革命。

1789年 フランス革命が始まる。

1800～50年 ヨーロッパの芸術・文学の分野でロマン主義運動が起こる。

1818年 メアリー・シェリーが『フランケンシュタイン』を発表する。これは初のSF小説ともいわれている。

1826～33年 葛飾北斎が『富嶽三十六景』を発表し、日本の風景画が最盛期を迎える。

1837年 英国でヴィクトリア女王が即位する。

1840年 英国で世界初の郵便切手が発行される。

1845年 米国で野球が考案される。

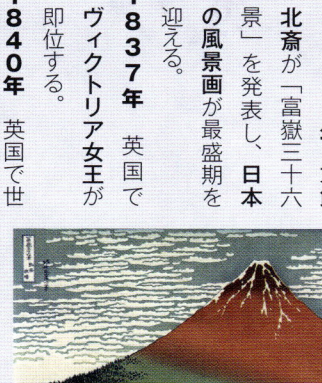

1845～49年 アイルランドの大規模なジャガイモ飢饉。

1848年 カール・マルクスとフリードリヒ・エンゲルスが『共産党宣言』を出版する。

富嶽三十六景

フランス革命

146(5) ＊ 数学の歴史年表

1614年 ジョン・ネイピアが対数を作りだし、複雑なかけ算や割り算が単純な足し算や引き算になる。

1622年 計算機の祖先ともいうべき計算尺が発明される。

1629年 アルベール・ジラールが、-1の平方根であるiを基本単位とする虚部と実部からなる複素数について述べる。

1637年 ルネ・デカルトがデカルト座標を提案する。この平面では点や線は固定された軸からの距離で定義される。これによって数のパターンを目で見たり、図形を代数で扱ったりすることができるようになった。

1638年 ガリレオが運動について研究し、速度が時間に比例し、距離が時間の平方に比例することを突きとめる。

1642年 ブレーズ・パスカルが、機械式計算機を作る。

1653年 パスカルの三角形が、二項係数や三角数や四面体数を発見する数学的なツールとなる。のちにはフラクタルまで発見された。

1654年 パスカルとフェルマーが、どうすればゲームに勝てるかを偶然の数学を使って割り出し、未来を予測する。

1665年 パスカルが、既知のものから未知のものを数学を使って推論する数学的帰納法を定式化する。

1666年 アイザック・ニュートンとゴットフリート・ライプニッツがそれぞれ独立に微分積分学を展開する。

1687年 ニュートンが重力の裏に潜

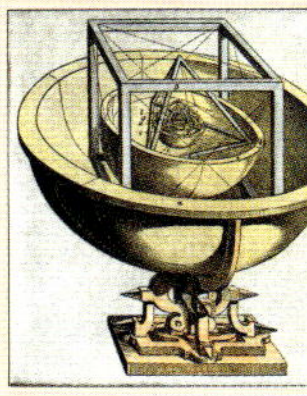

アイザック・ニュートン

パスカルの三角形

ブレーズ・パスカル

デカルトの『人体論』

ケプラーの宇宙のモデル

1636年 のちにハーバード大学となる教育機関が設立される。

1640年 石炭からコークスが作られる。

1641年 ヒ素が初めて医療に用いられる。

1643年 エヴァンジェリスタ・トリチェリが気圧計を発明する。

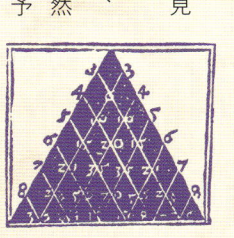

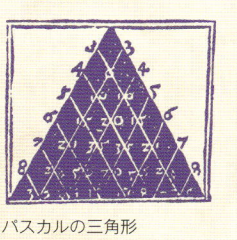

1650～1700年 ヨーロッパで啓蒙運動が始まり、知的成熟の時代に入る。

1660年 英国のロンドンに王立協会が設立される。

1674年 自作の小型顕微鏡を使っていたアントニー・フォン・レーウェンフックが、偶然、微生物を発見し、微生物学や細菌学が始まる。

1701年 ジェスロ・タルが種まき機を発明し、農業革命が始まる。

1735年 カール・フォン・リンネが二名法（生物を種名と属名に分けて名づける方法）を考案する。ここに初めて、すべての生物を体系的に整理する仕組みが整った。

1750年代 英国で産

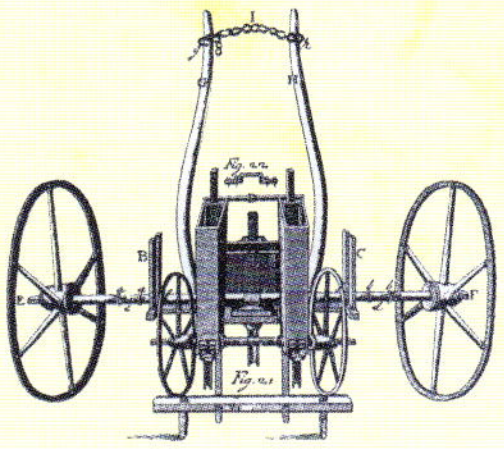

ジェスロ・タルの種まき機

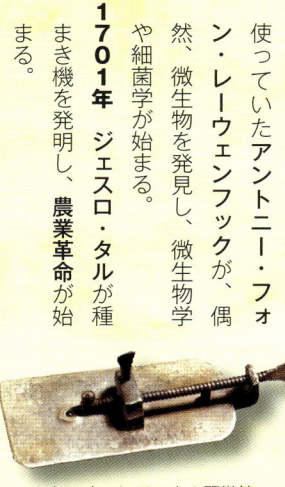

レーウェンフックの顕微鏡

エヴァンジェリスタ・トリチェリ

1618年 神聖ローマ帝国で三十年戦争が始まる。

1620年 ピルグリム・ファーザーズが、北米のプリマスに上陸する。

1640年代 オランダの画家レンブラントが、画家としての最盛期を迎える。

1640年 ポルトガルがスペインからの分離独立戦争を始める。

1643年 フランスのパリで、コーヒーが熱狂的な人気を博す。

1644～1737年 イタリアのバイオリン職人アントニオ・ストラディヴァリ。

1650年 世界の人口が5億人に達する。

1663および65年 ロンドンとアムステルダムでペストが大流行する。

1683年 オスマン帝国が最盛期を迎える。

1692年 米国のマサチューセッツ州セーラムで魔女裁判が行われる。

1703年 ロシアのピョートル大帝がサンクト・ペテルブルクを建設する。

1708年 中国で磁器が発明されてから1000年、ヨーロッパでも硬質磁器の製造が可能となる。

1742年 ヘンデルの「メサイア」が初めて

磁器

セーラムの魔女裁判

数学の歴史年表

紀元前46年 数字を用いたブラーフミー数字が導入される。世界初の365日暦であるユリウス暦が取り入れられる前の年で、1年は446日だった。

西暦60年 ゲミノスが、ユークリッドの平行線に関する第5公準を疑い、これをきちんと証明しようとする。

100年 アレキサンドリアのヘロンが、負の数の平方根を考えるなかで、初めて虚数に言及する。

250年 ディオファントスが多項式の整式の変数を取り入れて、「代数の父」となる。

595年 今日世界中で使われているインド・アラビア記数法が確立される。

800年 「毎回必ず機能する段階を踏んだ問題解決の手順」というアルゴリズムの概念が記述される。

1202年 フィボナッチが『算盤の書(リブリ・アバチ)』でヨーロッパにフィボナッチ数列を紹介する。

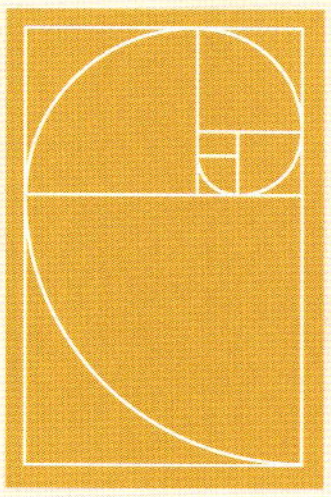

1220年頃 代数で、数の関係における数が記号で置き換えられるようになる。

1435年 絵画に幾何学を使った結果、芸術に革命が起き、空間や距離を自然に描けるようになる。

1581年 ヴィンチェンツォ・ガリレイがリュートの弦の張り具合と音の高さを分析し、非線形な関係を初めて叙述する。

1583年 ガリレオ・ガリレイが、ピサの大聖堂で振り子の長さと揺れの関係を説明する振り子の法則を定式化する。

1591年 フランソワ・ヴィエトが今日使われているx, yを導入して代数を簡素化する。

1609年 天文学者たちが、惑星が円ではなく楕円を描いていることを明らかにし、ヨハネス・ケプラーが、数学を使って楕

フィボナッチ数列 インド・アラビア数字 アレキサンドリアのヘロン

129~216年頃 古代ギリシアの医師ガレノスが、解剖と医学的な実験を率先して行う。

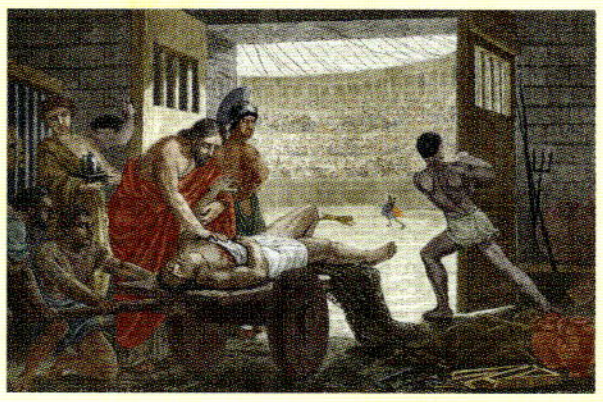

270年 中国で、初期のコンパスが使われたらしい。

300年 エジプトから、科学と魔術が融合した錬金術が広まる。

500年頃 雄牛に水車を回させて前へ進む外輪船が導入される。

813~33年頃 カリフのマームーンによって、知恵の館がバグダードに建設される。

868年頃 中国で、確認されている最古の印刷物、『金剛般若波羅蜜経』が製作される。

900年 中国で原始的な火薬が開発される。

1220年 英国の科学者ロジャー・ベーコンが生まれる。ベーコンは体系的な調査を推進した。

1440年 ヨハネス・グーテンベルクがヨーロッパで活版印刷を発明した。

1452~1519年 ルネサンス期の芸術家・発明家レオナルド・ダ・ヴィンチ

1543年 ニコラウス・コペルニクスが地動説を発表する。

1610年 ガリレオ・ガリレイが、世界で初めて望遠鏡による天体観測を行う。ガリレオは1633年に、コペルニクスの地動説を支持したとして、宗教裁判にて異端者である

ガリレオ

相手アントニウスとの戦いに勝ち、初代ローマ皇帝となる。

西暦79年 ヴェスヴィオ火山が噴火し、ローマ帝国のポンペイやヘルクラネウムといった都市が灰におおわれる。

117年 トラヤヌス帝のもと、ローマ帝国の版図が最大になる。

350年頃 インドの叙事詩『マハーバーラタ』が書かれる。

433年 アッティラ王がフン人の軍隊を組織し、ローマ帝国とビザンチン帝国を脅かす。

1206年 チンギス・ハンが大モンゴル帝国を形成する。

1300年 イースター島の人々がモアイ像を作り始める。

1438年 ペルーでマチュ・ピチュが建造される。

1492年 クリストファー・コロンブスが大西洋を横断する。これ以降、ヨーロッパ人による西インド諸島やアメリカ大陸の植民地化が進む。

1564~1616年 英国の劇作家ウイリアム・シェイクスピア。

1582年 ヨーロッパの一部でグレゴリオ暦が導入される。

1588年 スペインの無敵艦隊が英国海軍に敗れる。

1589年 フランスの宮廷で初めてフォークが使われ

ガレノス アッティラ王 スペインの無敵艦隊

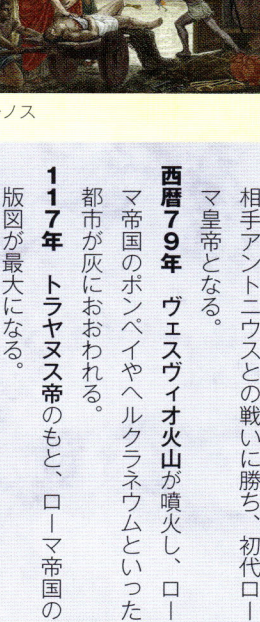

数学の歴史年表

紀元前1000年 古代エジプトの計算で分数が使われる。

紀元前876年 インドの数学者たちが、ゼロが数であることに気づく。

紀元前500年代 ピタゴラス学派の人々が、響きのよい和音が単純な比に対応していることを発見する。

紀元前518年 ピタゴラス学派の人々が、紀元前2000年には知られていた直角三角形の定理を証明する。

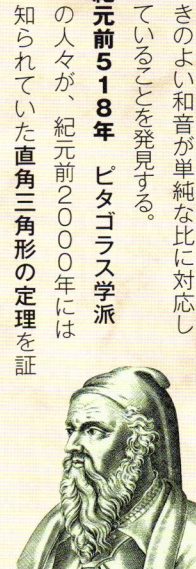

紀元前450年 古代アテネで芸術や建築に黄金比が取り入れられる。

紀元前360年 プラトンとテアイテトスが、正多面体は五つのプラトンの立体に限ることを示す。

紀元前350年 アリストテレスが『オルガノン』で論理的推論を定義する。

紀元前300年 ユークリッドが、その当時までの数学の知識をまとめた『原論』を発表する。

紀元前260年 世界初の魔方陣、洛書の魔方陣が作られる。

紀元前240年 エラトステネスが幾何学を使って地球の大きさを測る。

紀元前230年 アルキメデスが円のなかに多角形を書き、取り尽くし法でπのかつてない正確な近似値を求める。

紀元前225年 アポロニウスが、円錐の切片に関する論文『楕円論』を発表する。この論文は曲線の研究の基礎になった。

紀元前180年 ギリシアの幾何学者たちが、バビロニアの60進法を使って円を360度に分け始める。

紀元前140年 サモスのヒッパルコスが三角法の基礎を展開する。

紀元前50年 インドで10進法の基礎となる九つの

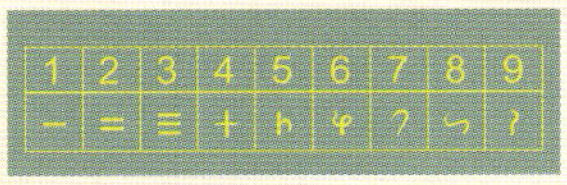

ブラーフミー数字

ユークリッド

ピタゴラス

紀元前460年頃 古代ギリシアの医師ヒポクラテスが生まれる。「医学の父」と呼ばれるこの人の名前は、今も、医師が守るべき倫理観を述べた「ヒポクラテスの誓い」に残っている。

紀元前431〜340年頃 中国の天文学者甘徳と石甲が、100以上の星座を記した最古の星表を作成する。

紀元前400年 古代ギリシアの科学者・哲学者プラトンが、自然界を構成する元素は正多面体（プラトンの立体）であると主張する。

紀元前350年 インドで降雨量の測定が行われる。
アリストテレスが、それまで考えられていた四つの元素（水、土、空気、火）に、5番目の元素としてエーテルを加える。

紀元前265年頃 ローマの医師が、捕虜を通じて古代ギリシアの医学を学ぶ。

紀元前200年頃 かんがいの装置として、雄牛の動かす水車が登場する。

紀元前159年頃 ローマ人が水時計を輸入し始める。

紀元前140年頃 マロスのクラテスが、もっとも古い立体的な地球儀の一つを作る。

紀元前100年頃 南アフリカでカカオが栽培されるようになる。

紀元前90年 古代ギリシアの医師アスクレピアデスが自然療法を推進する。

西暦83〜161年頃 古代ギリシアの最後の天文学者であったプトレマイオスが、太陽系の星々の動きを初めて数学的に説明する。彼が唱えた天動説は、その後約1500年にわたって支持される

アリストテレス

紀元前800年頃 ギリシア文字が考案される。

紀元前431年 ギリシアのアテネとスパルタのあいだで、ペロポネソス戦争が起きる。

紀元前400年頃 アメリカ大陸ではサポテカ文明やマヤ文明が繁栄する。

紀元前336年 マケドニアでアレクサンドロス大王が即位する。大王はその後、東方遠征を行ない、エジプト、ペルシア、インドを次々に征服していく。

紀元前221年 中国で、全土を統治する初の王、秦の始皇帝が即位する。その墓には土で作られた兵隊が多数埋葬されている。

紀元前214年 中国で万里の長城の建造が始まる。

紀元前200年頃 エジプトでロゼッタ・ストーンが作られる。

紀元前112年頃 商人や旅人が、シルク・ロードなどを通って、中国から地中海地方へやってくるようになる。

紀元前31〜27年 ユリウス・カエサルの甥であるアウグストゥスが、かつての同盟

万里の長城

アレクサンドロス大王

ホメロス

数学の歴史年表

数学

紀元前3400年頃　シュメール人が粘土製の代用硬貨で勘定を行う。

紀元前3000年頃　エジプトでヒエログリフの数字が登場。

紀元前2800年頃　インダス文明で10進法に則った度量衡が使われる。

紀元前2700年頃　エジプト人がロープとピタゴラス数を使って直角を確認。

紀元前2500年頃　計算に使う道具、アバカスが発明される。

紀元前2400年頃　メソポタミアで位取り記数法が作りだされる。

紀元前2000年頃　複数の文明でそれぞれ独立にピタゴラスの定理の記録が残される。

バビロニアの人々が用いた60を基数とする60進法は、今も角度や時を表すのに使われている。

紀元前1650年頃　エジプトで代数、幾何学、算術の問題をまとめたリンド・パピルスが書かれる。

リンド・パピルス

紀元前1300年頃　エジプトで作られたベルリン・パピルス

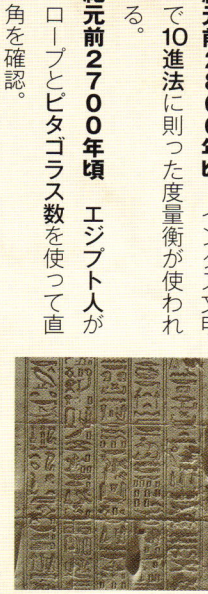

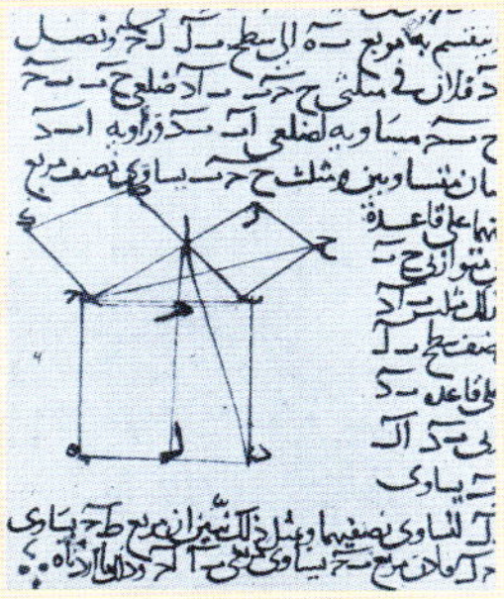

ピタゴラスの定理

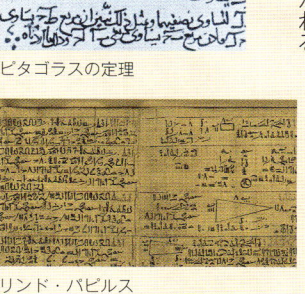

科学とイノベーション

紀元前3750年　エジプトやシュメール（現在のイラク）にて、銅、亜鉛、スズ鉱石の製錬により青銅が作られるようになる。

紀元前3500年頃　シュメールで耕作地向けのかんがいシステムが導入される。

紀元前3200年　世界初の体系だった文字（エジプトのヒエログリフとシュメールのくさび形文字）が発明される。

紀元前3200年　シュメールで車輪が発明される。

紀元前2700年　中国で茶が飲まれるようになる。

紀元前2700年頃　エジプトにて、記録を書き残すためにパピルスが使われるようになる。

紀元前2000年頃　中国とインドで、純粋な硫黄と水銀が使われるようになる。

紀元前1200年頃　小アジアにて、初めて鉄が使われるようになる。

紀元前1000年頃　中国で筆記具が使われるようになる。

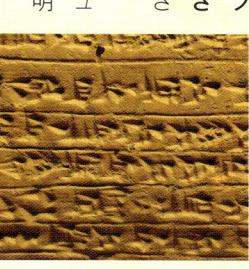

くさび形文字

パピルスの収穫

世界の出来事

紀元前4000年　この頃までに、中東には都市が成立した。また、世界中に作物栽培を生活基盤とする村ができる。ヨーロッパおよびアジアで馬が家畜化される。

紀元前3100年　エジプトが一つの国家になる。

紀元前2600年　インドのインダス文明が全盛をきわめる。

紀元前2547～2475年　エジプトのギザでピラミッドが建設される。

紀元前2000年　ギリシアのクレタ島でクノッソス宮殿が建造される。

紀元前1766年　殷王朝が中国で興り、青銅器の製造や甲骨文字の使用を始める。

紀元前1345年　エジプトで石灰岩を彩色した王妃ネフェルティティの胸像が作られる。

紀元前1300～1200年頃　エジプトのユダヤ人が、モーセに率いられてパレスチナへ向かう。

紀元前1000年頃　ダビデ王がイスラエルを統一国家とする。

紀元前900年頃　古代ギリシアの詩人ホメロスが、叙事詩『オデュッセイア』『イリアス』

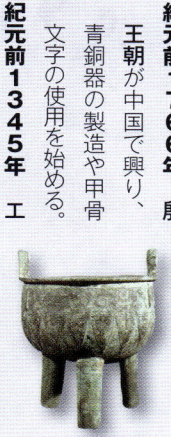

殷王朝の青銅器

図の出典

本文

Alamy/The Art Archive 10; The National Trust Photolibrary 18 top; The Art Gallery Collection 18 bottom; Universal Images Group Limited 22 left; The Art Archive 24; Mary Evans Picture Library 25 top left; INTERFOTO 32; The Art Gallery Collection 33 bottom; INTERFOTO 35 top left; James Davies 36 top; INTERFOTO 38; Marc Tielemans 40 bottom; Universal Images Groups Limited 41; World History Archive 49 bottom; The Natural History Museum 51; Classic Image 54; Universal Images Group Limited 56 bottom; Steve Vidler 57 top; TravelCom 57 bottom; World History Archive 61 bottom; INTERFOTO 62; Universal Images Group Limited 63 left; Mary Evans Picture Library 65 left; Chris Howes/Wild Places Photography 65 right; INTERFOTO 66 top; Mary Evans Picture Library 72, 73; Pictorial Press Ltd. 76 top; Classic Image 78 top; INTERFOTO 80 top; Mary Evans Picture Library 84 right; INTERFOTO 86; Pictorial Press Ltd. 90 top; Mary Evans Picture Library 92; Pictorial Press Ltd. 94; INTERFOTO 96, 98 top; Tibor Bognar 100 bottom; Victor de Schwanberg 102; Peter Scholey 103 left; ITAR-TASS Photo Agency 162 bottom; Photos12 127 bottom left; INTERFOTO 127 bottom right; World History Archive 128 top right; INTERFOTO 128 bottom right; Adam Eastland Italy 129 bottom left; INTERFOTO 130 top left; North Wind Picture Archives 131 top left; Classic Image 132 top left; Mary Evans Picture Library 133 bottom left; Pictorial Press Ltd. 134 top right; INTERFOTO 134 bottom left; citypix 134 bottom right; Pictorial Press Ltd. 135 top left; The Art Gallery Collection 135 bottom left. **Bradbury and Williams** 6 top, 9 bottom left, 11 top, 12 bottom left, 14 top right, 19 bottom right, 20 left, 21 bottom right, 38 bottom left, 39 top right, 42 bottom right, 45, 46, 47 right, 48, 49 top right, 56 bottom, 58 bottom, 63 bottom left, 67 bottom, 69, 75 bottom, 77, 79, 89, 104, 105, 106, 119, 120, 122, 123, 124, 125. **Clay Mathematics Institute** 112 top. **Corbis**/Werner Forman 8 bottom; Bob Sacha 22 right; Bettmann 40 top, 43; DK Limited i, 44; Hulton-Deutsch Collection 130 top right; Baldwin H. Ward & Kathryn C. Ward 130 bottom right; 135 top right. **Getty Images**/Clive Streeter ii bottom, 35 top right; DEA/R. Merlo 56 top; PNC; Time & Life Pictures 98 bottom. **Science Photo Library**/ii background; Royal Astronomical Society 1 background; Library of Congress, African and Middle Eastern Division 2; Middle Temple Library 3 left; George Bernard 8 top; 9 right; Bert Myers 12-13 centre; 14, 20 top; Sheila Terry 25 bottom left; Asian and Middle Eastern Division/New York Public Library 29; Royal Astronomical Society 30 left; American Institute of Physics 30 right; Middle Temple Library 33; CCI Archives 42; Middle Temple Library 49 top; Science Source 58; Royal Institution of Great Britain 70; 76 bottom; Middle Temple Library 78 bottom; 79, 81, 83 top; RIA Novosti 89 top; Royal Astronomical Society 90-91 bottom, 91 bottom; E.R. Degginger 93; National Physical Laboratory © Crown Copyright 95; Scott Camazine 101; Pasieka 107 right; Professor Peter Goddard 111; 113 top; Sheila Terry 129 top right; 130 bottom left; Emilio Segre Visual Archives/American Institute of Physics 131 bottom right; Royal Astronomical Society 132 top right; Royal Institution of Great Britain 133 top right; 134 top left; Professor Peter Goddard 135 bottom right. Taken from Biblioteca Huelva/www.en.wikipedia.org/wiki/File:Aristoteles_Logica_1570_Biblioteca_Huelva.jpg 15. Taken from Jlrodri/www.en.wikipedia.org/wiki/File:E8-with-thread.jpg 82. Taken from Pbroks13/www.en.wikipedia.org/wiki/File:Conic_sections_with_plane.svg 36-37. **The Royal Belgian Institute of Natural Sciences, Brussels** 6 bottom. **Thinkstock**/iStockphoto 3 right, 7 bottom; Goodshoot 12 top; Hemera 17; Photos.com 21 top; John Foxx/Stockbyte 31; iStockphoto 34 top; Photos.com 34 bottom, 35 bottom, 37 top; iStockphoto 47 left; Photos.com 50; iStockphoto 52 right, 52-53 background; Photos.com 55, 60 top, 60 bottom, 64 top; Hemera 64 bottom; Photos.com 71 top; iStockphoto 74 bottom; Photos.com 75 top, 83 bottom; Hemera 84 left; iStockphoto 85 top; Hemera 85 bottom; Digital Vision 88; Hemera 91 top; iStockphoto 100 top; Comstock 101 top; iStockphoto 103 right; Stocktrek Images 107 left; Hemera 108; iStockphoto 110 top; Photos.com 110 bottom, 126 top right, 126 bottom right, 127 top right; iStockphoto 128 top left; Photos.com 128 bottom right, 129 top left; iStockphoto 129 bottom right, 131 top left; Photos.com 131 bottom left; Hemera 132 bottom left; iStockphoto 132 bottom right; Photos.com 133 bottom right. **United States Department of Agriculture** 19 left. **US Army Photo** 97. **Colin Woodman** 20 top, 51 bottom, 55 top left, 61 top right, 68 bottom, 70 top.

年表

Alamy/Classic Image; Danita Delimont; David South; Keystone Pictures USA; Images Group Limited; INTERFOTO; Mary Evans Picture Library; North Wind Picture Archives; Peter Jordan; Photo Art Collection (PAC); Pictorial Press Ltd.; Photos 12; Prisma Archivo; RIA Novosti; The Art Archive; UK Alan King; VIEW Pictures Ltd.; History Archive; ZUMA Wire Service. **Bradbury and Williams**. **Corbis**/Michael Ochs Archives. **Getty Images**. **Science Photo Library**/Dr. Jeremy Burgess; Mehau Kulyk; Sheila Terry. **Thinkstock**/Digital Vision; Fuse; Hemera; iStockphoto; Photos.com; Stocktrek Images; Top Photo Group. **Colin Woodman**.

執筆箇所一覧

リチャード・ビーティー：17, 37, 47, 58, 70, 76.

ジェームス・ボウ：10, 11, 18, 20, 63, 83, 87, 89, 91.

マイク・ゴールドスミス：45, 46, 50, 51, 52, 54, 55, 59, 62 , 67, 69, 72, 77, 80, 94, 95.

ダン・グリーン：22, 42, 71, 75, 92, 99.

トム・ジャクソン：1, 2, 3, 4, 8, 9, 12, 13, 15, 16, 19, 21, 23, 32, 33, 35, 36, 41, 43, 53, 56, 61, 66, 73, 78, 81, 84, 85, 86, 88, 90, 93, 96, 97, 98, 100.

ロバート・スネドン：5, 6, 7, 14, 24, 25, 26, 27, 28, 40, 44, 48, 49, 57, 60, 74, 79.

スーザン・ワット：29, 30, 31, 34 38, 39, 64, 65, 68, 82.

歴史を変えた100の大発見
数学──新たな数と理論の発見史

平成26年6月30日　発行

訳　者　冨　永　　　星

発行者　池　田　和　博

発行所　丸善出版株式会社
〒101-0051 東京都千代田区神田神保町二丁目17番
編集：電話(03)3512-3262／FAX(03)3512-3272
営業：電話(03)3512-3256／FAX(03)3512-3270
http://pub.maruzen.co.jp

© Hoshi Tominaga, 2014

組版印刷・製本／藤原印刷株式会社

ISBN 978-4-621-08829-6 C0041　　　　Printed in Japan

本書の無断複写は著作権法上での例外を除き禁じられています．